本书得到教育部人文社会科学研究一般项目（项目批准号11YJCGJW002）、上海市哲学社会科学规划课题（课题批准号2012BGJ003）、教育部哲学社会科学研究重大课题攻关项目（项目批准号15JZD035）的资助。

中国与全球治理丛书

丛书主编 苏长和

★

中国与全球
气候治理机制的变迁

★

薄燕　高翔◎著

上海人民出版社

丛书总序
为互联互通的世界探索更好的治理方案

为全球治理体系和全球治理能力的现代化提供一套共同价值规范、制度体系、政策网络、人力资源服务体系等，是中国和世界各国在21世纪共同面临的世界性难题。当今世界是一个互联互通的世界，一方面互联互通发展保持着强劲的势头，另一方面，阻碍互联互通的观念、制度乃至政策瓶颈依然存在。同时，世界在互联互通中出现许多从前没有遇到过的新问题。因此，追求更好的全球治理和国际秩序，成为现在以及今后很长时期各国面对的现实问题，这也为政治学、公共管理、国际法、国际关系理论的发展带来新的挑战和机遇。

基于这个考虑，我们组织了这套"中国与全球治理丛书"。这套丛书主要探索两大问题，一是事关全球治理体系的理论和实践问题，二是中国在全球治理体系建设能够发挥什么样的作用。

全球治理体系的理论和实践问题非常广阔。就理论而言，较为迫切的问题是在构建全球治理体系的同时，如何处理好全球治理体系和国家治理体系的关系。以往的政治学理论要么只是一种国内政治理论，要么只是一种国际政治理论，两者分属两个政治系统，似乎还没有一种能够很好地将国内政治和国际关系贯通在一起的一般理论。现在，随着内外联动的加强，很有必要将两个政治系统打通。因此，在思忖全球治理体系建设的时候，需要更多地了解类型各异的国家治理体系，因为没有国家治理体系的支撑，全球治理体系必然如空中楼阁，而在建设有效的国家治理体系的时候，也必须要兼顾到全球治理体系，因为全球性问题长期不得其解，必然会对国家内部治理产生持久的负面影响。关于全球治理的理论议题还有很多，例如全球治理与主权理论发展、全球治理共同价值基础、国际制度体系的设计、全球治理和国际秩序建设等等，都是学界长期进行研究但是仍有进一步探讨空间的理论议题。

在实践领域，全球治理的议题非常广泛，大凡各国在国内治理中碰到的棘手问题，同样也会以跨国的方式表现在国际关系领域。只要我们将各国政府下属部门所对应要解决的问题逐一排列开来，就会发现这些问题开始越来越活跃在国际关系领域，例如法律、司法、安全、货币、经贸、税收、交通、卫生、水利、民政、民族、能源、环境、反腐、检疫检验、农林牧渔、文教、网络等等。所不同的是，国内治理体系中有一个有效的行政体系，然而全球治理体系中，国际行政体系一直阙如。这也正是全球公共议题治理的难点所在。上述几乎所有议题的治理一旦进入实践层面，都会提出政府间协调和政府国际合作效能的重要性。一些专业类国际组织在解决这类议题中的作用是不可替代也是不可忽视的。丛书中的一些作品在针对具体国际组织或者特定全球治理实践议题展开研究的时候，会从不同角度为我们带来关于全球治理体系组织能力的经验思考。

这套丛书还要关注中国与全球治理的关系。改革开放以来，中国与世界关系处于卯榫相合的状态，中国的发展离不开世界，世界的发展也离不开中国；今日的中国，比历史上任何时期都更加靠近世界舞台的中心。中国现在已经成为全球治理的参与者、管理者、贡献者，由此带来涉外事务、国际事务管理在我国国家治理中的比例迅速上升。可以说，中国既面临着国家治理体系和治理能力现代化建设的任务，同时也面临着在与外部世界互动中，与其他国家共同推进全球治理体系和治理能力现代化的任务，这两个任务是叠加在一起的。对于中国这样的新型大国来说，如果能够在这个根本性问题上探索出一条国家治理和全球治理合作共进的模式出来，将会极大地开拓政治学和国际关系新的领域，为人类对更好制度的探索提供来自中国的理论方案，从而推动人类政治文明和制度文明的进步。就此而言，在关于当今世界一些重大政治理论的思想竞争问题上，中外学者实际上处于同一思想起跑线上。这套丛书将格外重视和鼓励那些致力于在中外经验比较中打通国内治理的理论研究成果。

丛书既关注中国在具体全球议题治理中作用的研究,也关注中国的方式和经验总结研究;既重视中国同既有全球治理制度体系关系研究,更会突出中国在制度体系建设中的创造性作用研究。在中国参与全球治理进程中,一些前瞻性问题应该未雨绸缪。例如随着国家和全球两个治理体系互动的加强,各国政府的管理职能会延伸并交叉在国际领域中,中国也不例外。那些具备高效国际行动能力的政府,自然是未来全球治理的引领者,这也是中国着力构建适应全球性大国发展的国家治理体系的意义所在。就此而言,像全球治理人才培养、国际公共政策制定和实施、政府在国际上行动能力提升、与"一带一路"有关的地区治理、互联互通产品提供等等,都是值得探讨的新问题。

如何把世界组织起来,让世界变得更有序,可以说是国际关系学科长期思索的根本性问题之一,世界的互联互通更加提出回答这一问题的迫切性和必要性,这也是我们编辑出版这套"中国与全球治理丛书"的初心所在。复旦大学国际关系国家重点学科早在20世纪90年代就开始布局全球治理研究,目前形成了由若干个中心组成的中国与全球治理综合研究网络。这套丛书展现的并非只是复旦学者的成果,丛书是开放的,是不同学科围绕全球治理问题展开交流的一个思想平台,我们希望在中外学界朋友的帮助和支持下,共同办好这套丛书。

是为序。

苏长和

2017 年 4 月 22 日

于复旦大学文科楼

目　录

导　言

第一节　问题的提出

2016 年 11 月 4 日是人类历史上一个值得庆祝的日子,因为《巴黎协定》在这一天正式生效。《巴黎协定》于 2015 年 12 月在巴黎气候大会上获得通过后,在不到一年的时间里就得以生效,成为生效最快的国际多边条约之一,体现了国际社会面对气候变化这一全人类面临的重大挑战进一步采取全球行动的政治共识和坚定决心,为 2020 年后的全球气候治理确立了基本的行动框架。《巴黎协定》的生效成为全球气候治理历史上新的里程碑,使得国际组织、国家、地区、城市、企业、公众应对气候变化的努力得以具体化,开启了全球气候治理的新篇章。

一、全球气候治理机制的新发展与新变化

如果我们把全球气候治理机制界定为国家之间通过联合国气候变化谈判而建立的用以规范相关行为体温室气体排放行为的制度安排的总和,那么可以看到,全球气候治理机制在过去的二十多年里经历了不断的发展演变,通过一种动态的、类似于"结晶式"的过程,确立了一系列多边气候协议及决议,其中最为核心的是《联合国气候变化框架公约》[United Nations Framework Convention on Climate Change(UNFCCC),以下简称《公约》]、《京都议定书》和《巴黎协定》。尽管地方、企业、非政府组织等次国家行为体在全球应对气候变化行动中也发挥了重要作用[1],得到了《公约》缔约方大会决定的认可[2],同时这些行为体也属于全球治理的主体[3],但由于全球气候治理以《公约》这一国际条约作为

1

基石,因此全球气候治理主要指主权国家之间构建的应对气候变化的规则、机制和机构体系。

作为国际社会进行全球治理的实践形式,全球气候治理机制具有典型的代表性。从《公约》《京都议定书》到《巴黎协定》,全球气候治理机制出现了新的发展与变化。从连续性上看,《巴黎协定》确实是全球气候治理机制在过去二十多年里不断演化的结果;但从变化上看,它又确实是自2009年以来、尤其是2011年以来全球气候治理机制发生变迁的新成果。那么,这种新的发展和变化体现在哪些方面?为什么会出现这种新的发展和变化?这些发展和变化是如何发生的?它反映了全球气候治理机制怎样的发展规律和趋势?这些是值得我们研究和探讨的第一个方面的问题。

首先,全球气候治理应对的是一个典型的全球性问题,该机制的演变以科学为基础,必然具有连续性。没有什么问题比气候变化的问题规模更加巨大、更能体现全球集体行动的必要性,也没有什么问题比气候变化更能体现人类命运的"休戚与共"。同时,气候变化也是全球气候治理议程上具有持续重要性的问题。它在未来的全球和国家治理议程上仍将是重要的议题。这是因为全球气候变化问题虽然仍然存在着科学的不确定性,但是这种不确定性在减小,确定性在提高。政府间气候变化专门委员会(Intergovernmental Panel on Climate Change, IPCC)最新一次(也即第五次)评估报告提出了更加明确而有力的结论,其中一个重要结论是:气候系统变暖是毋庸置疑的,许多观测到的变化——大气和海洋变暖、积雪和积冰减少、海平面上升,以及温室气体浓度增加——均是在数十年到数千年中前所未有的。过去三个十年地表温度依次升高,比1850年以来的任何一个十年都偏暖;全球冰川继续退缩,北半球春季积雪面积继续缩小;在1901—2010年期间,全球平均海平面上升了0.19米[4]。这些变化给人类社会和生态系统带来了巨大风险。该报告指出,人类活动极有可能(95%以上的概率)是引起1951年以来全球变暖的主要原因。这意味着现有全球气候变化科学已经能够高信度地宣布:气候变化是一个真命题,而且人类活动是导致半个多世纪以来气候变化的主要原因。

其次,全球气候治理机制已经经过了二十多年的发展演变,具有坚实的实践基础。它反映了国际社会为了应对气候变化这样的全球问题而进行的持续的治理努力。与此同时，该国际机制不断探索和反思治理实践，通过连续的谈判实现机制内部治理模式的创新。这也许能够为其他领域的全球治理提供可借鉴的经验。

具体地说，《公约》《京都议定书》和《巴黎协定》作为全球气候治理机制的三个关键步骤，体现了全球气候治理机制的稳定性和连续性，但又显示了动态性和创新特征。

从稳定性和连续性上看，《公约》确立了全球气候治理机制的原则和最终目标，并对此后《京都议定书》和《巴黎协定》的达成始终发挥着重要的、不可替代的指导作用。例如，《公约》确立的"共同但有区别的责任和各自能力"原则（以下简称"共区原则"）界定了全球气候治理机制的基本特征，即发达国家和发展中国家都要为应对气候变化作出贡献，但其贡献当存在差异性，这是由于它们对当前的气候变化承担着不同的责任，并且应对气候变化的能力也有显著不同。这一特征体现了实质平等。"共区原则"在《京都议定书》中得到充分体现，并对该议定书的规则制定发挥了指导作用。《巴黎协定》坚持了该原则，其前言指出："为实现《公约》目标，并遵循其原则，包括公平、共同但有区别的责任和各自能力原则，考虑不同国情。"这使得全球气候治理机制的上述制度特征得以延续。

全球气候治理机制的目标确立也体现了这种稳定性和连续性。《公约》确立了该机制的最终目标，指出："本公约以及缔约方会议可能通过的任何相关法律文书的最终目标是：根据本公约的各项有关规定，将大气中温室气体的浓度稳定在防止气候系统受到危险的人为干扰的水平上。这一水平应当在足以使生态系统能够自然地适应气候变化、确保粮食生产免受威胁并使经济发展能够可持续地进行的时间范围内实现。"为了更有效、可操作地逐渐实现这个目标，考虑到发达国家对气候变化负有的历史责任、发展阶段和国家能力，《京都议定书》确立了更具体的规则体系，为发达国家规定了具有法律约束力的减排目标和时间表。随着气候变化科学和联合国气候变化谈判的发展，《巴黎协定》进一步指出："本协定在加强《公约》，包括其目标的执行方面，旨在联系可持续发展和消除贫困的努力，加强对气候变化威胁的全球应对，包括:(一)把全球平均气温升幅控制在工业化前水平以上低于 2 ℃之内,并努力将气温升幅限制在工业化前水平以上 1.5 ℃之内,同时认识到这将大大减少气候变化的风险和影响。"(以下从略)可以说,"2 ℃目标"是《巴黎协定》在《公约》的基础上,为全球气候治理规定的直接目标。它将《公约》设定的全球应对气候变化目标转化为一个具体的数字指标,将有助于提高全球气候治理的迫切性和有效性。

从发展变化上看,从《公约》《京都议定书》到《巴黎协定》,全球气候治理机制内部的制度安排和治理模式发生了巨大的变迁。《公约》确立了全球气候治理机制的基本原则和主要制度特征,《京都议定书》在公约原则的指导下,其第一承诺期和第二承诺期"自上而下"地为发达国家规定了 2008—2020 年温室气体排放控制的规则体系,这是国际社会从科学评估结论出发,意图量化、可预期地实现《公约》最终目标的一次尝试。《京都议定书》虽然已经于 2005 年生效,但是实施结果表明,这一模式的有效性比较低,全球温室气体排放量也一直在增长。为此,按照 2007 年"巴厘岛路线图"授权,2009 年的哥本哈根气候大会旨在制定一项新的气候协议,但大会并没有实现预期的目标。这使得很多观察者一度认为多边气候外交已经终结。自哥本哈根气候大会以来,尤其自 2011 年德班气候大会以来,全球气候治理机制内部的治理模式虽然延续了共同但有区别的基本制度特征,但是也在逐步发生变化,并以《巴黎协定》的生效为标志确立了新的治理模式。这种新的治理模式与"京都模式"的差异是什么?在哪些方面实现了制度创新?全球气候治理机制出现了怎样的变迁?为什么会出现这些变迁?对这些问题进行探讨,将有助于把握全球气候治理机制发展变化的规律和趋势,进而为其他领域的治理实践提供借鉴。

再次,以《公约》为基础的全球气候治理机制是全球气候治理首要和核心的制度安排,与此同时,更加多元的行为体和全球气候治理形式也发挥了重要作用。

从普遍性、权威性与合法性上看,以《公约》为基础的全球气候治理机制是其他治理安排所无可比拟和无法替代的。自 2009 年起,尤其是哥本哈根气候大会以来,国际社会质疑《公约》这一体系能否有效应对气候变化的声音不断。以八国集团、卡塔赫纳对话、国际民航组织、国际海事组织等为代表,各种公约外机制纷纷推进集团性减排倡议、主题性减排规则,似乎有取代《公约》的态势。《巴黎协定》的如期达成和生效巩固了联合国体系作为全球气候治理主渠道的地位,重塑了各国在联合国体系下开展全球气候治理的信心,使应对气候变化合作坚持了多边主义的进程和框架。

但不容否认的是,一些《公约》外的多边气候治理安排,如"主要经济体能源和气候变化论坛"(Major Economies Forum on Energy and Climate,MEF)、"亚太清洁伙伴计划"(Asia-Pacific Partnership on Clean Development and Climate,APP)、"气候和清洁空气联盟"(Climate and Clean Air Coalition)等,它们的治理实践在客观上支持或者补充了以《公约》为基础的机制,对全球气候治理也起到了重要的推动作用。更新的《公约》外的气候治理安排还在不断出现。[5]在巴黎气候大会上,"碳定价领导力联盟"(Carbon Pricing Leadership Coalition)宣告成立,其成员包括一些国家和其他非国家行为体。该联盟由世界银行召集,号召采取更有力的行动为碳定价。"创新使命"(Mission Innovation)同样在巴黎气候大会期间宣告成立。该行动计划的成员包括 22 个国家和欧盟,旨在加快全球清洁能源创新。参与方承诺在未来五年对清洁能源研发的投资翻倍,它还鼓励私营部门的参与,提高对清洁能源技术的投资水平。由印度充当先锋的"国际太阳能联盟"(International Solar Alliance)也在巴黎气候大会期间宣告成立,由太阳能资源丰富的国家组成,旨在为国家和非国家行为体提供合作平台,提高太阳能技术的有效利用。

此外,包括城市、企业、非政府组织在内的次国家行为体也更大规模地参与到全球气候治理中。它们之间组成跨国行动网络,或者与国家或国际组织形成伙伴关系,在全球气候治理体系内的地位和作用不断提升。以城市为例,目前全球范围的城市气候联盟包括了"世界大都市气候先导集团""世界地方环境行动理事会""城市气候保护网络""气候变化世界市长委员会""国际气候市长契约计划"等。地区范围的城市气候联盟主要有"欧洲城市网络""欧洲气候联盟""欧洲能源城市""欧洲市长公约""亚洲清洁空气中心""亚洲城市气候变化应对网络""C40 城市气候领导小组"等。

在 2015 年的巴黎气候大会前后,次国家行为体参与气候治理的发展势头更加迅猛,并且受到了更多的关注。一份在巴黎气候大会期间发布的研究表明,来自超过 99 个国家的 7 000 多个城市作出了应对气候变化承诺。这些城市的人口加起来有 7.94 亿,占到世界总人口的11%,占全球国内生产总值的 32%。[6] 如果对城市、企业和其他行为体的应对气候变化行动倡议加总,得到的结果是:它们到 2020 年的减排潜力将达到 25 亿—40 亿吨二氧化碳,超过了印度一年的排放总量。可以说,次国家行为体与非国家行为体参与全球气候治理的数量、规模和声望得到了提升,它们在全球气候治理机制中的地位和作用也得到了提高。它们日益重要的作用也在巴黎气候大会上得到了更加正式的确认。在通过《巴黎协定》的同时,巴黎气候大会上缔约方大会通过的第 1 号决定提出:“欢迎所有非缔约方利害关系方,包括民间社会、私营部门、金融机构、城市和其他次国家级主管部门努力处理和应对气候变化”;并请“非缔约方利害关系方加大努力和支助行动,以减少排放和(或)建设复原力,降低对气候变化不利影响的脆弱性”,并通过“非国家行为方气候行动区门户网站平台展示这些努力”。[7]

同样重要的是,政府和国际组织积极地鼓励次国家行为体的气候行动,将之作为实现减缓和适应目标的重要途径之一。例如,《中美元首气候变化联合声明》“认同并赞赏省、州、市在应对气候变化、支持落实国家行动、加速向低碳宜居社会长期转型中的关键作用”,并进行了具体的合作。[8] 在巴黎气候大会之前,法国政府和秘鲁政府(分别是《公约》第 21 次和第 20 次缔约方大会举办国)同《公约》秘书处和联合国秘书长合作,提出了“利马—巴黎行动议程”(Lima-Paris Action Agenda,LPAA)的项目,协调和扩大来自非国家行为体与次国家行为体的气候行动倡议。该项目包括了 70 多份行动倡议,涵盖了城市、公司、国家和其他行为体的一万多项气候承诺或者行动。它们也创立了在线“非国家行为体气候行动区域门户”,来动态展示所有社会部门的气候行动和承诺。[9] 可以说,非国家行为体和次国家行为体的参与已经成为提升全球气候行动力度的重要组成部分。

总之,如果我们把全球气候治理视为多元的行为体通过正式或者非正式的制度安排来实现应对气候变化问题的合作方式的总和,那么全球气候治理的整体发展趋势是令人鼓舞的。这是以《公约》为基础的全球气候治理机制得到发展和变迁的更宏大的背景。

二、中国在全球气候治理机制中的重要角色

在全球气候治理机制发展的大背景下,我们能够观察到:中国是全球气候治理机制的关键参与者。这一方面是由于中国巨大的、不断增长的温室气体排放量,另一方面是由于中国对建立和发展全球气候治理机制的巨大影响和作用。[10]从温室气体排放量来看,根据《中华人民共和国气候变化第一次两年更新报告》,1994年中国温室气体排放总量(不包括土地利用变化和林业)约为40.57亿吨二氧化碳当量,其中二氧化碳所占的比重分别为75.8%;2005年中国温室气体排放总量(不包括土地利用变化和林业)约为74.67亿吨二氧化碳当量,其中二氧化碳所占的比重为80.0%;2012年中国温室气体排放总量(不包括土地利用变化和林业)为118.96亿吨二氧化碳当量,其中二氧化碳所占的比重为83.2%。[11]可以看出,自1994年以来,中国温室气体排放出现了持续快速增长,其中1994—2005年年均增长5.7%,2005—2012年年均增幅进一步增加,达到6.9%。

根据国外一些机构的数据,中国自2007年成为全球最大的年度温室气体排放者以来,其年度温室气体排放总量和人均排放量一直在不断增加。2015年,中国排放了104亿吨二氧化碳,占全球总排放量的29%,美国和欧盟分别占到15%和10%。1870—2015年的全球二氧化碳历史累积排放中,美国占总排放的26%,欧盟占23%,中国占13%。从人均排放上来看,2015年全球人均二氧化碳排放4.9吨,中国的人均排放是7.5吨,美国和欧盟分别为16.8吨和7.0吨。中国的人均排放水平已经超过欧盟。[12]这其中固然有欧洲国家已经实现低碳转型,人均碳排放已经越过峰值开始逐年下降的因素,但这些数据也凸显了中国作为全球巨大的温室气体排放者的形象,因此中国的温室气体排放量具有全球影响。从另一方面看,2015年全球碳排放量没有增加,而没有增加的主要贡献来自中国大幅减缓了温室气体排放量。这是许多研究机构作出的一个判断。[13]

　　与此同时,中国又是全球气候治理机制的关键参与者,其地位和影响在不断提升。中国作为世界第二大经济体和安理会常任理事国,具有较高的国际经济和政治地位,并从一开始就参与了全球气候治理机制的建设,对全球气候治理机制能够产生较大的影响。对于中国在全球气候治理中的行为,中外学者有着不同的观点。一些学者强调中国行为的合作性,认为中国是"积极而又谨慎的参与者"[14];从具体议题上看,"中国在坚持不承担量化减排温室气体义务的同时","以比过去灵活、更合作的态度参与国际气候变化谈判,尤其是在对待三个灵活机制方面"[15];从时间上看,"中国关于国际气候谈判的态度发生了明显变化","从被动却积极参与、谨慎保守参与到活跃开放参与"[16]。与此同时,很多西方学者和媒体对中国行为的评价曾经是非常负面的。虽然他们承认中国在一些具体议题上表现出灵活性,但是他们因为中国拒绝为发展中国家规定具有约束力的国际减排义务而怀疑中国的合作意愿,因此使用了以下术语来描述中国:"保守的(conservative)""防守的(defensive)""不合作的(uncooperative)""没有建设性的(unconstructive)""倔强对抗的(recalcitrant)"[17]。这种评价发生的更大背景是21世纪初国际政治中正在出现的权力转移:包括中国在内的新兴国家的经济发展和温室气体排放量的大幅增长,连同它们在国际政治中地位的提升,使得新兴国家拒绝接受发达国家提出的2050年全球长期减排目标。这一行为被西方学者和媒体解读成这些国家的"权力野心"在全球气候变化领域的体现。

　　自2011年以来,中国在全球气候治理机制中的地位和作用日益提升,并在《巴黎协定》的达成和生效过程中发挥了核心作用。中国积极促进巴黎气候大会达成相关协议,是中国深度参与全球治理的一个成功范例。随着美国总统唐纳德·特朗普(Donald Trump)上台及其对气候变化问题和《巴黎协定》的消极态度,国际社会认为中国应在未来全球气候治理中充当领导者的声音日益强烈。美国《基督教科学箴言报》2017年3月4日刊发题为《中国煤炭消费量再次下降,该国在应对气候变化方面的领导地位得到提升》的文章称,中国已成为解决气候变化问题的世界领导者。[18]一些西方学者则认为,中国"能感觉到美国的影响力从一个至关重要的多边进程退出",中国准备填补特朗普种种举动留下的气候变化领导真空。因此，对中国来说，这不仅是一次经济机遇，实际上还是一次外交机遇。特朗普于 2017 年 6 月 1 日正式宣布美国退出《巴黎协定》后，国际社会对于由中国担任全球气候治理领导者的声音更加强烈。那么，中国有意愿、有能力在后巴黎时代的全球气候治理中发挥领导作用吗？要回答这个问题，我们需要分析自 2011 年以来中国参与全球气候治理机制的立场、行为和政策及其变迁。中国在全球气候治理机制的新一轮变迁过程中发挥了怎样的作用？为什么能够发挥这样的作用？它对未来中国参与全球气候治理机制具有什么样的启示？这是我们关注的第二方面的问题。

　　总之，在全球气候治理机制经历二十多年发展演变的大背景下，探讨该机制自 2011 年以来出现的新变化，以及中国参与全球气候治理机制变迁的新行为和新政策，是我们关注的两个核心问题。探讨这些问题具有重要的学理和政策意义。在学理的意义上，它推动我们思考两个方面的问题。第一，如何描述和解释一项全球治理机制的发展和变迁？在既有的研究路径之外，我们可能有什么样的新贡献？第二，如何描述、解释和预测一个国家参与全球治理机制的行为，如何确立影响国家参与全球治理机制行为的因素？从政策意义来看，对上述问题的探讨将有助于归纳全球气候治理机制发展演变的规律和趋势，为推动后巴黎时代的联合国气候谈判和全球气候治理机制的建设提供政策启示，阐发能够被其他全球治理机制借鉴的制度创新实践。另一方面，随着《巴黎协定》进入落实阶段，实现全球长期目标将要求各国不断更新和加大自主贡献目标和行动力度。中国也将面临日益紧迫的减排期望和压力。分析中国参与全球气候治理机制变迁的行为和政策，将有助于为中国继续深度参与全球气候治理提供政策建议。

第二节　文献回顾与述评

　　本书提出的问题涉及两个基本的方面，一是全球气候治理机制的变迁，二是国家参与全球气候治理机制变迁的行为及其影响因素。下文从两个方面梳理和分析相关的研究文献。

一、全球气候治理机制的变迁

国际机制的变迁是国际机制研究议程中的重要议题之一。在国际机制分析发展的早期阶段,罗伯特·基欧汉(Robert Keohane)和约瑟夫·奈(Joseph Nye)就注意到机制变迁的来源。[19]他们将此区分为四种模式,即经济过程模式、整体结构模式、问题结构模式和国际组织模式。作为理解机制变迁的工具这在今天仍然有效。另一些学者出于对制度最初建立后如何变迁的思考,将制度区分为"自我产生、谈判和强迫接受阶段"[20]。

在这之后,美国学者奥兰·扬试图提供对国际制度变迁的整体解释,包括变迁的模式、过程、来源和后果。[21]他频繁地运用关于鲸类和捕鲸、南极、长程越界空气污染、臭氧层和海洋石油污染等国际环境机制的例子,但气候变化问题尚未进入他的研究视野。虽然奥兰·扬分析的问题在所有的国际环境机制中是普遍的,但是全球气候变化问题确实表现出了与其他全球性环境问题不同的特点。作为全球治理议程中的新问题,气候变化问题规模更加巨大、科学评估更加不确定、性质更为复杂、时间跨度更长、后果影响更加不均衡。应对气候变化则涉及更多的问题领域,是更为复杂的系统工程。在这种情况下就有必要对全球气候变化问题及其治理机制进行单独分析。

随着全球气候治理机制的创立和发展,一些文献描述和分析了该机制的变迁。这些文献遵循了以下的研究范式:一是从国际环境法的角度对该项国际机制的变迁进行描述和分析。美国国际环境法专家丹尼尔·波丹斯基(Daniel Bodansky)等人为了描述国际气候变化机制的变迁,于2009年从国际环境法的角度提出了一个分析框架,认为机制的演进具有四个维度:一是机制的深化(包括制度演进、法律形式、精确性、遵守/争端解决机制等方面);二是机制的扩展(包括成员数量和问题规模);三是机制的整合(通过制度的强化和联系整合不同的政策工具、制度或者程序);四是多元维度的演进(体现出上述两种或两种以上维度的演进)。据此,他认为国际气候变化机制在很多方面是沿着上述途径进化的,但是2009年的哥本哈根气候大会则标志着该项机制的停滞甚至是后退。[22]此后,这位长期研究和参与国际气候变化谈判的学者又提出,国际气候机制的发展可以分为六个阶段:(1)奠基阶段(1979—1984 年),在这一阶段,有关全球气候变化的科学共识发展起来;(2)议程设定阶段(1985—1988 年),气候变化从一个科学问题转化为政策问题;(3)前谈判阶段(1988—1990 年),各国政府已经高度参与到这个进程中来;(4)宪制性阶段(constitutional period,1991—1995 年),在该阶段《公约》得以谈判达成并生效;(5)管制性阶段(regulatory period,1995—2007 年),集中在《京都议定书》的谈判、达成和履行;(6)第二个宪制性阶段开始于 2001 年,一直到现在,集中于未来气候变化机制的谈判和建设。[23]

《巴黎协定》通过后,一些文献对此进行了法律解读,解读的重点包括其核心要素如减缓、适应、资金、能力建设、损失与损害等。[24] 但是这些文献没有系统和动态地分析全球气候治理机制的基本要素是如何从"京都模式"转化为"巴黎模式"的,尤其缺乏对核心行为体(包括中国、美国和欧盟)在具体议题上的立场及相互关系和互动的分析。

第二种范式是从国际关系/国际政治的角度进行的分析。有的学者认为,国际气候变化机制的演进经历了三个阶段:1990—1994 年是国际气候谈判开始启动的阶段;1995—2005 年是《京都议定书》谈判和批准的阶段;从 2005 年开始是后京都谈判的阶段。[25] 还有大量的文献研究关注了全球气候变化机制的创立,[26] 国际气候变化谈判的政治和组织过程[27]、全球气候变化机制的规则内容与程序[28]、全球气候变化机制的规约履行[29]等。在一些学者看来,《巴黎协定》的达成代表着全球气候政治的一种新逻辑,即承认国内政治在气候治理中的主导地位,允许各国自己设定减缓的贡献水平,自主作出减排承诺并能够接受国际审查。[30] 有的学者则将全球治理模式区分为四种,即科学驱动的自下而上、大国主导的自上而下、集团主导的自上而下、社会驱动的自下而上等,并认为全球气候治理迄今为止的发展,完整再现了全球治理模式的演进和转换。[31] 邹骥等学者编著的《论全球气候治理——构建人类发展路径创新的国际体制》是从多学科角度分析全球气候治理的著作。该书从气候变化科学事实入手,分析了应对气候变化问题的特殊性及其给全球治理和人类发展带来的挑战,回顾了世界工业化历史进程,在可持续发展和公平的框架下,结合《公约》下的国际气候合作进程和应对气候变化在全球治理体系中的演进和发展，论述了以人类发展路径创新为核心概念的全球气候治理新理念。[32]

从国际关系角度进行研究的文献虽然对全球气候合作和全球气候治理机制提供了理论上的解释，并且提供了权力、利益、知识、理念等变量[33]，但是这些外生性的变量似乎仍然不能解释该项机制的内在变迁，尤其是其构成要素的变化。这就使得对全球气候治理机制的研究似乎更多地关注了它的外部环境，但忽略了其内在因素的发展和演变。

总之，在已有的研究成果中，从国际法角度进行的分析集中在既定的气候协议本身，虽然它们注意到全球气候治理机制内规范体系的变化，但是它们关心的是条文本身，难以解释这些条文为什么和沿着怎样的路径出现这种变化，也缺乏对外部国际政治环境的分析。从国际关系/国际政治角度进行的分析，把注意力主要放在该机制形成和发展的过程和环境上，却缺乏对全球气候治理机制的构成要素及这些要素之间的关系进行分析，没有确立有效分析该机制内部变迁的框架。

二、中国参与全球气候治理的进程与特征

自全球气候变化问题被提上国际关系议程以来，已经有很多文献运用不同流派的国际机制理论，来分析国际气候变化治理机制的形成、规模、有效性和影响因素。[34]这些分析确实有助于从整体上观察和发现国际气候合作的一般性规律，但往往因为过于强调国家的共性而忽略了它们各自不同的特征，从而难以对国家行为的多样性作出有力的解释。全球气候变化问题日益成为国家外交政策的重要组成部分。为此，理解国家的气候外交政策对于研究国际气候变化合作至关重要。毕竟，是国家实际的政策和行动决定了国际气候合作的成功。因此，对全球气候治理的另一种分析模式是建立在国家气候外交决策的基础之上的。大量研究文献探讨了美国和欧盟等发达国家的气候外交政策及其影响因素[35]，研究中国等发展中国家气候外交行为的文献也出现了快速的增长。

研究中国气候外交行为的既有文献集中探讨了中国在国际气候变

化谈判中采取的特定立场及其影响因素。它们主要因循以下四种基本的分析模式。

第一种是以利益为基础的分析模式。有的学者认为,中国的气候变化政策主要受到三种因素的驱动——推进国家利益、保护国家主权和提升国际形象,其中国家利益既包括有形利益,也包括无形利益。[36]还有的学者认为,可能的收益推动中国积极参与全球气候治理,具体包括克服应对气候变化的负面影响、引进资金和技术、参与规则制定、争取有利于自身的时间表、维护经济发展权益;而应对气候变化的巨大成本使得中国在承担具体责任问题上非常谨慎。[37]张海滨借鉴美国学者提出的分析模式,提出减缓成本、生态脆弱性和公平原则是影响中国国际气候变化谈判立场的三个基本变量。[38]另有学者认为,中国在国际气候谈判中核心的关切包括主权、平等和国际形象,主要国内利益则包括经济发展、能源问题和在气候变化问题上意识到的脆弱性。[39]还有学者强调维护国内社会稳定和能源安全也是中国气候决策时考虑的重要因素。[40]杜祥琬认为,中国积极而务实地参与国际气候谈判的深刻原因,首先源于自身科学发展和可持续发展的内在需求,同时也是一个负责任的发展中大国对国际责任的担当。他还阐述了应对气候变化对国家当前发展的现实意义,包括促进发展方式的转变,推动新型发展,推动国家多方面基础设施建设的完善,带动国家基础研究的进步,推动科技创新;进一步提出了应对气候变化对国家长远发展的战略意义,包括清醒地认识和表述国家现代化的第三步战略目标和实现这个目标的战略路线图。[41]

第二种模式是从中国国内政治、经济和环境的角度进行分析。从政治角度进行研究的范式特别强调中国国内的政策过程对气候变化决策的影响。很多西方学者认为政府部门模式最有利于分析中国早期的气候变化政策。该模式把政府部门的结构作为政策过程的关键因素,认为政策结果在很大程度上是部门间竞争的结果。对于中国来说,尽管国际谈判带来的外部压力推动了气候变化问题进入国内的政策议程,但中国国内政治过程的性质对中国参与国际气候合作制度设置了一般性的障碍。[42]这类研究文献确认了中国气候变化政治中最重要的部门包括:国家发展和改革委员会、外交部、中国气象局、科学技术部和环境保护部。[43]中国气象局、环境保护部和科学技术部被认为是最积极的机构,而外交部和国家发展和改革委员会则相对谨慎,强调经济发展的重要性和主权。国家发展和改革委员会被认为是权力和影响最大的行为体。[44]有的学者指出,国际联系在谈判的早期阶段推动中国成为一个合作者,但随着谈判的深入,中国国内因素——包括社会主义市场经济、官僚制度的垂直分工——限制了国际联系的影响,使中国成为国际气候变化合作的"背叛者"。[45]

很多学者都注意到,中国在《巴黎协定》达成过程中发挥了更加积极的、更具建设性的作用。他们认为这可以归因于中国解决国内环境问题和推动能源供应多元化的需要,而应对这两方面的需要都有助于应对气候变化。但是地方政府在这两个问题上比中央政府行动滞后,对由此可能带来的政治经济利益重组持慎重态度,而此举可能会阻碍国家碳减排目标的实现,因此中国对这两个领域进行改革与它减缓气候变化的承诺密不可分。[46]也有学者从中国国内经济的角度进行了解释。他们认为中国向经济新常态转型的国内背景为中国提供了重大机遇,这使得中国重新把气候变化作为国际关系中的优先性问题,并加强与美国等国家的双边合作。[47]

第三种研究范式强调国际机制通过知识和规范传播,推动中国在气候变化问题上的认知。伊丽莎白·伊科诺米(Elizabeth Economy)等人认为,国际机制之所以能够影响中国国内的环境政策决策,是因为新观念和新知识的传播能够促进国内行为体的认知以及规范的变化,同时国际机制的要求可能会导致新的国内行为体和体制机制安排的出现,能够提供培训机会、资金援助和技术创新,并且鼓励科学家和专家团体的参与。[48]具体到气候变化领域,伊科诺米认为,"像中国这样的发展中国家,国际专家的参与有助于国内科学界建立和提高能够共享的价值观"[49]。其他学者也注意到,中国的气候变化研究受国际科学界的影响很大,其中政府间气候变化专门委员会在启动中国的气候政策研究方面发挥了重要作用。[50]于宏源强调《公约》所蕴涵的知识因素促进了中国国内在这方面的政策协调,使得中国能够界定与气候变化相关的国家利益,应对《公约》缔约方大会谈判中的问题。[51]他还通过对两次问卷调查的分析,提出气候变化国际制度影响了中国相关气候外交决策的运作环境,并推动利益协调、制度建设和规范内化。[52]

第四种模式是从权力政治的角度进行分析。有的学者在南北关系的框架下解读中国的地位和作用,认为中国在发展中国家阵营扮演了领导者和协调员的角色,在与欧美等发达国家和地区的抗衡中,努力争取和保护发展中国家的合理权益。[53]有的学者则把中国看作"环境强权(environmental bully)"[54]。联合国哥本哈根气候大会之后,随着包括中国、印度、巴西和南非在内的"基础四国"在国际气候谈判中影响的扩大,它们一方面被认为在气候变化领域拥有强大的结构性权力,并展现出了对未来的全球气候治理的领导潜力[55];另一方面,它们被认为"劫持"了哥本哈根气候大会[56],连同其"快速的经济发展、不断增长的权力政治野心、日益增加的温室气体排放量和对于接受全球环境责任的明显的不情愿",使得"早已经困难的气候变化问题更加难以解决"[57]。

在达成《巴黎协定》的过程中,中国通过主动与关键各方协调立场、积极参与谈判、建设性地提出解决方案、身体力行地为履行 2020 年前承诺作出表率,有力促成了《巴黎协定》的达成。在美国有意退出《巴黎协定》,欧盟面临反恐、经济增长、英国脱欧等棘手的内部事务的形势下,国际社会将发挥全球气候治理领导力的期望聚焦在中国。一些观点主张中国应该填补美国留下的领导力真空,也有一些观点认为中国应当警惕气候变化领域的领导力陷阱。

综上所述,既有研究文献从利益、国内政治、认知和权力等方面进行了研究。首先,以利益为基础的研究模式关注以下因素对中国气候外交行为的影响:气候变化对中国造成的负面影响、减排成本、资金和技术转让的可能性、国际形象等。它假设国家是单一、理性的行为体,决策者根据对国家造成的成本和产生的收益进行评估,并作出使国家收益最大化的选择。它的优点是简洁、准确,但这是一种过于理想化的假定。对于参与全球气候治理的国家来说,作出理性选择的一个重要前提恰恰是能够获得这个领域必要的科学评估和解决方案及其影响的信息。换句话说,需要有能力计算出可能的成本和收益,而这对于气候变化这种其影响的行业和部门广、时间跨度长、涉及全球各国的互动、存在很大不确定性的问题来说,成本和收益的计算难以获得准确的答案。

其次,国内政治的研究范式确实有助于解释中国在气候变化问题上的国家利益是如何被汇集的,以及国内的政治过程和机构设置如何影响了中国的气候外交政策。但是大部分此类研究夸大了中国各政府部门之间和中国各行为体之间在气候变化问题上的竞争性博弈。更重要的是,这种研究模式忽视了中国不断增强的应对气候变化的国内动机和意愿。从分析上看,该模式的一个重要问题是如何收集可靠的信息[58],包括中国政府各部门对气候变化成本和收益的观念、利益偏好、各政府部门之间的权力分配信息和讨价还价的过程等。这类政府内部信息很少得到记载,而且如何保证信息的可靠性是最大的问题。

再次,从国际机制角度进行的研究确实指明了国际层次上影响中国环境行为的重要知识来源,但实际上,中国从《公约》谈判的一开始就是全方位参与者和规范的制定者。中国参与制定的国际规范如何推动中国的学习和认知呢?从分析上看,国家学习和认知的过程难以从实证的角度追溯,因此规范对行为体在机制内行为的真正影响难以衡量。[59]

最后,权力政治的分析模式为理解中国的气候变化行为提供了一个独特的视角,但是它不能解释为什么中国在一些具体议题上更容易实现与其他治理主体的合作,而在另一些议题上的立场则非常坚定和难以改变。同时,对于"基础四国"在国际气候政治中的地位,需要作出更细致的分析——它们在国际气候变化谈判中拥有了前所未有的权力的同时,也面临着史无前例的巨大挑战。

第三节 分析框架与主要观点

本书主要考察自 2011 年以来,全球气候治理机制出现的新变迁和中国参与全球气候治理机制变迁的行为与影响因素。笔者希望运用新的分析框架和新的研究视角,发展和论证有关中国参与全球治理机制的新观点。

我们建立的分析框架把国际机制的构成要素简化为原则和规则,试图清晰而简洁地描述国际机制发生变迁的路径、过程和形式,其中原则是一个国际机制的"基因",各种规则是机制的"外貌"。这样就把国际机制的变迁简化为三种可能的情形：一是国际机制本身的变迁：即在参与方的推动下，机制内原有的原则转变为另一种原则，则原有原则指导下的规则在参与方的推动下也相应地发生了转变。既然原有国际机制的原则和规则都发生了变化，那么原有的国际机制本身就发生了变迁。二是国际机制内部的变迁：即在机制原有原则保持不变的情况下，原有机制内的规则在参与方的推动下转变为新的规则。新规则与原有规则虽然内容并不同，但它们仍然体现了机制原则，是在机制原则指导下制定的。这种变迁是该国际机制内部的变迁。三是国际机制的动荡：即在机制原有原则保持不变的情况下，在参与方的推动下出现了新的规则，如果新的规则与原有国际机制的原则不再一致，那么从国际机制这个有机整体的角度来看，原有的国际机制内在的固有逻辑和联系就弱化了，而机制变迁的最终结果还处于不确定状态。应该指出的是，这种弱化从国际机制的作用效果角度来看，也有可能更加有利于规则的实施。在第三种情形下，如果参与方持续着力于改进规则，并且这些规则继续与原有国际机制的原则不一致，则国际机制将持续处于动荡状态；如果改进的规则回归到原有国际机制的原则上，则其结果就与上述第二种变迁一样，形成国际机制内部的变迁；如果参与方以新的规则为出发点，进一步推动与这些规则一致的新的原则出现，那么一个新的国际机制也就出现了，其结果与上述第一种变迁一样，形成了国际机制本身的变迁。

这种分析框架有助于我们把握国际机制发展和变迁的性质与总体发展趋势。在这种分析框架下，我们认为全球气候治理机制自 20 世纪 90 年代初建立以来，其发生变迁的主要性质是机制内部的变迁，即在"共区原则"指导下的规则累积和变化。在自 2009 年以来，尤其是 2011 年建立"德班平台"谈判授权以来出现的新一轮变迁中，虽然该机制仍然坚持了"共区原则"，并且其发展变化仍然属于机制内部的变迁，但是"共区原则"的适用加入了动态的因素，而且规则体现原则的方式也发生了重要变化，出现了国际机制动荡的特征，其最终变迁结果尚未确定。

中国是全球气候治理机制变迁的关键参与者。如果把中国参与全球气候治理机制变迁的行为看作因变量，那么哪些因素通过什么机制影响了中国的这种行为呢？既有研究文献的分析采取了不同的研究路径，选择了不同的变量来解释中国参与全球气候治理的行为，虽然具有较大的解释力，但是既有的研究文献大多对中国参与全球气候治理的合作意愿及其影响因素投入了较多的注意，但忽视了一个非常重要的方面，即合作能力。本书在回顾和评价已有研究成果的基础上，构建了一种新的分析框架，即通过合作意愿与合作能力两个维度来描述、解释和预测国家在全球治理中的行为，尤其强调合作能力这个方面。然后对中国参与全球气候治理机制变迁的行为及其影响因素进行实证分析。已有的研究表明，合作意愿和合作能力确实影响了中国 2011 年之前参与全球气候治理的合作行为。随着全球气候治理的进展，我们在接下来的各章将重点考察中国在 2011 年到 2016 年期间，参与全球气候治理机制变迁的具体情况。这不仅有助于增强对中国在气候变化领域合作行为的系统理解，也对未来的中国气候外交和全球气候变化谈判具有一定的政策意义。

第四节　本书的基本架构

本书共由导论、正文第一章至第六章以及结论八部分组成。导言部分首先归纳了全球气候治理自 2009 年以来出现的新变化与新发展，以及中国在参与全球气候治理方面角色的新变化，并在此背景下提出了研究的问题，然后在对既有研究文献进行回顾和述评的基础上，简要介绍了本书的分析视角和框架，以及主要观点和基本架构。

第一章从理论的角度确立了本书的分析框架。该章先分析了全球气候变化问题的科学性，认为气候变化科学的确定性不断增强，气候变化是并将持续是全球治理议程的一个真命题。全球气候治理经过过去几十年的实践，已经形成了庞大的体系，而以《公约》为基础的全球气候治理机制居于该治理体系的核心地位。在上述背景下，该章确立了"原则与规则"的分析框架来考察全球气候治理机制的变迁，同时从"合作意愿"与"合作能力"的角度来考察国家参与国际机制变迁的行为，并认为全球治理与国内治理具有密切的互动关系。

第二章进一步分析了以《公约》为基础的全球气候治理机制的构成

要素。该机制作为全球气候治理体系的主要形式和核心构成部分,主要是由一系列政府间气候变化多边协议及其缔约方大会决定构成的,其核心要素是有关全球气候治理的基本原则与规则。它们主要是由全球近两百个国家在二十多年的联合国气候变化谈判中达成的,对相关行为体的温室气体排放、适应气候变化、相关能力建设、气候变化国际支持等行为起到重要的调节和规范作用。同时,国际组织和其他非国家行为体也在这个治理机制中发挥着重要的作用。

第三章讨论了全球气候治理机制的原则问题。"共同但有区别的责任和各自的能力"原则是全球气候治理机制的重要因素。它对该项全球治理机制的建立具有重要意义,但是该原则所具有的内在张力以及自 21 世纪以来国际政治、经济以及排放格局的新变化,使该原则的解释和适用问题面临巨大挑战。发展中国家与发达国家在这个问题上存在重大分歧。然而,《巴黎协定》的达成和生效标志着各国在"共区原则"问题上达成了新的共识和妥协,使得该原则继续对 2020 年后的全球气候治理机制发挥动态的指导作用。因此,全球气候治理机制迄今所发生的变迁是这个机制内部的变迁。在这个过程中,中国对于推动《巴黎协定》坚持"共区原则"发挥了核心的重要作用,正如同它在该原则确立过程中发挥的作用那样。

第四章到第六章主要分析了全球气候治理机制的具体规则——包括减缓责任分担规则、透明度规则、资金支持规则自 2011 年以来出现的新发展与新变化。这一部分归纳了主要谈判方在具体问题上的分歧与共识,尤其分析了中国在这些规则演变过程中所持有的基本立场和发挥的作用,并且从合作意愿与合作能力的角度对中国的立场和行为进行了解释和分析。我们没有对气候变化中的另一个重要方面——适应行动——进行分析,尽管这也是气候谈判中的重要内容,国内外许多学者对此也有许多精彩的研究,但全球气候治理机制演变至今,适应行动的"规则"仍然十分粗线条,并且往往归结到对适应行动的报告规则和支持规则方面。我们将在第五章和第六章对这两者进行讨论。相对而言,适应行动取决于国家和地区所处的自然地理环境,涉及的部门众多,成效表征指标各异,这导致适应行动在全球层面难以作出通用的方法学和标准,这也是适应规则难以建立的重要原因,也是学界、各国政策决策者、气候谈判中需要重点关注的问题。

结论部分首先归纳了全球气候治理机制的变迁规律及其发展趋势,并分析了中国的角色演变及其影响因素,最后为中国继续深度参与全球气候治理机制提出了政策建议。

注释

1. IPCC, *Climate Change 2014 Mitigation of Climate Change*, New York: Cambridge University Press, 2014;庄贵阳、周伟铎:《非国家行为体参与和全球气候治理体系转型——城市与城市网络的角色》,载《外交评论》2016 年第 3 期,第 133—156 页;范菊华:《非国家行为体在全球气候治理中的作用》,载阜阳师范学院学报(社会科学版)》2014 年第 3 期,第 56—62 页。

2. UNFCCC, Adoption of the Paris Agreement, Decision 1/CP. 21, 2015, para. 133—136.

3. 陈志敏:《国家治理、全球治理与世界秩序建构》,载《中国社会科学》2016 年第 6 期,第 14—21 页;吴志成:《全球治理对国家治理的影响》,载《中国社会科学》2016 年第 6 期,第 22—28 页;张宇燕:《全球治理的中国视角》,载《世界经济与政治》2016 年第 9 期,第 4—9 页。

4. IPCC, Climate Change 2014: Synthesis Report Summary for Policymakers, 2014, http://www.ipcc.ch/pdf/assessment-report/ar5/syr/AR5_SYR_FINAL_SPM.pdf.

5. Harro van Asselt and Stefan Bößner, "The Shape of Things to Come: Global Climate Governance after Paris," *Carbon & Climate Law Review*, 2016, 10(1):46—61.

6. Angel Hsu et al., "The Wider World of Non-state and Sub-national Climate Action," 10 December 2015, https://campuspress.yale.edu/datadriven/files/2015/12/Assessing-the-Wider-World-of-Non-state-and-Sub-national-Climate-Action-2d5oghz.pdf.

7. 《联合国气候变化框架公约》,2015;《通过〈巴黎协定〉》(中文版),第 1/CP.21 号决定,第 133—134 段。

8. 《中美元首气候变化联合声明》,载《人民日报》2015 年 9 月 26 日,第 3 版。

9. Non-State Actor Zone for Climate Action, http://newsroom.unfccc.int/lpaa/nazca/.

10. 薄燕:《全球气候变化问题上的中美欧三边关系》,载《现代国际关系》2010 年第 4 期,第 15—20 页。

11. 《中华人民共和国气候变化第一次两年更新报告》,2016 年 12 月。http://www.ccchina.gov.cn/archiver/ccchinacn/UpFile/Files/Default/20170124155928346053.pdf.

12. Global Carbon Project, "Carbon Budget 2016," http://www.globalcarbonproject.org/about/index.htm.

13. 解振华:《2015 年全球碳排放无增加主要贡献来自中国》,2016 年 3 月 7 日,http://www.ce.cn/xwzx/gnsz/gdxw/201603/07/t20160307_9330123.shtml.

14. 薄燕、陈志敏:《全球气候治理中的中国与欧盟》,载《现代国际关系》2009 年第 2 期,第 44—50 页。

15. 张海滨:《中国与国际气候变化谈判》,载《国际政治研究》2007 年第 1 期,第 21—36 页。

16. 严双伍、肖兰兰:《中国参与国际气候谈判的立场演变》,载《当代亚太》2010 年第 1 期,第 80—90 页。

17. 参见 Elizabeth Economy，"Chinese Policy-making and Global Climate Change：Two-front Diplomacy and the International Community," in Miranda A. Schreurs and Elizabeth Economy，eds.，*The Internationalization of Environmental Protection*，Cambridge：Cambridge University Press，1997，pp. 19—41；Yuka Kobayashi，"Navigating between 'Luxury' and 'Survival' Emissions：Tensions in China's Multilateral and Bilateral Climate Change Diplomacy," in Paul G. Harris，ed.，*Global Warming and East Asia：The Domestic and International Politics of Climate Change*，London：Routledge，2003，p.93。

18. 《中国成全球气候合作引领者彰显大国担当》，http：//www. ccchina. gov. cn/Detail. aspx?newsId＝66647&.TId＝58。

19. Robert O.Keohane and Joseph S.Nye，*Power and Interdependence*，Glenview，2ded.，Glenview，Ill：Scot，Foresman，1989，chap.3.

20. Oran R. Young，*International Cooperation：Building Regimes for National Resources and the Environment*，Ithaca：Cornell University Press，1989，chap 4.

21. ［美］奥兰·扬：《世界事务中的治理》，陈玉刚、薄燕译，上海：上海人民出版社 2007 年版，第 127—154 页。

22. Daniel Bodansky and Elliot Di ringer，"The Evolution of Multilateral Regimes：Implications for Climate Change," Prepared for the Pew Center on Global Climate Change，http：//www. c2es. org/docUploads/evolution-multilateral-regimes-implications-climate-change.pdf，May，2013，accessed on May 29，2013.

23. Daniel Bodansky &. Lavanya Rajamani，"The Evolution and Governance Architecture of the Climate Change Regime," in Detlef Sprinz and UrsLuterbacher ed.，*International Relations and Global Climate Change*，MIT Press，2013.

24. 宋英：《〈巴黎协定〉与全球环境治理》，载《北京大学学报（哲学社会科学版）》2016 第 6 期；曾文革；冯帅：《巴黎协定能力建设条款：成就、不足与展望》，载《环境保护》2015 年第 24 期；许寅硕、董子源、王遥：《〈巴黎协定〉后的气候资金测量、报告和核证体系构建研究》，载《中国人口·资源与环境》2016 年第 12 期；陈敏鹏、张宇丞、李波、李玉娥：《〈巴黎协定〉适应和损失损害内容的解读和对策》，载《气候变化研究进展》2016 年第 3 期；李慧明：《〈巴黎协定〉与全球气候治理体系的转型》，载《国际展望》2016 年第 2 期。

25. 陈迎：《国际气候制度的演进及对中国谈判立场的分析》，载《世界经济与政治》2007 年第 2 期，第 52—53 页。

26. Irving M.Mintzer and J.Amber Leonard ed.，*Negotiating Climate Change：The Inside Story of the Rio Convention*，Cambridge：Cambridge University Press，1994；Matthew Paterson，*Global Warming and Global Politics*，London and New York：Routledge，1996.

27. 参见张海滨：《关于哥本哈根气候变化大会之后国际气候合作的若干思考》，载《国际经济评论》2010 年第 4 期，第 102—113 页；潘家华：《后京都国际气候协定的谈判趋势与对策思考》，http：//www. rcsd. org. cn/NewsCenter/NewsFile/Attach-20050929130515.pdf，2013 年 6 月 9 日登录；Joanna Depledge，*The Organization of Global Negotiations：Constructing the Climate Change Regime*，London and New York：Routledge，2004。

28. 庄贵阳、陈迎：《国际气候制度与中国》，北京：世界知识出版社 2005 年版。

29. Olav SchramStokke，Jon Hovi and GeirUlfstein，*Implementing the Climate Regime：International Compliance*，Routledge，2005；唐颖侠：《国际气候变化条约的遵守机制研究》，人民出版社 2009 年版。

30. Robert Falkner，"The Paris Agreement and the New Logic of International

Climate Politics," *International Affairs*, Sep.2016, Vol.92 Issue 5, pp.1107—1125.

31. 石晨霞：《全球治理模式转换的理论分析——以全球气候治理为例》，载《现代国际关系》2016 年第 2 期。

32. 邹骥：《论全球气候治理——构建人类发展路径创新的国际体制》，中国计划出版社 2015 年版。

33. Matthew Paterson, *Global Warming and Global Politics*, London and New York: Routledge, 1996.

34. 参见 Oran R.Young, *International Governance*: *Protecting the Environment in a Stateless Society*, Ithaca, New York: Cornell University Press, 1994; Oran R.Young, *Institutional Dynamics*: *Emergent Patterns in International Environmental Governance*, Cambridge: The MIT Press, 2010; Marc A. Levy, Robert O. Keohane and Peter M. Haas, "Improving the Effectiveness of International Environmental Institutions," in Peter M.Haas, Robert O.Keohane and Marc A.Levy, eds., *Institutions for the Earth*, Cambridge: The MIT Press, 1993;Mattew Paterson, *Global Warming and Global Politics*, London: Routledge, 1996。

35. 参见 Paul G.Harris, ed., *The Environment*, *International Relations and U.S. Foreign Policy*, Washington, D. C.: Georgetown University Press, 2001; Paul G. Harris, ed., *Europe and Global Climate Change*, *Politics*, *Foreign Policy and Regional Cooperation*, Cheltenham: Edward Elgar Publishing Limited, 2007。

36. Zhihong Zhang, "The Forces behind China's Climate Change Policy: Interests, Sovereignty and Prestige," in Paul G.Harris, ed., *Global Warming and East Asia*: *The Domestic and International Politics of Climate Change*, pp.69—81.

37. 薄燕、陈志敏：《全球气候治理中的中国与欧盟》。

38. 张海滨：《中国与国际气候变化谈判》。

39. Gorild Heggelund, "China's Climate Change Policy: Domestic and International Development," *Asian Perspective*, Vol.31, No.2, 2007, pp.155—191.

40. Rosemary Foot and Andrew Walter, *China*, *the United States*, *and Global Order*, Cambridge: Cambridge University Press, 2011, pp.186—203.

41. 杜祥琬：《国际气候谈判的实质和出路》，载《气候变化研究进展》2014 年第 5 期。

42. Michael T.Hatch, "Chinese Politics, Energy Policy, and the International Climate Change Negotiations," in Paul G. Harris, ed., *Global Warming and East Asia*: *The Domestic and International Politics of Climate Change*, pp.43—45.

43. Joakim Nordqvist, *China and Climate Cooperation—Prospects for the Future*: *A 2004 Country Study for the Swedish Environmental Protection Agency*, 2005, http://www.naturvardsverket.se/Documents/publikationer/620-5448-1.pdf.

44. Gørild Heggelund, "What Are the Domestic and International Developments in China's Climate Change Policymaking?" Paper presented at the 46th ISA Conference, Hawaii, March 2—5, 2005.

45. Hyung-Kwon Jeon and Seong-Suk Yoon, "From International Linkages to Internal Divisions in China: The Political Response to Climate Change Negotiations," *Asian Survey*, Vol.46, No.6, 2006, pp.846—866.

46. Anthony H. F. Li, "Hopes of Limiting Global Warming? China and the Paris Agreement on Climate Change," *China Perspectives*, 2016, Issue 1, pp.49—54.

47. Isabel Hilton, Oliver Kerr, "The Paris Agreement: China's 'New Normal' Role in International Climate Negotiations," *Climate Policy*, Jan.2017, Vol.17 Issue 1, pp.48—58.

48. Elizabeth Economy, "The Impact of International Regimes on China's Foreign Policy-Making: Broadening Perspectives and Policies But only to a Point," in David Lampton, ed., *The Making of Chinese Foreign and Security Policy in the Era of Reform 1978—2000*, Stanford: Stanford University Press, 2001, pp.236—257.

49. Ibid., p.236.

50. Abram Chayes and Charlotte Kim, "China and the United Nations Framework Convention on Climate Change," in Michael B. McElroy, Chris P. Nielsen and Peter Lydon, eds., *Energizing China: Reconciling Environmental Protection and Economic Growth*, Newton: Harvard University Press, 1998, p.514.

51. 于宏源:《中国和气候变化国际制度:认知和塑造》,载《国际观察》2009 年第 4 期,第 18—25 页。

52. 于宏源:《国际制度和中国气候变化软能力建设——基于两次问卷调查的结果分析》,载《世界经济与政治》2008 年第 8 期,第 16—23 页。

53. 陈迎:《中国在气候公约演化进程中的作用与战略选择》,载《世界经济与政治》2002 年第 5 期,第 15—20 页。

54. S. V. Lawrence, "Global Warming: A Blustering Giant turns Oddly Coy," *Far Eastern Economic Review*, 2001, March 1.

55. 高小升:《试论基础四国在后哥本哈根气候谈判中的立场和作用》,载《当代亚太》2011 年第 2 期,第 88—107 页。

56. Ed Miliband, "The Road from Copenhagen," *The Guardian*, December 20, 2009, http://www.guardian.co.uk/ commentisfree/2009/dec/20/copenhagen-climate-change-accord.

57. Andrew Hurrell and Sandeep Sengupta, "Emerging Powers, North-South Relations and Global Climate Politics," *International Affairs*, Vol. 88, Issue 3, 2012, pp.463—484.

58. Ida Bjørkum, "China in the International Politics of Climate Change: A Foreign Policy Analysis," FNI Report 12/2005, Lysake, FNI, 2005.

59. Ibid.

第一章

中国与全球气候治理机制的变迁:理论的视角

第一节 全球气候变化问题的科学性

气候是自然生态系统的重要组成部分,是人类赖以生存和发展的基本自然条件,也是经济社会可持续发展的重要资源。近百年以来,受自然和人类活动的共同影响,全球正经历着以变暖为显著特征的气候变化。在科学的意义上,气候变化是指气候平均状态和离差(距平)两者中的一个或两者一起出现了统计意义上显著的变化。根据《公约》第一条的定义,全球气候治理语境中使用的"气候变化"是指在可比较的一段时间内,除了自然气候变化外,由于人类活动直接或者间接改变了全球大气组成而引起的气候变化。

气候变化是一个典型的跨学科问题,涉及自然科学、经济学、伦理学、法学和国际关系等学科。尽管全球气候治理更多的是国际政治问题,但必须基于自然科学和经济学的基础与依据,才能使全球气候治理体系具有科学性,实现应对气候变化的最终目的。因此,在讨论全球气候治理体系之前,需要首先回答的问题是气候变化是不是一个"真命题"。

政府间气候变化专门委员会是根据 1988 年联合国通过的为当代和后代人类保护气候的决议,由世界气象组织(WMO)和联合国环境规划署(UNEP)联合建立的。作为国际上权威的气候变化领域学术评估组织,政府间气候变化专门委员会的主要任务是组织学术团队评估气候变化科学认识、气候变化影响,以及适应和减缓气候变化的措施选择,并于 1990 年、1995 年、2001 年、2007 年、2014 年先后完成了五次气候变化科学评估报告,所给出的全球气候变化问题的最新评估结论已成为国际社会应对气候变化的主要依据。政府间气候变化专门委员会评估报告主要由四个报告组成:第一工作组的气候变化的自然科学基础报告,第二工作组的气候变化影响、适应和脆弱性报告,第三工作组的减缓气候变化报告,以及由政府间气候变化专门委员会全会审议通过的气候变化综合报告。从政府间气候变化专门委员会的五次气候变化科学评估来看,虽然气候变化的科学评估仍然存在着不确定性,但是从整体上看,这种不确定性在减少,确定性在增强。

于 1990 年完成的第一次评估报告,其内容包括"气候变化科学评估""气候变化的可能影响"和"应对全球气候变化的反应战略"。其中第一工作组的发现产生的影响最大。它的主要结论是,自工业革命以来,主要由于人类活动的增加,大气中二氧化碳、甲烷和其他温室气体浓度一直在不断增加。从 19 世纪末起,全球地表温度确实存在真实但不规则的增温。记录表明,全球(包括陆地和海洋)平均增温 0.3 ℃—0.6 ℃,大多数山地冰川存在着显著和不规则的消退。报告还提出,如果温室气体排放持续增加,全球平均温度将会每十年增加 0.3 ℃。在大约一个世纪之后,这样的变暖趋势将使地球的温度超过 10 万年之前的温暖期的温度水平。第二工作组研究了气候变化的影响问题,认为气候变化对海平面的上升、降雨模式、农业、湿地、森林、沿海地区和沙漠化的影响是巨大的,但是各地区受影响的程度不同。此外,由于气候如何发生变化的问题存在着高度的不确定性,报告难以就气候变化所造成的影响达成确切的结论。[1] 第三工作组评估了与控制温室气体排放紧密相关的部门和手段。尽管政府间气候变化专门委员会的第一次评估报告没有确定地给出可能发生的气候变化的规模和程度,并且承认需要作进一步的研究以提高对气候变化影响的评估的确定性,但是该报告明白地表明全球气候变化是一个需要国际社会积极应对的严重问题。

1995 年,政府间气候变化专门委员会发布了第二次评估报告。在发布第一次评估报告之后的五年里,国际科学界进一步完善了用于预测温度变化的气候模型。模型计算结果支持早期的科学共识,即人类活动在不断增加温室气体排放,从而导致了大气中温室气体浓度的增加,其中二氧化碳的浓度增加了近 30%,甲烷和氧化亚氮的浓度分别增加了 145％和 15％。全球平均气温继续升高，自 19 世纪晚期以来，全球平均地表气温增加了 0.3 ℃—0.6 ℃。报告指出，1995 年之前这几年是自 1860 年以来最热的几个年份。全球海平面在过去的 100 年中升高了 10—25 厘米，并且大部分与全球平均温度的增加有关。[2] 到 21 世纪末，全球平均地表气温可能会增加 1 ℃—3.5 ℃。即使温室气体的浓度保持不变，在之后的几十年，温度也还会持续升高，海平面也将上升。评估报告还指出，到 2100 年，海平面将升高 15—95 厘米，并且在其后的几个世纪中还会持续上升。与此同时，全球温度的普遍升高会导致极端炎热天气的增加和极端寒冷天气的减少。[3] 尤为重要的是，报告第一次明确断言："对各种证据的比较表明，人类对气候产生了可以辨识的影响。"这意味着国际科学界到 1995 年已经能够确认人类活动对气候的实际影响，并且能够将之与自然的气候变化区分开来，从而确信地宣布：气候变化和某些极端气候事件至少部分地是由人类活动引起的。

关于气候变化对自然生态系统以及人类健康和社会经济部门的影响，第二工作组的报告提出，气候变化对生态系统和全球农业生产造成了重大的影响。[4] 人类与自然生态系统比较起来，对气候变化的脆弱性还小一些，但是最容易受到气候的突然变化和极端事件的影响。海平面若上升 50 厘米，将有大约 9 200 万人受到暴雨引起的洪水的威胁，而人口的增加更会加剧这种危险性。如果海平面升高 100 厘米，那么荷兰将失去 6％的土地，孟加拉国将失去 17.5％的土地。对一些国家来说，尤其是小岛国家，其损失将超过国民生产总值的 10％。相关的影响还包括移民等。对人类健康的直接影响包括：由热浪造成的人员伤亡以及由极端天气造成的伤亡。从长期来看，间接的影响大概更为重要，这包括传染性疾病的传播将会增加，而淡水资源供应的减少也会对人类的健康产生影响。[5]

由此可见，政府间气候变化专门委员会第二次评估报告的确定性比第一次评估报告的确定性要有所增强。对于该报告的结论，很多国家表示了高度的重视，并且在当时确认了其科学上的权威性。

2001 年 7 月，政府间气候变化专门委员会发布了对全球气候变化的第三次评估报告。其中第一工作组的报告指出：第一，全球在变暖，气候系统在发生变化。全球平均表面温度在 20 世纪升高了 0.6 ℃—
0.4 ℃。从全球来看,20 世纪 90 年代很可能是自 1861 年以来最热的十
年,并且 1998 年可能是器测以来最热的年份。20 世纪全球平均海平
面升高了 10—20 厘米。[6]第二,大气中温室气体的浓度和它们的辐射强
度在继续增加,而这是人类活动的结果。自 1750 年以来,大气中二氧
化碳的浓度增加了 31%。[7]同时,有更新和更有力的证据表明,所观察
到的过去 50 年里大部分的气候变暖是由人类活动引起的。尽管这里
面仍然存在着不确定性,但过去 50 年中由人类排放温室气体所引起的
气候变暖是可以确定的。[8]

第一工作组的报告还强调,全球平均表面温度在 1990 年到 2100 年
间将会增加 1.4 ℃—5.8 ℃。这个温度增加的幅度要比第二次评估报
告的结果更高。此外,全球平均水蒸气浓度和降雨在 21 世纪预期也会
增加。冰川和冰盖在 21 世纪将大面积减少,而北半球的雪盖(snow
cover)和海冰(sea-ice)将进一步减少。全球的平均海平面高度在 1990
年到 2100 年间将升高 9—88 厘米。这主要与热膨胀以及冰川与冰盖
的大面积消失有关。同时,人类造成的气候变化会持续很多个世纪。
人类排放的一些温室气体对大气的组成、辐射作用和气候具有长期的
影响。[9]

在第一工作组所作评估的基础上,第二个工作组当时为决策者所
作的报告指出了全球气候变化已经对人类与自然生态系统造成的影
响:第一,地区性的气候变化,尤其是温度的升高早已经影响到世界上
许多地区的自然和生物系统。[10]第二,一些初步的证据表明,人类的社
会和经济系统已经受到新近不断发生的水灾和旱灾的影响。第三,由
于自然系统适应能力有限,它们对气候变化尤其脆弱,并且其中一些系
统遭受了巨大的和不可逆转的损害。[11]第四,许多人类系统对气候变化
来说都是敏感的,并且有一些是非常脆弱的。[12]第五,人类社会和自然
系统对于极端气候都存在着脆弱性,这表现在干旱、洪涝和热浪等带来
的损害和伤亡等方面。尽管对这些变化的估计还带有不确定性,但是
由于全球气候在 21 世纪的变化所引起的极端天气的频率和严重性增
加了,它们所带来的影响也会随着全球变暖而加强。[13]

综上所述,政府间气候变化专门委员会的前三次评估报告尽管在

一些问题上存在着不确定性,但是表明了人类活动与大气中的温室气体的增加存在着紧密的联系,而温室气体浓度的增加是导致以变暖为主要特征的全球气候变化的主要原因。同时,这种变化已经和将要给人类和自然系统造成巨大的负面影响。事实上,不同意政府间气候变化专门委员会的这些结论的科学家是非常少的。政府间气候变化专门委员会作为一个从事气候变化科学评估的国际机构,其科学活动虽然也受到一些国家的影响,但总的看来,在评估活动中,它试图保持该机构作为一个独立的、政府间的科学技术评估与咨询机构,在气候变化问题上各种评价的客观性和公正性。正如约翰·霍顿(John Houghton)所指出的:"政府间气候变化专门委员会的报告可以被视为当今国际社会(对气候变化问题)看法的权威表述。"[14]这一点足够成为国际社会采取实质性的减排温室气体行动的科学理由。

政府间气候变化专门委员会此后发布的两次评估报告的科学确定性进一步增强。2007年发布的第四次评估报告的综合报告进一步指出,气候系统变暖的客观事实是不容置疑的,所有大陆和多数海洋的观测证据表明,许多自然系统正在受到区域气候变化特别是受到温度升高的影响。过去30年的人为因素造成的气候变化可能已在全球范围内对许多自然和生物系统产生了影响。极端天气和海平面上升事件的发生频率和强度的改变,将主要对自然和人类系统产生负面影响。该报告当时还指出,更高可信度的充分证据表明,在未来几十年,减缓全球温室气体排放有着相当大的经济潜力,这一潜力能够抵消预估的全球排放增长或将排放降至当前水平以下。[15]

政府间气候变化专门委员会第五次评估报告中第一工作组的报告《气候变化2013:自然科学基础决策者摘要》提出了更加明确而有力的结论,即气候系统变暖是毋庸置疑的,许多观测到的变化——大气和海洋变暖、积雪和积冰减少、海平面上升及温室气体浓度增加——均是在数十年到数千年中前所未有的。科学现已显示,能95%地确定,自20世纪中叶以来,人类活动是观测到的气候变暖的主要原因。[16]该报告指出:地球表面温度在近三十年中的每个十年都相继高于1850年以来的任何先前十年;过去20年以来,格陵兰冰盖和南极冰盖的冰量一直在损失,全球范围内的冰川几乎都在继续退缩,北极海冰和北半球春季积雪范围在继续缩小;19 世纪中叶以来的海平面上升速率比过去两千年来的平均速率要高。1901—2010 年,全球平均海平面上升了 0.19 米。与此同时,二氧化碳、甲烷和氧化亚氮的大气浓度至少已上升到过去 80 万年以来前所未有的水平。自工业化以来,二氧化碳浓度已增加了 40%,这首先是由于化石燃料的排放,其次是由于土地利用变化导致的净排放。海洋已经吸收了大约 30%的人为二氧化碳排放,这导致了海洋酸化。[17]与此同时,人类对气候系统的影响是明确的。大气中温室气体浓度增加、正辐射强迫、观测到的气候变暖以及对当前气候系统的科学认识均清楚地表明了这一点。政府间气候变化专门委员会第五次评估报告指出:极有可能的是,人为影响是造成观测到的 20 世纪中叶以来气候变暖的主要原因。[18]

报告还指出,气候变化的趋势将是持续的。从未来来看,温室气体继续排放将会造成进一步增暖,并导致气候系统所有组成部分发生变化。相对于 1850—1900 年,在所有情景下 21 世纪末全球表面温度变化可能超过 1.5 ℃,在特定情景下可能甚至多半超过 2 ℃。2100年之后仍将持续变暖。21 世纪全球海洋将持续变暖。热量将从海面输送到深海,并影响海洋环流。很有可能的是,在 21 世纪随着全球平均表面温度上升,北极海冰覆盖将继续缩小、变薄,北半球春季积雪将减少。全球冰川体积将进一步减少。21 世纪全球平均海平面将持续上升。由于海洋变暖以及冰川和冰盖冰量损失的加速,海平面上升速率很可能超过 1971—2010 年间观测到的速率。即使停止二氧化碳排放,气候变化的许多方面将持续许多世纪。这意味着过去、现在和将来的二氧化碳排放会产生显著的、长达多个世纪的持续气候变化。[19]

更重要的是,气候变化具有不可逆性。就多世纪至千年时间跨度而言,由二氧化碳排放导致的大部分人为气候变化是不可逆转的,除非在持续时期内将大气中的二氧化碳大量净移除。但是在人为二氧化碳净排放完全停止后,表面温度仍会在多个世纪中基本维持在较高水平上。由于从海洋表面到海洋深处的热转移的时间跨度较长,所以海洋变暖将持续若干世纪。在不同的情景下,排放的二氧化碳中有 15%到 40%将在大气中保持 1 000 年以上。[20]政府间气候变化专门委员会的第五次评估报告几乎确定的是，全球平均海平面到2100 年之后仍会持续上升，因热膨胀造成的海平面上升会持续数个世纪。持续的冰盖冰量损失可造成海平面更大的升幅，有些冰量损失是不可逆的。[21]

从气候变化造成的影响来看，政府间气候变化专门委员会第五次评估报告中的第二工作组报告指出：近几十年来，气候变化已对所有大陆和海洋的自然和人类系统产生了影响。[22]报告能够高信度地确定：几乎全球范围的冰川都因气候变化而持续退缩；气候变化也造成高纬度地区和高海拔地区多年冻土层变暖和融化；作为正在发生的气候变化的响应，许多陆地、淡水和海洋物种已改变了其分布范围、季节性活动、迁徙模式、丰度，以及物种间的相互作用；全球自然气候变化的速率低于当前人为气候变化的速率，这已导致从过去几百万年中来看生态系统发生了显著的变化及物种灭绝；基于广大区域和在量农作物的广泛研究，气候变化对作物产量的不利影响比有利影响更普遍。[23]政府间气候变化专门委员会第五次评估报告认为具有很高信度的事实是，近期极端气候事件（诸如热浪、干旱、洪水、气旋和野火）的影响表明，某些生态系统和许多人类系统对当前气候变率具有明显的脆弱性和暴露度。这些极端气候事件的影响包括生态系统的改变、粮食生产和水供应的破坏、基础设施和居民点的破坏、增加发病率和死亡率，以及危害人类健康和幸福。具有高信度的是，对处于不同发展水平的国家来说，这些影响与某些部门对当前气候变率的应对严重不足有关。与气候有关的危害加剧了其他胁迫，通常会给民生带来负面结果，对贫困人口来说尤其如此。与气候有关的危害通过影响生计、减少农作物产量或毁坏民宅等方式直接影响贫困人口的生活，并通过诸如粮食价格上涨和粮食不安全等间接影响其生活。[24]

综上所述，气候变化科学在过去近三十年的发展，尤其是政府间气候变化专门委员会作为该领域的权威机构连续发布的评估报告表明，当前的气候变化科学已经能够高信度地宣布：气候变化是一个国际社会需要认真面对的真命题，而且人类活动是气候变化的主要原因。气候变化是并将持续是全球治理议程上的一个重要问题。

第二节　全球气候治理的体系与机制

自1992年全球治理委员会正式成立以来，全球治理的理论和实践已走过了二十多年的历程。二十多年来，国际社会在全球安全治理、经济治理、发展治理、环境治理、社会治理等领域作出了巨大努力，取得了很大的成绩。从理论上讲，全球治理强调两点：一是审视当代国际事务时必须要有全球视野、全球意识、全球观念，即人类整体、地球整体的意识与观念；二是参与治理的主体是多元化的，从传统的国家行为体扩展到非国家行为体，在相互依存的整体世界中认识和处理全球事务。[25]

在上述大背景下，全球气候治理在过去的二十多年里得到了巨大的发展，并形成了庞大的治理体系。对于如何描述和定位这个治理体系，学者们从不同的理论范式出发，运用不同的学术术语，反映了不同的关注点。持有多边主义观点的学者往往强调政府间气候机制或者协议的作用，并且关注政府间气候协议的设计问题，因为他们秉持的一个隐含假设是：应对气候变化必须依靠良好的政府间多边气候机制设计，以及国家政府的行动，并且这两者足够使人类社会应对气候变化的挑战。基欧汉等人使用气候"机制复合体"（regime complex）的术语来描述这种发展，实际上他们的关注点主要在政府间协议本身。[26] 相比之下，许多持有跨国主义观点的学者对于政府间多边气候进程持悲观的态度。他们在某种程度上忽视了政府间气候协议的地位和作用，转而关注如何形成替代性的气候治理模式，以及这些替代性活动如何联合地、自下而上地建构新的气候治理模式，例如有的学者使用"跨国气候机制复合体"的概念（transnational climate regime complex）来反映各种跨国的气候行动框架或者方案，并认为气候治理将朝着非层级式的方向发展。[27] 这种观点忽略了国家间气候协议应有的地位和作用。在实践中，这两种治理模式其实是密切互动的。多元主义的研究范式则试图将全球气候治理体系中的各种要素都包括进来，并反映它们之间的联系。他们选用了一个非常宽泛的术语，即"全球气候治理场景"（global climate governance landscape），并认为《公约》与其他类型的治理安排之间存在着"分工"与"催化"的关系。[28]

政府间气候变化专门委员会在第五次评估报告的第三工作组报告第十三章中,对全球气候变化的协议和机制进行了概括,表现出以《公约》为"轴",各种《公约》外机制为"辐"的结构,如图1.1所示。

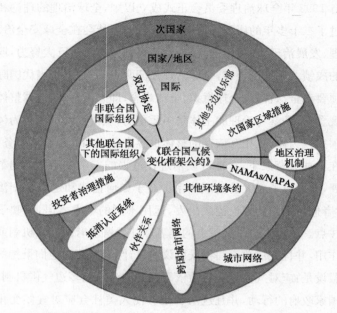

说明:NAMA:国家自主减排行动;NAPA:国家适应行动方案。

资料来源:IPCC Working Group III, *Climate Change 2014 Mitigation of Climate Change*, Cambridge University Press 2014, p.1013.

图1.1 气候变化协议和制度安排

从图1.1可以看出,政府间气候变化专门委员会对全球气候治理体系持有多元主义的视角,认为该体系包括三个层次上的治理行动,即次国家层次、国家或者地区层次,以及国际层次。次国家层次包括地方政府(如州或者省、城市)、私人部门、非政府组织等进行的气候治理行动。在国家或者区域层次包括区域治理(如欧盟的气候政策)。国际层次上则包括《公约》、其他环境条约(如《关于消耗臭氧层物质的蒙特利尔议定书》,以下简称《蒙特利尔议定书》)、联合国系统的国际组织(如联合国环境署和开发计划署)、非联合国系统的国际组织(如世界银行和世界贸易组织)、其他多边俱乐部(如"主要经济体能源和气候论坛")等。此外,还包括跨越三个层次的各种伙伴关系(如"可再生能源和能效伙伴计划")、碳排放抵消认证体系(如自愿碳标准)、跨国城市应对气候变化行动网络(如 C40)、投资者治理行动计划(如"投资者气候风险网络")等。

尽管在过去的近三十年里,《公约》进程之外的气候治理创新和行动获得了大发展,但是《公约》进程一直处在整个治理体系的核心位置。如果把全球气候治理体系的生成和发展看作是一个结晶式的过程,那么以《公约》为基础的全球气候条约就是整个巨大晶体的"晶核",包括《公约》《议定书》和《巴黎协定》。主要原因有三点。

首先,全球气候治理机制在实现某些治理功能方面具有比较优势,它们对于整个全球气候治理体系功能的发挥至关重要,而且有些治理功能只有通过正式的政府间协调才能实现。这些功能包括:制定、实施和履行重要的规范和原则,设定宽泛的治理目标并推动国家实现其气候承诺;彰显气候问题在国际议程上的重要性;推动南北之间的资金流动;应对气候变化的行动,以及支持创立透明度规则(例如制定共同的"三可"规则,即可测量、可报告、可核实)等。[29]

其次,从制度设计特征来看,以《公约》为基础的全球气候治理机制相比于其他治理安排具有更高的普遍性、合法性和权威性。一是普遍性。《公约》缔约方包括 197 个国家和地区,这个数量远远高于其他气候治理安排的参与方数目,使《公约》成为最具普遍性的国际多边条约之一,与气候变化问题的全球性具有很高的匹配度。二是具有更高的合法性和权威性。《公约》进程尽管有时存在着效率低下的缺陷,但是它以国际条约为基础,一直遵循着缔约方驱动、公开、公正和透明的程序规则,并且以"公平""共同但有区别的责任和各自能力"等作为指导原则,得到了世界上几乎所有国家的支持和参与。该进程在过去的近三十年里,基于其在气候变化治理领域所设置的专门机构和运作体系、气候变化科学及应对途径的专业知识、对道义原则的坚持等,成为全球气候治理领域首要的和最具权威性的制度安排。

再次,所有的《公约》外治理安排都是在《公约》生效之后伴随着《公约》进程建立的,与《公约》进程之间存在着多样的联系和互动,但都无法取代《公约》进程。这些安排与《公约》的关系主要包括以下几种。[30]

第一,竞争关系,例如《公约》和《蒙特利尔议定书》下关于含氟气体排放的谈判。国际社会于 1985 年通过了《保护臭氧层维也纳公约》,并于 1990 年 6 月 29 日调整和修正了于 1987 年通过的《蒙特利尔议定书》,对全球的氯氟烃和哈龙类物质进行管制,其中氯氟烃也是温室气体。《公约》明确规定,其管制对象是《蒙特利尔议定书》未予管制的所有温室气体,二者原本不存在交叉。然而由于《公约》所管制的温室气体中,氢氟碳化合物(HFCs)主要是用作氯氟烃的替代物,因此毛里求斯、密克罗尼西亚联邦、美国、加拿大、墨西哥等一些国家要求修订《蒙特利尔议定书》,使其拥有管制氢氟碳化合物的权限。[31] 因此目前在对氢氟碳化合物类物质的管制上,《公约》和《蒙特利尔议定书》形成了竞争关系。最终于 2016 年各国谈判达成的《蒙特利尔议定书基加利修正案》(Kigali Amendment to the Montreal Protocol on Substances that Deplete the Ozone Layer)[32] 规定将氢氟碳化合物类物质列入限控清单,并拟定了减排时间表,并报告相应的信息;但与此同时,各国控制氢氟碳化合物类物质排放的行动,仍将作为减缓气候变化的措施在《公约》及其《巴黎协定》下实施,并且按照条约下的透明度规则进行报告、审评和多边审议。

    第二,补充关系,例如《公约》下的谈判与"主要经济体能源与气候论坛"机制。"主要经济体能源与气候论坛"建立之前,许多观察家都将美国小布什政府的"主要排放国会议"看成是另起炉灶,用来削弱《公约》,以躲避任何可能导致经济损失的义务,与之类似的还有更早时期美国资深学者提出的"气候变化二十国领导人会议"模式。[33] 然而美国前总统奥巴马倡导成立的"主要经济体能源与气候论坛"旨在加强各参与国在气候变化谈判问题上的合作,促进各国在应对气候变化长期合作行动的共同愿景、实现途径等方面达成共识,从而成为联合国体系下国际气候变化谈判的补充。[34] 多年来的实践表明,"主要经济体能源与气候论坛"对《公约》下的谈判形成了补充而不是削弱的关系。这种补充表现为根据《公约》下谈判的核心要点和难点,先由"主要经济体能源与气候论坛"与会各国在领导层(一般是部长层次,仅有 2009 年举行过一次国家最高领导层的峰会)小范围进行磋商,推动取得一致意见,指导并推动《公约》下的谈判就此问题形成决议;《公约》下谈判中新出现的核心和难点问题,又将成为磋商的新议题。美国在倡议和组织"主要经济体能源与气候论坛"中发挥至关重要的作用。在特朗普当选美国新一任总统，尤其是 2017 年 6 月 1 日他宣布美国将退出《巴黎协定》后，美国无法继续担任"主要经济体能源与气候论坛"的领导。由于这种大国间的气候变化部长级磋商机制对《公约》和《巴黎协定》的谈判发挥了重要作用，各方迫切需要这种机制继续发挥作用。在这种背景下，中国与欧盟、加拿大联合发起了气候行动部长级磋商，并于 2017 年 9 月在加拿大蒙特利尔举行了首次磋商。尽管美国不再担任机制的领导，但美国仍派遣了高级别官员参加磋商。

这种补充关系还存在于《公约》下关于资金议题的谈判和联合国秘书长气候变化融资高级咨询组机制，《公约》下的谈判和八国集团、二十国集团、亚太经合组织、区域性合作组织等对气候变化领域各议题的关注等。这些机制或形成主题协议，或形成大国协议，或形成地区立场，都对《公约》下的谈判起到补充作用。正如斯图瓦特·帕特里克指出的，要让 190 多个国家在集体会议上达成任何重大进展，基本上是天方夜谭；要取得进展，首先需要一些主要大国达成协议，因此"主要经济体能源与气候论坛"这样的小范围高级别磋商方式非常重要。[35]

第三，交叉关系，例如《公约》和世界贸易组织关于气候变化与贸易问题的谈判。贸易问题不是《公约》谈判的传统议题，气候变化相关问题也不是世界贸易组织关于贸易谈判的传统议题，然而随着全球应对气候变化进程的推进，气候变化与贸易问题的联系越来越紧密。一些国家提出在《公约》下谈判进展缓慢的情况下，先行实施单边贸易限制措施，以控制温室气体排放，例如欧盟提出的自 2012 年 1 月 1 日起将驶入或驶离欧盟境内机场的民用航班纳入欧盟排放贸易体系；或为保障本国企业竞争力而对其他国家进口同类产品采取贸易限制措施，例如美国《气候变化法案》提出的征收"碳关税"方案。[36] 从更广的角度看，应对气候变化的重要领域，包括减缓措施、资金支持、技术流通等都与贸易相关，而全球通过贸易形成的产业结构，也直接影响到全球的温室气体排放。[37] 在气候变化领域，贸易问题要放在应对气候变化的整体中考虑，而应对气候变化给国际贸易带来的新问题，也必须尊重国际贸易的传统规则来解决。与《公约》和《蒙特利尔议定书》的竞争关系不同，要解决气候变化与贸易的问题，必须同时遵守《公约》和世界贸易组织双方的规则，任何单一一方都难以解决好这个重叠领域的问题。由此，《公约》与世界贸易组织在这一特定领域形成了交叉的关系。与之类似的还有《公约》和国际海事组织、国际民用航空组织关于航海、航空领域减排问题的谈判。

第四，平行关系，例如《公约》下关于技术议题的谈判和"清洁能源部长级论坛"在应对气候变化技术领域的合作。技术议题是应对气候变化问题中的重要内容，也是《公约》下谈判的核心议题之一。《公约》规定了发达国家向发展中国家转移气候友好技术的义务。在谈判中，发展中国家一直强调技术转移的问题，而美国等发达国家则强调气候友好技术的研发和创新问题，实际上这都属于未来新的气候变化制度中需要解决的技术问题范畴，在技术转移问题上的僵持不利于全球应对气候变化技术机制的进展。要解决这一问题，必须着眼于建立一种新的技术促进机制，不只局限于建立有效的技术转让机制，同时要促进技术创新研发合作、充分发挥市场机制和推动技术应用。[38]在"主要经济体能源与气候论坛"的框架下，美国主导发起了旨在为主要国家开展低碳和气候友好技术合作，加速全球清洁能源技术发展的"清洁能源部长级论坛"。一方面，从技术合作的角度来说，任何一种全球寄予厚望的先进技术都有可能寻求通过建立这种形式的合作论坛来共享经验、开展项目合作，这与有没有《公约》、《公约》下的谈判进程如何没有必然联系；另一方面由于"清洁能源部长级论坛"是一个以国家为主体参与的自愿合作行动，其整体进展有可能但也不必然推动《公约》下关于技术转移、技术研发等机制的谈判。因此，《公约》下关于技术议题的谈判和"清洁能源部长级论坛"在应对气候变化技术领域的合作是一种主题相同、最终目标相同，但切入角度、阶段目标和实现路径不同，平行前进的关系。

有的学者从应然的角度，将《公约》进程与其他治理安排之间的联系区分为"分工"和"催化"。分工的含义是指将某些任务交给那些能够更好地执行该任务的实体，如全球环境基金；催化是指采取某些措施使其他实体能够更好地执行某项治理功能。分工可能更经常地发生在《公约》与其他政府间国际组织之间，而催化功能更多地发生在《公约》进程和跨国治理安排之间。然而实际上，分工也能发生在《公约》进程和跨国治理安排之间，催化也可能发生在《公约》与其他政府间国际组织之间。[39]但是，不管是哪种联系，《公约》进程都起着主导和协调作用。

总的来说，自1992年《公约》诞生以来，《公约》进程一直是应对气候变化国际合作与谈判的主渠道，在实现全球应对气候变化共同目标方面发挥着积极作用，并对其他气候治理安排的建立和成长采取了欢迎的态度。本书重点关注的是建立在《公约》基础上的全球气候治理机制，并考察其发展演变的基本规律，但并不否认其他形式的治理安排对全球气候治理的意义和作用。

第三节　原则与规则：一个分析国际机制
变迁的新框架[40]

在借鉴既有研究成果的基础上，本节通过确立和运用一种新的分析框架，来描述和分析全球气候治理机制的发展和变迁，并试图融合对这个问题的国际法视角和国际政治视角。这个分析框架受到了美国学者斯蒂芬·克拉斯纳（Stephen D. Krasner）关于国际机制的定义的启发。克拉斯纳认为："机制是国际关系特定领域里隐含或者明示的原则、规范、规则和决策程序，行为体的预期围绕着它们进行汇集。原则是对事实、因果关系和公正的信念；规范是根据权利和义务界定的行为标准；规则是行动的具体限制或禁令；决策程序是制定和实施集体选择的通行做法。"[41]

克拉斯纳的定义被提出后，因其模糊性而受到了批评。奥兰·扬从三个方面批评该定义，其中一项就是该定义"只是列出了一些难以从概念上区分的要素，并且它们在现实情况下经常相互重叠"[42]。鉴于此，有的学者希望采取更加直接的界定方式以避免歧义。罗伯特·基欧汉认为，机制是政府达成一致的带有明确规则的制度，与国际关系中特定的问题相关。[43]这样，那些复杂的"原则、规范、规则和决策程序"就归一为"规则"，从而使学者免除了判断"原则""规范""规则"或者"决策程序"的苦恼。

对此，我们认为，对国际机制的构成要素进行分类是必要的，因为这为描述和比较国际机制提供了重要的工具。基欧汉的简化定义显然就失去了这个优势，所以我们从整体上认同克拉斯纳的定义。但是如果严格按照克拉斯纳的定义，那么可靠地区分"原则、规范、规则和决策程序"并讨论它们之间的相互关系，将是一项不可能完成的任务。为此，我们又不主张对国际机制的构成要素进行过于细致的区分。受到法学研究的启发，我们把国际机制的构成要素简化为原则和规则。这样做在分析上有以下便利。

首先，这仍然能够使我们依照一种特定的结构来描述国际机制的不同构成要素，并考察它们之间的关系。

克拉斯纳认为，他列出的国际机制四要素，即原则、规范、规则和决策程序，并不处在一个层次上。原则和规范关系到国际机制的根本性特征，处在第一层次，而规则和决策程序处在第二层次；一个原则和规范下可能有多种规则或者决策程序。[44]由于原则和规则分处在两个层次上，所以我们对该定义的简化仍保持了国际机制要素构成的基本结构。

但是，克拉斯纳对原则和规则的涵义及相互关系并没有作深入的分析。这是我们需要进一步推进的地方。我们认为，不论原则还是规则，从本质上来说都是在这个纷繁复杂的国际社会中为国家行为设立的一种标准。在一项国际机制中，这两者都不可或缺。原则是一种综合性、稳定性的原理和准则，具有价值维度，决定了国际机制的根本特征。原则在结构上具有开放性，其内涵模糊、外延宽泛、用语抽象，因此它的效果是不确定的，虽然指明了国际机制内国家行为的方向，但还不足以界定具体问题的解决方法，不会对国家行为直接产生后果。规则是具体规定国家的权利和义务以及某种行为的具体法律后果的指示和律令。在国际机制中，规则是一种确定的、具体的、具有可操作性和可预测性的行为标准。它在结构上相对封闭，对国家行为直接作出明确的要求或者规定，一旦条件满足，通常会产生确定的效果。[45]

在一项有效的国际机制里，原则与规则应该是协调一致的关系。原则指导规则，为规则规定适用的目的和方向以及应考虑的相关因素。规则是原则的具体化、形式化和外在化；规则应该从属、符合和体现原则，与原则相匹配，并最终随着规则的遵守，指向一个确定的结果，进而体现和实现这项原则。例如全球多边贸易机制的原则包括非歧视贸易

（包括最惠国待遇和国民待遇）、更自由贸易、可预见性、促进公平竞争、鼓励发展和经济改革等。世界贸易组织协议则是一些冗长和复杂的规则，涵盖了范围广泛的活动领域，包括农业、纺织和服装、通信、行业标准和产品安全、食品卫生规章、知识产权等。该机制的基本原则贯穿在所有这些具体的协议中。[46]

其次，将国际机制的要素区分为原则和规则，可以更清晰地分析国际机制的变迁及其与原则和规则的关系。

克拉斯纳在区分"原则与规范"和"规则与决策程序"的基础上，归纳了机制的三种变迁模式：第一，机制本身的变化。"原则和规范的变化是机制本身的变化。"如果原则和规范被抛弃了，原有的机制就会变成一个新的机制或者消失。[47]第二，机制内部的变化。"只要原则和规范不变，规则和决策程序的变化是机制内部的变化。"[48]第三，机制的弱化。"如果原则、规范、规则和决策程序变得不一致，或者实际的做法与原则、规范同规则和决策程序不一致，那么机制就弱化了。"[49]

借鉴克拉斯纳的观点，我们将国际机制的要素简化成原则和规则，由此可以更清晰和直观地看出国际机制的变迁及其与原则和规则的关系（见图 1.2）。

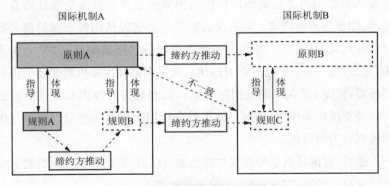

图 1.2 原则、规则与国际机制的变迁

从图 1.2 可以看出，国际机制的变迁有三种可能的情形。

第一，国际机制本身的变迁：即原则 A（在参与方的推动下，如果是国际条约，则是在缔约方的推动下）转变为原则 B，原则 A 下的规则 A、规则 B（在参与方的推动下）也相应地转变成规则 C。原有国际机制的原则和规则都发生了变化,意味着国际机制 A 本身发生了变迁。

第二,国际机制内部的变迁:即在原则 A 保持不变的情况下,规则 A(在参与方的推动下)转变为规则 B。规则 A 和规则 B 虽然内容不同,但它们共同体现了原则 A。这种变迁是国际机制 A 内部的变迁。

第三,国际机制的动荡:即在原则 A 保持不变的情况下,(在参与方的推动下)出现了规则 C,而规则 C 与原则 A 并不一致,那么从国际机制这个有机整体的角度来看,国际机制 A 内在的固有逻辑和联系就弱化了,而机制变迁的最终结果还处于不确定状态。应该指出的是,这种弱化从国际机制的作用效果角度来看,也有可能更加有利于规则的实施。在这种情形下,如果参与方持续着力于改进规则 C,并且这些规则继续与原有国际机制的原则 A 不一致,则国际机制将持续处于动荡状态;如果改进的规则 C 回归到原有国际机制的原则 A 上,则其结果就与上述第二种变迁一样,形成国际机制内部的变迁;如果参与方以新的规则 C 为出发点,进一步推动与这些规则一致的新的原则 B 出现,那么一个新的国际机制 B 也就出现了,其结果与上述第一种变迁一样,形成了国际机制本身的变迁。

不难看出,除了能够清晰而简洁地描述国际机制发生变迁的路径、过程和形式,图1.2 也试图提供机制内原则或者规则发生变迁的直接动因,即参与方的推动。基欧汉和奈等学者曾经从四种不同的模式解释国际机制的变迁。[50]奥兰·扬则主张区分国际机制变迁的"内生力量"和"外生力量"。[51]这些既有的研究成果都强调国际机制变迁的内外部环境,但图1.2 关注的是国际机制内的参与方对原则和规则的变迁所起的直接推动作用,从而有助于整合对国际机制变迁与国家参与国际机制行为的分析。

最后,对国际机制的原则和规则加以区分,有助于在国际机制研究和国家参与国际机制的研究之间架起桥梁。

在国际机制高度密集的今天,国家外交行为的很大一部分内容是参与国际机制的创建、运作和变迁。按照"原则—规则"的分析框架,国家参与国际机制就是参与国际机制内原则和规则的制定、遵守和变迁。这样就把国家参与国际机制的行为细化了,而不是简单地停留在对国家参与国际机制的简单描述。这样,我们既可以据此分析单个国家在国际机制内原则和规则方面的立场和偏好,也找到了一个聚焦点,据此对不同国家在这方面的立场和政策进行比较。同样重要的是,我们可以更清楚地观察到行为体的预期是如何在原则和规则方面汇集,并进一步对国际机制的变迁产生影响的。

第四节　合作意愿与合作能力:分析中国参与全球气候治理的新视角

国家是全球气候治理机制最重要的参与者。中国是全球气候治理机制的关键参与者。[52]如果把中国参与全球气候治理的行为看作因变量,那么哪些因素通过什么机制影响了中国的这种行为呢? 既有研究文献的分析采取了不同的研究路径,选择了不同的变量来解释中国参与全球气候治理的行为,虽然具有较大的解释力,但是也存在着一些问题:首先,既有的研究文献大多对中国参与全球气候治理的合作意愿及其影响因素关注较多。无论是从利益、国内政治、认知还是权力的角度进行的分析,都隐含着一个假设,即中国只要"愿意进行合作",就"能够进行合作",但这一假设忽视了一个非常重要的方面,即合作能力。这个因素似乎没有引起国际关系学者充分的重视,更没有学者明确从这个角度进行思考。其次,大部分学者强调国际机制对中国的合作意愿产生了积极影响,但往往否认或者低估了国内因素的积极作用。最后,从分析上来看,它们都面临一个怎样获取可靠信息的问题。鉴于此,本书试图构建一个新的分析框架,对既有的研究成果进行补足。

本节在回顾和评价已有研究成果的基础上,首先构建了一种新的分析框架,即通过合作意愿与合作能力两个维度来描述、解释和预测国家在全球治理中的行为,尤其强调合作能力这个方面。然后对中国参与全球气候治理的行为及其影响因素进行实证分析。这不仅有助于增强对中国在气候变化领域合作行为的理解,也对未来的中国气候外交和全球气候变化谈判具有一定的政策意义。

在构建一种新的分析框架之前,我们先交代一些基本理解和假设。首先,国家在全球治理领域进行的正式的、多边的国际合作,从完整的意义上来说,要经历以下过程:某个(些)国家将某个特定的全球性问题提上国际关系议程,然后国家之间通过国际谈判确定共同目标以及责任分配方案。此后国家之间会在搁置分歧的情况下确立基本规范、制定具体规则,并可能最终达成某些国际协议,国家在其中作出最初的国际承诺。国家在签署和批准达成的国际协议之后,要履行已经作出的国际承诺。为此,国家要进行相应的评估(这个过程也许在国际谈判之前就已经发生了),制定和执行相应的国家战略目标、方案和政策。

其次,作为分析的起点,本书也假设国家是一个理性的行为体,会根据成本—收益的分析来确定参与全球治理的行为。同时,我们也认同既有研究文献的一个共识,即国际层次的因素和国内层次的因素都会影响国家参与全球治理的行为。但是,笔者认为那些因素不会自动发挥作用,它们要通过一定的途径或者机制来影响国家的行为。换言之,这些因素与国家的特定行为之间还存在一种中间变量,或者是一种因果机制。本书需要做的是找到这种中间变量,来整合对国家行为产生影响的国际和国内层次上的因素。

再次,考察必须从全球气候变化问题的特点出发。全球气候变化是国际关系议程上史无前例的议题。它具有规模巨大、科学上不确定、性质复杂、时间跨度很长、责任和影响不均衡等特点。应对气候变化涉及许多领域,是复杂的系统工程。因此,国家对参与全球气候治理行为的选择不能靠直觉和常识,而是需要科学评估和分析。然而,作出这种评估和分析的科学家并不是在真空中阐明、告知和给出政策建议。科学行为会受到政治、文化的塑造,而科学家的国籍也非常重要。[53]如果大部分的气候科学和评估是由发达国家主导的,发展中国家的具体情况和需要可能没有或者不能被充分包括在研究之内,它们就很可能不相信这样的信息和分析。[54]

在上述背景之下,本节认为,如果把国家参与全球治理的合作行为作为因变量,那么它的自变量包括两个:合作意愿和合作能力。从含义上看,国家的合作行为是指"国家在参与全球治理的过程中,作出或者履行国际承诺以承担应对全球性问题的国际责任的举动"。合作意愿是指"行为体在作出或者履行国际承诺以应对全球性问题的过程中,承担成本和获取收益的心愿和愿望"。合作能力则是指"行为体在作出或者履行国际承诺以应对全球性问题的过程中,承担成本和获取收益的条件和力量"。行为的合作性、合作意愿和合作能力都存在一个程度高低或者大小的问题。通过对影响国家合作行为的因素作出上述的构建和区分，我们可以认为，国家的合作意愿和合作能力越高，国家参与全球治理的积极性和可能性就越高；国家的合作意愿和合作能力越低，它参与全球治理的积极性和可能性就越低。更具体地说，合作意愿和合作能力作为影响国家合作行为的因素，可能出现以下四种基本组合：(1)高合作意愿和高合作能力；(2)低合作意愿和低合作能力；(3)高合作意愿和低合作能力；(4)低合作意愿和高合作能力。这四种组合既适合分析国家的整体合作行为及其影响因素，也适合分析国家在具体议题上的不同合作行为及其影响因素。

对国家合作意愿和合作能力进行区分并形成不同情况的组合，首先有利于分析国家在全球治理中合作行为的多样性及其行为背后的影响因素。在190多个参与全球气候治理的国家和地区中，欧盟之所以能够发挥领导者作用，是与其较高的合作意愿和合作能力分不开的；而美国在气候变化治理领域的合作能力虽然很高，但是不断变化的合作意愿导致其有时成为全球气候治理领域的拖后腿者，有时可能成为领导者。新兴发展国家虽然参与全球气候治理的意愿在不断提高，但是它们有限的合作能力从根本上决定了它们虽然在清洁发展机制、透明度等具体议题上实现了与发达国家的合作，但是在如何实现有效的国内减排、如何处理国际减排义务方面，难以拿出有说服力、可行的方案，因此在国际谈判中一度对此问题表现为拒绝合作。总之，这种分析框架有助于解释国家在国际合作中行为的自主性和多样性，以及单个国家在同一问题领域不同谈判议题上的立场差异及其影响因素。

合　作　能　力

		低	高
合作意愿	高	新兴发展中国家	欧盟等国家和地区
	低	最不发达国家	美国等"伞形集团"国家

图 1.3　根据合作意愿和合作能力来区分参与
全球气候治理的国家(2011 年之前)

更具体地说，合作意愿和合作能力对合作行为的影响，对不同的国家和同一个国家在不同议题上而言，所占的权重并不相同。比如对于美国这样的发达国家，显然合作意愿对合作行为的影响更大，因为美国虽然具有较高的经济发展水平、气候变化科学研究水平和技术水平、国际谈判能力，但由于国内政治的因素常常导致美国政府实质性参与全球气候治理的意愿低下，美国国会及其所代表的选民及工商业团体限制了美国政府的立场，使其不会接受成本高昂的所谓不平等的全球气候协议。对于很多发展中国家来说，它们之所以不能按照发达国家的要求承担减排义务，不是因为缺少合作的意愿，而是因为不具备足够的能力。这种情况可能发生在全球气候治理机制形成的早期阶段，但特别可能发生在最初的国际合作框架搭建起来之后。随着合作的深入和细化，当需要国家作出具体的承诺、承担实质性义务时，国家由于合作能力的不足而选择在该问题上持观望或者反对的立场，也就不能适应其他行为体实际或预期的偏好。这种情况也可能发生在国家履行国际承诺的阶段。即使国家已经签署和批准了国际合作协议，但是国家却最终没有履行国际承诺或者履行得不好，这也未必是因为国家没有履行的意愿，而是由于国家没有足够的能力履行。例如，有研究表明大部分不遵守国际协议的情况都不是故意的，而是由于国家缺少能力。[55]对于中国等发展中大国来说，合作能力作为自变量影响合作行为的权重更大。因为它们日益意识到在气候变化问题上的脆弱性和大国责任意识的增强，都明显提高了其应对气候变化问题的政治意愿，但是它们作为发展中国家的事实并没有使其具备足够的合作能力来接受与发达国家类似的减排义务。

其次，作为一种中间变量或者因果机制，合作意愿和合作能力整合了影响国家合作行为的国际层次和国内层次的因素。既有研究文献对影响中国合作行为的层次分析能够确定某种因素或者变量来自哪里，但对其中的因果关系或者作用机制解释得并不充分。通过从合作意愿和合作能力两个方面确立分析框架，有助于解释国际层次和国内层次的因素为什么能够和在哪些方面影响了国家的合作行为。由此，合作意愿与合作能力就充当了国家合作行为与国际层次和国内层次上因素的中间变量或者因果机制。具体的因果路径如图1.4所示。

图 1.4　合作意愿和合作能力影响合作行为的因果路径

从图 1.4 可以看出，合作意愿和合作能力影响国家的合作行为存在三种可能的因果路径：第一，国际层次的因素和国内层次的因素同时或者分别影响了国家的合作意愿和合作能力，进而影响了国家的合作行为。第二，国际层次的因素和国内层次的因素推动了国家合作意愿的提升，使其可能会采取相应的措施来提高合作能力，进而使国家展现出更积极的合作行为。第三，从较长的时段来看，国际层次的因素和国内层次的因素推动了国家合作能力的提高，进而使其合作意愿可能会更加强烈，从而对国家的合作行为产生积极的影响。但是无论依循哪种因果路径，必要的合作意愿和合作能力对于国家采取合作行为来说都是不可或缺的。

最后，也是最重要的一点，这种区分无疑是想强调合作能力对于国家合作行为和国际合作过程与结果的重要性。在参与全球治理的过程中，理性的国家通常要评估它们当前的合作能力，以选择未来能够承担的国际责任或者采取的行动。这种责任或者行动应该与它在特定时间段内能够合理达到的能力水平相一致。尽管国家的合作能力会不断发展，但是国家承担的国际责任对这种能力的需求不能太大。如果某种合作选择使得现有能力和所需求的能力差距太大，国家就不可能承担某种义务或者遵守其承诺，不管在国际层次还是在国家层次。在这个框架下，国家当前的合作能力可能界定了这个国家能够采取的下一个合作举动。[56] 当然，国家在采取措施应对全球性问题之前并不需要具备所有的能力，因为具备合作意愿的国家能够通过自己的努力或者是通过国际社会的援助来提高它们的合作能力，而且在某种程度上，作出某种承诺也能够推动国家合作能力的建设。[57] 但这需要一个基本的前提——国家必须具备最低限度的合作能力，并必须确保将来的合作行为与将来的合作能力相一致。因此，这不是合作意愿本身能够决定的。总之，国家的合作能力不是一个不证自明的前提，而是影响国家合作行为的重要因素。

当然,合作意愿和合作能力是我们出于分析的需要所作的人为区分,实际上它们既相互分离,也相互影响,有时候甚至杂糅在一起影响国家的合作行为。但是,在这之外确实有些因素明显地分属两个不同的范畴。比如经济发展水平、气候变化科学研究水平、制度能力等显然是属于合作能力的范畴。一个在这些方面能力很低的国家,即使有再大的合作意愿,也不可能采取非常积极的国际合作行为。而针对气候变化问题的生态脆弱性与相关认知、国际责任的分配方式公平与否,以及国内立法机构和多元行为体的认识及其对政府立场的限制,显然对国家的合作意愿产生了影响,进而影响到国家的合作行为。这就能够解释为什么一些合作能力相对较高的国家却成为全球气候治理的拖后腿者。

本节确立的框架之所以要区分合作意愿和合作能力,除了出于提高解释力的需要,更重要的是认为这种区分对全球气候变化谈判和国家气候外交具有重要的政策含义。对于那些在某些议题上合作能力尚不足或者短期内难以达到所需能力的国家,如果将其解读为没有合作的意愿,因而采取措施施加压力以期提高其合作意愿,不仅于事无补,反而会适得其反。真正有成本效益的政策也许是协助其提高合作能力。因此,具体到全球气候治理领域,探讨什么构成和影响了国家的合作能力就显得非常必要。在一般意义上,经济发展水平和技术水平当然可以作为国家在气候变化问题上进行合作的能力指标。因为只有经济发展才能使国家分配新的资源来进行气候变化科学研究,进行制度安排,设置专门机构和人员进行气候治理。减缓和适应气候变化也需要运用高效、实用的技术。但是从国家参与全球气候治理具体的能力需要的角度看,包括四个基本的方面:气候变化的科学研究和评估能力、国际气候变化谈判能力、国家应对气候变化方案和政策的制定能力,以及履行国际承诺和相关政策的能力。第一类能力包括国家理解气候变化的科学本质,评估这一问题对当地的影响及任何减缓和适应政策的社会经济含义的能力。第二类能力是指参与国际气候变化谈判的同时表达和保护国家利益的能力,具体包括议程设置、规则制定和话语能力等。第三类能力是指国家制定相应的气候变化应对方案和政策的能力，这既包括制定与气候相关政策（如能源政策、环境政策等）的能力，也包括制定专门的气候变化政策的能力。第四类能力是指有效地履行减缓或者适应气候变化的国际承诺或国内政策的能力。很多时候，上述第三类能力和第四类能力是紧密联系在一起的，因为制定气候变化政策本身就是国家履行国际和国内承诺的组成部分。

从合作意愿和合作能力的角度分析国家参与全球治理的行为，虽然从方法上看还不太成熟，但是它强调了合作能力的重要性，在一定程度上补足了既有研究文献忽视或者欠缺的地方。

综上所述，如果我们将国际机制的基本要素简化为原则与规则，那么国际机制的变迁就是指国际机制的原则和规则的变迁。从国家的角度看，国家参与国际机制原则与规则的制定、遵守和变迁的行为与政策，是需要一定的合作意愿与合作能力的。我们的分析方法和视角如表 1.1 所示。

表 1.1　国家参与全球气候治理机制变迁的分析方法

	合作意愿	合作能力
原则的变迁	高/中/低	高/中/低
规则的变迁	高/中/低	高/中/低

在下文实际运用上述分析框架的时候，我们采取了模糊的赋值方法。比如，为了评估国家在国际机制原则中的合作行为及其影响因素，我们区分了"高、中、低"三种评估标准。对于具体的合作行为来说，"高"等同于国家在双边或者多边层次上积极地和频繁地推动采取共同行动，在共同合作中不存在明显的障碍；"中"等同于国家对问题有共同的认知，共同认为可以在双边或者多边层次上共同解决具体的问题，并且具有一些制度化的互动，但会面临相当大（多）的合作障碍。"低"等同于不存在积极推动共同行动的安排，合作停留在言辞或者意图的层面，一些因素明显地阻碍了共同的合作。

对于合作意愿来说，"高"意味着国家高度愿意谈判某项议题并且高度愿意通过谈判达成（和实施）国际协议，不存在明显的顾虑；"中"意味着国家对于谈判或者实施国际协议有所犹豫或立场不清晰，一些因素同时推动或者阻碍了其意愿；"低"意味着国家不愿意谈判或者实施国际协议,并且对此存在较大的顾虑。

对于合作能力来说,"高"意味着国家具有充分的条件和力量参与国际协议的达成和实施;"中"意味着国家具有相当大的力量和相当多的手段参与国际协议的达成和实施;"低"意味着国家参与谈判和实施国际协议的条件和力量不充分。

在确立上述框架的基础上,我们在接下来的几章将对中国自 2011 年以来参与全球气候治理机制变迁的情况进行实证分析。在这之前,我们先简要分析从 20 世纪 80 年代末到 2011 年,中国参与全球气候治理机制的情况。从中国参与全球气候治理的合作行为来看,主要包括两方面的内容:一是国际谈判;二是国际履约。

首先,从参与国际气候变化谈判来看,中国从一开始就参加了历次联合国框架下的多边气候谈判会议,成为全球气候变化机制所有重要规约的缔约方。所以中国在这个问题领域并不存在"融入国际体制"的问题,这也意味着中国从一开始便具备了最低限度的合作意愿和合作能力。从中国的具体立场来看,2007 年之前,中国等发展中国家主张发达国家应该承担应对气候变化的首要责任,并且要求发达国家向发展中国家进行资金和技术转让,[58]反对将发展中国家的自愿承诺问题提上议程,拒绝作出任何形式的减排承诺。2007 年之后,中国的气候变化外交政策出现转变,虽然重申发展中国家现阶段不应当承担减排义务,但提出可以根据自身国情并在力所能及的范围内采取积极措施,尽力控制温室气体排放的增长速度。"巴厘岛路线图"的通过也意味着中国等发展中国家同意考虑在将来采取行动降低温室气体排放的增长速度。2009 年,中国宣布了自愿减排指标,决定到 2020 年单位国内生产总值二氧化碳排放比 2005 年下降 40%—45%。尽管这是自愿承诺,但它却是中国首次在气候谈判历史上作出的量化的、清晰的承诺。但是中国明确拒绝欧盟等发达国家和地区提出的全球长期减排目标,即到 2050 年全球减排 50%、发达国家减排 80% 的目标。如果说中国在相当长的时期内拒绝接受具有国际约束力的减排责任的话,中国在清洁发展机制、"2 ℃目标""三可"规则以及国际磋商与分析等问题上都展现出了灵活性,通过政策协调,其立场朝向发达国家实际或者预期的偏好调整,从而推动了相关协议的达成。

　　其次，从国际履约的角度看，中国在现有国际气候变化机制下没有承担具有约束力的国际减排义务，但是《公约》明确要求所有缔约方向《公约》秘书处提交国家信息通报。为此，中国于 2004 年完成了《中华人民共和国气候变化初始国家信息通报》，并向《公约》缔约方大会提交；[59] 2007 年发布了《应对气候变化国家方案》。此外，中国两次发布了《气候变化国家评估报告》，自 2008 年起每年发布《中国应对气候变化的政策与行动》，介绍中国应对气候变化的政策、措施、行动和取得的成效。在《京都议定书》下，中国积极参加清洁发展机制。截至 2017 年 7 月 31 日，中国在联合国注册的清洁发展机制合作项目达到 3 763 个，共获得约 10.5 亿吨核证减排量（Certified Emission Reductions，CERs）[60] 的签发，占东道国清洁发展机制项目签发总量的 60％，居世界第一位。[61]

　　总之，可以说中国在全球气候治理领域的合作性在不断提高，但是在承担国际减排责任问题上并没有接受发达国家的偏好。如何解释中国的这种合作行为呢？按照本书的分析框架，这是中国的合作意愿和合作能力提升的结果，但与此同时，中国在该领域的合作意愿和合作能力还不足以使其按照发达国家确立的时间表承担它们所偏好的国际减排责任。

　　从合作意愿上看，首先是中国对气候变化问题及自身在该问题上脆弱性的认知得以深化，从而提高了其应对气候变化问题的愿望。国际气候变化谈判早期，中国在上述两方面的认知都存在很大的不确定性。随着国际气候变化科学研究的进展，尤其是政府间气候变化专门委员会四次评估报告的出台以及中国自身气候变化科学研究的进展，2005 年之后中国对上述两方面的认识更加确定。[62] 虽然中国认为"目前世界各国对气候变化影响的评价尚存在较大的不确定性"，但是中国也强调"现有研究表明，气候变化已经对中国产生了一定的影响……而且未来将继续对中国的自然生态系统和经济社会系统产生重要影响"。与此同时，中国"是最易受气候变化不利影响的国家之一"。[63] 上述认识使中国的合作意愿进一步增强。

　　其次，国际社会与中国的互动进一步提升了中国参与全球气候治理的意愿。随着中国经济长期、高速的增长和温室气体排放量的同期大幅增加，国际社会尤其是发达国家和小岛国家要求中国在气候变化问题上承担更多、更明确的国际义务。尤其是在 2005 年后,中国在国际气候变化谈判中面临的压力是前所未有的。时任国家气候变化专家委员会主任委员、中国气象局局长秦大河在 2006 年曾表示:"国际上要求中国减排温室气体的压力是越来越大的。"[64] 但与此同时,中国国家内部发展理念的转变使气候变化在国内议程中的地位提升。进入 21 世纪的中国由于意识到继续发展所面临的环境与资源瓶颈,开始谋求进行环境与发展关系的转型。中国提出了"科学发展观"和"和谐社会"的理念,提出环境与经济发展关系的三个转变。[65] 此外,2006 年中国第一次在国民经济和社会发展规划中明确地确立人口、资源环境等约束性目标,并在第十二个五年规划纲要中首次提出了到 2015 年单位国内生产总值二氧化碳排放比 2010 年下降 17％的目标。这都标志着中国应对气候变化的内部动力在提升。

然而,正如前文所表明的,包括中国在内的发展中国家在国际气候谈判的一开始就强调公平和正义原则的首要性。[66] 可以说,一项气候变化的协议如果符合中国的公平观念,则中国就更可能制定更加积极的气候政策。[67] 但是,美欧等发达国家在 2008 年后试图重新解释甚至修改"共同但有区别的责任"原则,并提出了长期的全球减排方案。[68] 这些方案都没有体现公平正义的原则,既没有考虑历史排放的巨大差异,也没有考虑基准年排放量的巨大差别,对今后的排放还为发达国家安排了比发展中国家多数倍的人均排放空间,必然会导致今后排放权分配的巨大差别。"如果这些方案成为国际协议的话,它们将成为人类历史上罕见的不平等条约。因为这将把目前已经形成的巨大贫富差异固定化,在道德上是邪恶的。"[69] 因此,中国之所以不接受欧盟在哥本哈根气候大会上强推的长期减排目标,是因为这个方案是非常不公平的责任分配方案,从而影响了中国的合作意愿。

从合作能力上看,情形更加复杂。

首先,中国不断提升的合作能力推动它在全球气候变化领域更具合作性,但是它的合作能力显然不足以使其承担具有国际约束力的量化减排义务。从经济发展水平来看,虽然中国经济保持了长期、快速的增长,但经济发展水平一直比较低,从而影响了中国接受更多国际义务的能力,尤其是减缓能力。在国际气候变化谈判中,中国强调自身是一个"人口众多、低收入的发展中国家","消除贫困、发展经济、满足人们的基本需要是中国政府的首要任务"。2005年以后,虽然中国的经济总量获得了很大增长,但作为衡量国家经济发展水平重要指标的人均国内生产总值仍然很低。2007年,中国人均国内生产总值为2 461美元,在181个国家和地区中位居第106位,仍为中低收入水平的国家。因此,中国提出"在现阶段对发展中国家提出强制性减排要求是不合适的。因为发展中国家工业化、城市化、现代化进程远未完成,发展经济、改善民生的任务艰巨"。2009年之后,中国经济总量虽然已处于世界前列,但人均国内生产总值仍排在全球100位之后,中国仍是世界上最大的发展中国家。[70]鉴于此,中国只会承担与经济发展水平相适应的国际责任与义务。此外,中国是世界上少数几个一次能源结构以煤为主的国家。由于煤炭消费比重较大,造成中国能源消费的二氧化碳排放强度也相对较高。与此同时,中国能源生产和利用技术落后是造成能源效率较低和温室气体排放强度较高的一个主要原因。由于调整能源结构在一定程度上受到资源结构的制约,提高能源利用效率又面临着技术和资金上的障碍,以煤炭为主的能源资源和消费结构在未来相当长的一段时间内将不会发生根本性的改变,这使得中国在降低单位能源的二氧化碳排放强度方面比其他国家面临更大的困难。[71]

其次,虽然中国的气候变化科学研究和评估水平不断提高,但与发达国家相比仍然较低。发达国家对气候变化的科学研究开始早、投入多、发展快。20世纪90年代,美国、日本和欧盟当时每年投入的气候研究经费之和就达30亿美元。[72]中国等发展中国家在这方面与发达国家不可同日而语。进入21世纪,中国通过一系列举措提高气候变化科技能力,中国经济的增长使其能够投入更多的研究经费。通过国家科技计划的支持和国际科技合作,中国在气候变化的基础科学研究、气候变化的影响与对策、气候变化的社会经济影响分析及减缓对策等方面都取得了成果。但是中国的气候变化科技水平与国际领先水平相比仍然存在较大差距。[73]这影响着中国参与全球气候治理的整体能力。

例如,政府间气候变化专门委员会是全球气候变化科学研究和评估领域最权威的国际机构。但是其中中国等发展中国家的专家数量所占比例很小。1990年政府间气候变化专门委员会第一次评估报告的撰写过程中,第一工作组各国参与作者人数共有 210 人,其中美国 110 人、英国 62 人,而中国只有 8 人、印度 5 人。[74]鉴于此,中国在 1990 年提出:"世界气象组织和联合国环境规划署所设立的政府间气候变化专门委员会中工业发达国家的势力较强,其活动较多地反映了发达国家对全球气候变化的立场、观点。发展中国家未广泛参与且准备不足,因此,对有关保护气候文件的形成的影响有限。"[75]在 1995 年政府间气候变化专门委员会第二次评估报告的撰写过程中,该报告第一工作组参与作者人数共有 512 人,其中美国 210 人、英国 61 人、中国 7 人、印度 5 人;第二工作组的 582 名作者中,美国 212 人、英国 60 人、中国 20 人、印度 20 人;第三工作组的 97 名作者中,美国 30 人、英国 5 人、中国 2 人、印度 7 人。[76]2001 年结束的政府间气候变化专门委员会第三次评估报告第三工作组专家有 150 多位,但欧、美、日的学者不论是在数量上还是在学术水平上,均占主导地位。[77]2007 年出版的政府间气候变化专门委员会第四次评估报告所选用的科学文献和科学观点大部分都源自欧盟国家的科学家,该报告在很大程度上反映了欧盟的立场和观点。[78]该报告第三工作组关于减缓气候变化的《决策者概要》有 168 位主要作者,其中 35% 来自发展中国家,65% 来自发达国家。[79]

　　从国际谈判能力来看,首先,发达国家在全球气候变化治理的议程设置方面占据了主导地位。气候变化问题最早是由发达国家提上国际关系议程的,随着国际气候谈判的进展又将发展中国家的减排义务、气候变化治理的长期减排目标等问题提上谈判议程。发展中国家在接受这些议程的同时,也提出发达国家应该继续率先承担减排义务、并向发展中国家进行资金和技术转让,但并没有对议程产生巨大影响。其次,就国际气候变化规范和规则的制定能力来看,中国等发展中国家在国际气候谈判的一开始将"共同但有区别的责任"原则、公平原则等成功地融合进《公约》。但是在随后的国际气候变化谈判中,许多发展中国家满足于暂时避免了短期内承担减排义务的要求,而没有主动思考长期的谈判目标和策略问题,只是到了后京都时期,随着美国将批评《京都议定书》与发展中大国有意义的参与绑定起来,才推动发展中国家思考长期的谈判问题。[80]对大部分的发展中国家来说,国际气候谈判的一个核心因素是需要对有争议的问题提出公平的解决方案。[81]但是发展中国家政府没有积极主动地发展出任何实质性的框架和方案。结果，平等成为一种被发展中国家反复提及但空洞的"咒语"，并被发达国家当作发展中国家避免接受义务的借口。[82]

自 2007 年以来，发达国家在国际上提出了七个影响较大的减排方案。[83]这些减排方案设置了一个陷阱。[84]它们设定了国际社会到 2050 年的二氧化碳排放量，发达国家占 44% 的份额，留给发展中国家的排放空间所剩不多，严重限制了发展中国家的排放权。但由于发展中国家研究得不够，所以对这个陷阱看得并不清楚，也没有很好地去理解。[85]中国等发展中国家在国际气候变化谈判中强调发达国家中期应该减排 40% 的方案，但即使发达国家达到这个目标，给发展中国家增加的排放空间也非常有限。与此同时，中国也试图提出全球应对气候变化的"中国方案"。中国社会科学院潘家华研究组提出的"碳预算方案"重点研究了相关的国际机制，为实施"碳预算"的公平理念提出了具体方案，2008 年在波兹南气候大会上正式提出后引起了很大反响。[86]但是该方案尚未成为中国的国家方案，在国际气候变化谈判中还没有成为一个可以被用来参考和讨论的方案基础。

从国内气候政策的制定来看，中国这方面的能力得到了提升。首先是建立和完善应对气候变化的国内机构。20 世纪 90 年代初，中国建立了气候变化协调小组，作为有关气候变化评价、对策和外事活动的协调领导机构，并负责研究气候变化公约的有关谈判。[87]1998 年，中国对原气候变化协调小组进行了调整，成立了 13 个部门参与的国家气候变化对策协调小组。2006 年之后，中国应对气候的机构和体制建设经历了密集式大发展。2006 年 8 月，中国国家气候变化专家委员会组建完毕，被誉为中央的"气候变化智囊团"。[88]中国 2007 年成立了国家应对气候变化及节能减排工作领导小组，作为国家应对气候变化和节能减排工作的议事协调机构。[89]此外，中国外交部于 2007 年 9 月成立了应对气候变化对外工作领导小组，设立气候变化谈判特别代表。国家发展和改革委员会在 2008 年的机构改革中设立了应对气候变化司。可以看出，中国除了使原有的机构承担参与全球气候治理的使命外，还新设置了专门的气候机构，建立健全应对气候变化的职能机构和工作机制。其次，从气候政策的制定和实施来看，2005 年之前，中国出台了一系列重大的政策性文件,旨在调整经济结构,提高能源利用效率,改善能源结构。中国在环境、交通等领域也采取了相应的政策和措施。虽然这些政策的首要目标并非应对气候变化,但是它们试图整合应对气候变化的目标,是"与气候相关"的政策措施。从实施的角度看,虽然取得一定成效,但总体上已有相关政策的有效性和效率还不够高,其根源在于相关体制缺陷和地方对环境政策实施的障碍。[90] 2005 年以后,中国开始制定专门以应对气候变化为目标的政策和措施。例如,中国逐步建立健全了清洁发展机制的政策法规体系,有效推动和促进了清洁发展机制项目在中国的快速开展。此外,从整体上看,2007 年 6 月发布的《中国应对气候变化国家方案》意味着中国首次具有了应对气候变化的专门战略、方案和政策,逐渐发展起专门应对气候变化的能力。中国能够履行《公约》和《京都议定书》的义务,国际组织尤其是全球环境基金通过资金援助进行的能力建设在其中发挥了很大作用。

从对中国 2011 年前参与全球气候治理的实证分析中,我们将不仅发现"合作能力"主观上成为中国参与国际气候变化谈判和国内气候决策时考虑的重要因素,客观上也确实影响了中国在国际气候谈判中的基本立场和在国内层次上气候政策的制定和执行。像任何一个理性的国家一样,中国确实是根据其合作能力来选择当前或者未来能够承担的国际减排责任或者行动的。

第五节　全球治理与国家治理的互动

全球治理与国家治理的对象、主体、安排和形式虽然不同,但是两者有非常紧密的联系和互动关系。虽然全球治理与国家治理有时存在竞争性关系,例如在治理资源的分配方面,但是全球治理与国家治理从根本上是统一的、相互促进和补充、相互协调的。具体表现如下。

第一,从治理对象来看。对治理对象有不同的观察视角。有的学者从秩序的角度看待全球治理与国家治理的对象。据此,全球治理有三类治理对象:首先是一国内部的不治理带来的国内失序,以及这种国内失序、国内弱治理和国内强治理所产生的负外部性;其次是一国不负责任的对外政策以及国家之间的政策冲突;最后是国家管辖范围之外的全球公域的治理，如极地、海洋公地、空间公地等。国家治理则是建构世界秩序的基本要件。没有了国家治理所营造的国内秩序，世界秩序就没有了基本的依托。而要实现国家的有效治理，一国需要形成一种国家治理的体系，形成规范社会权力运行和维护公共秩序的一系列制度和程序。[91] 由此可见，从秩序的角度看全球治理与国家治理的对象有很强的统一性。

从全球治理和国家治理应对的具体问题来看，两者也有很强的一致性。在一般意义上，全球治理应对的是具有全球规模的公共问题，也是每个国家面临的问题，如气候变化、金融动荡、流行性疾病，因此全球性问题也是单个国家面临的需要治理的问题。国家治理应对的是国内的公共问题。但随着国家之间相互依赖程度的大幅提高，国内公共问题的外部性或溢出效应也在倍增。例如，2007 年肇始于美国的金融和经济危机爆发后，美国先后推行了数次量化宽松的货币政策，为本国经济注入巨量资金，推动本国经济走出危机，但却造成美元在世界上的泛滥，推高了新兴国家的货币汇率，对有关国家的经济产生了严重的负面冲击。[92] 总之，全球治理议程中的问题也是国家治理的题中应有之义，国家对国内公共问题的治理具有全球治理的意义。

第二，从治理主体来看。全球治理的主体是国际社会的各个相关行为体，既包括国家、国际组织、跨国公司等国际关系行为体，也包括非政府组织、城市、企业等次国家行为体。尽管许多大型跨国公司和国际非政府组织在全球治理中具有不可忽视的重要作用，但其挑战并未撼动国家在全球治理体系中的主导地位。国家仍然是最具能量的全球治理主体。随着中国和印度等新兴大国的持续崛起，未来世界居于核心地位的大国将是较为主张主权的国家。约瑟夫·奈就表示，如果人们预测在 21 世纪中期会出现一个美国—中国—印度的三极世界，那么，人们需要知道的是，这三个国家也是世界上人口最多、最保护本国主权的一类国家。[93] 它们将对全球治理发挥重要的影响和作用。国家治理的主体是多元的，既包括中央政府，也包括地方政府、企业、非政府组织等。它们不仅参与国家治理，也是全球治理的参与主体。在一些特定的全球性问题领域，它们或者采取自愿行动，或者通过各种方式与其他国家的治理主体形成国际网络，对全球治理发挥越来越重要的作用。

第三，从治理过程和形式来看。由于全球化背景下的治理议题具有重叠性、联动性等特点，并且全球治理仍需在以国家为核心主体的世界秩序中进行，因此国家治理和全球治理的互动关系从积极的方面看，其包括：首先这是两种并行的治理过程，全球治理与国家治理不能相互取代；其次，两者相互作用、相互影响、相互促进。国家治理的知识，以及经验的生产、扩散和共享可以促进全球治理，全球治理的制度安排会影响国内的治理决策和过程，并有助于提升国家治理的意愿和能力；最后，两者虽然所处层次和表现形式不同，但在体系和功能上却相互支撑。从应对全球性问题的角度看，全球治理主要通过在特定问题领域内制定或者实施正式或者非正式的原则和规则来实现对国家行为的引导或者规范，而这些原则或者规则只有通过国家履行相关承诺，采取一定的政策和行动（国家治理）才能实现对目标群体的直接治理，进而最终实现全球治理的目标。国家治理目标的实现则可以借助全球层次的资源，如信息、技术和资金的利用。

第四，从治理效果来看。从一般意义上说，有效的国家治理能够对世界秩序的建构有所贡献，至少表现为防止国内失序、控制国内行动的负外部性、不实行破坏性的对外政策；在积极的意义上，一国的有效治理致力于一个更高标准的国内秩序建设、增强其正外部性、实行建设性的对外政策。[94] 从应对问题的治理效果来看，对全球性问题的有效缓解和解决能够为国家治理提供更好的外部环境，对国家内部公共问题的有效应对则能够控制其负外部性、增强其正外部性，避免全球治理议程的拥挤。此外，全球治理对全球性问题的有效应对有助于解决国内治理议程中的问题，反之亦然。例如，全球气候治理也有助于解决很多国家面临的雾霾问题，而对雾霾问题的投入具有很大的气候治理效益。

第五，从治理理念来看。强调全球治理与国家治理的一致性和协调性，是建立在对国际政治和国内政治二元协调的理念基础之上的。当今国际社会，各国对内外政治之间的关系还不存在统一的共识。中国学者苏长和认为，在两者之间的关系上，基本上存在三种认识和实践：第一种认识是国际政治与国内政治的一元论，即要么认为国内政治从属于国际政治，要么认为国际政治从属于国内政治。对于大部分国家特别是霸权国家来说，占支配地位的思维是认为国际政治要从属于国内政治,也就是当两者发生冲突时,对内政的考虑会压倒性地重于对国际事务的考虑;进而言之,拥有强大能力的国家,甚至倾向于将内政模式推及和应用到全球治理领域。一元论的外交结果是较少考虑国际社会的整体利益或他国的利益,在政策制定上倾向于以自我利益为中心。一元论的另外一种表现是国内政治服从国际政治,内政的调整不是在所有情况下,但至少在大多数情况下,受制于国际政治。第二种认识是国际政治与国内政治的二元论,即认为国内政治和国际政治本质上处于两个不同的且平行的领域。在国内政治中,存在强烈的等级治理结构,可以形成自上而下的治理结构安排;而在国际政治领域,因为没有世界政府,国际安全治理服从均势的自我调节机制,其他全球性问题治理只能依赖国家的善心和自觉。有的时候,内外政治还会处于冲突状态下。毫无疑问,在国际政治与国内政治二元论思维的支配下,国家会把重点投在国内治理上,至于全球治理,因为与国内治理无多大关系而被严重忽视。第三种认识是国际政治国内政治二元协调论。二元协调思维不将内外政治分离、分割开来,相反,却从两种政治合作统筹的角度,重视内外政治的对话协商,追求国内责任和国际责任的平衡,探寻国内问题和全球问题的综合治理观。可见,国际政治国内政治二元协调的整体思维是对传统主权观念的发展和突破,它并不否定主权制度在现代国际秩序中的基础性意义,也不将对全球性问题的治理理想化地寄托在世界政府或霸权国家上。这种思维支配下的政治实践,对弥合既有国内政治和世界政治的分离,以及探索内外政治整合的政治理论具有重要意义。[95]可见,强调全球治理与国家治理的一致性和统一性,正是建立在对国际政治和国内政治二元协调的认识基础之上的。

联合国前秘书长科菲·安南曾经说过:"全球化和相互依赖促使我们去重新思考我们该如何管理我们的共同活动和共享利益,因为我们今天面对的许多挑战超越了任何一个国家可以独自解决的地步。在国家的层面,我们必须更好地治理;在国际的层面,我们必须学会一起更好地治理。有效的国家对两种任务而言都是必不可少的。"[96]在上述背景之下,全球治理与国家治理之间的统一性和协调性得到了空前的发展。依据上述分析,考察中国参与全球治理和进行国内治理的实践,会发现中国对国际政治和国内政治二元协调的认识确保了中国一贯强调统筹国内国外两个大局，实现内部发展与世界发展的有机协调。一方面，中国努力把本国的事情做好，在制定本国发展规划时尽量避免国内发展带来负面的对外影响，增强国内政策的正外部性；另一方面，中国在国际政治中强调合作共赢，以负责任和建设性态度处理全球性问题，促进了全球治理和国内治理在结构和功能上的相互支持。[97]

注释

1. Michael Grubb, *The Kyoto Protocol：A Guide and Assessment*, London：The Royal Institute of International Affairs，1999，pp.5—7.

2. IPCC Working Group I, *Summary for Policymakers：The Science of Climate Change*, at http://www.ipcc.ch/pub/sarsum1.htm. Accessed on July 2, 2004.

3. Ibid.

4. Ibid.

5. Ibid.

6. 参见 J.T.Houghton et al ed., *Climate Change 2001：The Scientific Basis*, Cambridge：Cambridge University Press，2001，pp.2—5。

7. Ibid., pp.6—7.

8. Ibid., p.10.

9. Ibid.

10. 参见 Working Group II of IPCC, *Summary for Policy Makers*, *Climate Change 2001：Impacts，Adaptation and Vulnerability*, Cambridge：Cambridge University Press，2001，pp.3—4。

11. Ibid., pp.4—5.

12. 所谓的敏感性是指一个系统受到与气候有关的刺激而受到影响的程度，或者是好的方面或者是坏的方面。脆弱性是指一个系统容易受到或者不能够应付气候变化的不良影响，包括气候的变化性和极端气候。参见 Working Group II of IPCC, *Summary for Policy Makers*, *Climate Change 2001：Impacts，Adaptation and Vulnerability*, p.6。

13. Ibid.

14. John Houghton, *Global Warming：The Complete Briefing*, Cambridge：Cambridge University Press，1997，p.159.

15. Core Writing Team, R.K.Pachauri, and A.Reisinger, eds., *Climate Change 2007：Synthesis Report*, IPCC, Geneva, Switzerland.

16. 政府间气候变化专门委员会第五次评估报告第一工作组报告：《气候变化2013：自然科学基础决策者摘要》，http://www.ipcc.ch/pdf/assessment-report/ar5/wg1/WG1AR5_SummaryVolume_FINAL_CHINESE.pdf。

17. 同上。

18. 同上。

19. 同上。

20. 同上。

21. 同上。

22. 政府间气候变化专门委员会第五次评估报告第二工作组报告:《气候变化 2014:影响、适应和脆弱性》,http://www.ipcc.ch/pdf/assessment-report/ar5/wg2/ar5_wgII_spm_zh.pdf。

23. 同上。

24. 同上。

25. 蔡拓:《中国如何参与全球治理》,载《国际观察》2014 年第 1 期,第 2 页。

26. Robert O. Keohane and David G. Victor, "The Regime Complex for Climate Change," Conference Papers, American Political Science Association, 2010, pp.1—28.

27. Kenneth W.Abbott, "The Transnational Regime Complex for Climate Change," *Environment & Planning C:Government & Policy*, 2012, 30(4), pp.571—590.

28. Michele Betsill, Navroz K. Dubash, Matthew Paterson, Harro van Asselt, AnttoVihma, and Harald Winkler, "Building Productive Links between the UNFCCC and the Broader Global Climate Governance Landscape," *Global Environmental Politics*, 15:2, May 2015, doi:10.1162/GLEP_a_00294。

29. Ibid.

30. 高翔、王文涛、戴彦德:《气候公约外多边机制对气候公约的影响》,载《世界经济与政治》2012 年第 4 期,第 63—66 页。

31. 联合国环境规划署:《关于消耗臭氧层物质的蒙特利尔议定书缔约方第二十一次会议报告》,2009 年,UNEP/OzL.Pro.21/8;联合国环境规划署:《关于消耗臭氧层物质的蒙特利尔议定书缔约方第二十二次会议报告》,2010 年,UNEP/OzL.Pro.22/9。

32. UN.Kigali Amendment to the Montreal Protocol on Substances that Deplete the Ozone Layer, https://treaties.un.org/Pages/ViewDetails.aspx?src=TREATY&mtdsg_no=XXVII-2-f&chapter=27&clang=_en.

33. 斯图瓦特·帕特里克:《全球治理改革与美国的领导地位》,载《现代国际关系》2010 年第 3 期,第 54—62 页;潘家华、庄贵阳、陈迎:《"气候变化 20 国领导人会议"模式与发展中国家的参与》,载《世界经济与政治》2005 年第 10 期,第 52—57 页。

34. Hillary Clinton, "Remarks at the Major Economies Forum on Energy and Climate," April 27, 2009, http://www.state.gov/secretary/rm/2009a/04/122240.htm.

35. 斯图瓦特·帕特里克:《全球治理改革与美国的领导地位》。

36. U.S.Congress, "American Clean Energy and Security Act of 2009," The 111th Congress HR.2454.EH, http://democrats.energycommerce.house.gov/index.php?q=bill/hr—2454—the—the—american—clean-energy—and—security—act; U.S.Congress, "American Power Act of 2010," The 111th Congress Discussion draft, http://Kerry.Senate.gov/imo/media/doc/APAbill3.pdf.

37. 毛维准:《全球治理新试验? 议题互嵌、机制关联和公民社会兴起》,载《国际展望》2011 年第 1 期,第 12—34 页。

38. 同上。

39. Michele Betsill, Navroz K.Dubash, Matthew Paterson, Harro van Asselt, Antto Vihma, and Harald Winkler, "Building Productive Links between the UNFCCC and the Broader Global Climate Governance Landscape."

40. 本节的部分内容发表于薄燕:《原则与规则:全球气候变化治理机制的变迁》,载《世界经济与政治》2014 年第 2 期,第 48—65 页。

41. Stephen D.Krasner, *International Regimes*, Ithaca; London: Cornell University Press, 1983, p.2.

42. Oran R.Young, "International Regimes: Toward a new Theory of Intuitions,"

World Politics 39，1986，pp.104—122.

43. Robert Keohane，"Neoliberal Institutionalism：A Perspective on World Politics，" in Robert Keohane，*International Institutions and State Power*：*Essays in International Relations Theory*，Boulder，Colo.：Westview Press，1989.

44. Stephen D.Krasner，*International Regimes*，pp.2—5.

45. 本书对原则和规则的区分受到相关法学研究的启发，包括刘叶深：《法律规则与法律原则：质的差别?》，载《法学家》2009 年第 5 期，第 120—133 页；严存生：《规律、规范、规则、原则——西方法学中几个与"法"相关的概念辨析》，载《法制与社会发展》2005 年第 5 期，第 115—120 页；张文显：《规则、原则、概念——论法的模式》，载《现代法学》1989 年第 3 期，第 27—30 页；范立波：《原则、规则与法律推理》，载《法制与社会发展》2008 年第 4 期，第 47—60 页；李可：《原则和规则的若干问题》，载《法学研究》2001 年第 5 期，第 66—80 页。

46. WTO：Principles of the Trading System，http：//www.wto.org/english/thewto_ e/whatis_e/tif_e/fact2_e.htm，accessed 6 June，2013.

47. Stephen D.Krasner，*International Regimes*，p.4.

48. Ibid.，p.3.

49. Ibid.，p.5.

50. 参见 Robert O.Keohane and Joseph S.Nye，*Power and Interdependence*，Glenview，2ded.，Glenview，Ill：Scot，Foresman，1989。

51. ［美］奥兰·扬：《世界事务中的治理》，陈玉刚、薄燕译，上海人民出版社 2007 年版，第 140—145 页。

52. 薄燕：《全球气候变化问题上的中美欧三边关系》，载《现代国际关系》2010 年第 4 期，第 15 页。

53. Sheila Jasanoff，"Contingent Knowledge：Implications for Implementation and Compliance，" in Brown Weiss and Harold K. Jacobson，eds.，*Engaging Countries*：*Strengthening Compliance with International Environmental Accords*，Cambridge：The MIT Press，1998，pp.63—87.

54. Roland Fuchs，Hassan Virji and Cory Fleming，"START Implementation Plan，1997—2002，" IGBP Report 44，Stockholm：IGBPSecretariat，Royal Swedish Academy of Sciences，1998.

55. Brown Weiss and Harold K. Jacobson，eds.，*Engaging Countries*：*Strengthening Compliance with International Environmental Accords*.

56. 一些学者讨论了制度能力对国家气候政策的影响。参见 Stéphane Willems and Kevin Baumert， "Institutional Capacity and Climate Actions，" OECD Environment Directorate，International Energy Agency，2003，http：//www. oecd. org/env/climate-change/21018790.pdf。

57. Stéphane Willems and Kevin Baumert， "Institutional Capacity and Climate Actions."

58. 参见国家气候变化协调小组第四工作组：《关于气候变化公约谈判准备情况的汇报》，载国务院环境保护委员会秘书处编：《国务院环境保护委员会文件汇编(二)》，中国环境科学出版社 1995 年版，第 259 页。

59. 《〈中华人民共和国气候变化初始国家信息通报〉正式发布》，http：//cdm.ccchina. gov.cn/web/NewsInfo.asp?NewsId＝227。

60. 核证减排量是清洁发展机制项目下允许发达国家与发展中国家联合开展的二氧化碳等温室气体核证减排量。这些项目产生的减排数额可以被发达国家作为履行它们所承诺的限排或减排量。

61. 全球各国清洁发展机制项目签发最新进展,参见 http://cdm.unfccc.int/Statistics/Public/CDMinsights/index.html。

62.《中国应对气候变化国家方案》,2007 年 6 月,http://www.sdpc.gov.cn/xwfb/t20070604_139486.htm。

63.《国务院关于印发中国应对气候变化国家方案的通知》,国发〔2007〕17 号,2007 年 6 月 3 日,http://www.most.gov.cn/twzb/twzbxgbd/200706/t20070615_50495.htm。

64. 李月:《中国草船接"箭",负重踏上环保征途》,载《华盛顿观察》2006 年第 44 期,http://www.washingtonobserver.org/talk_usa_show.aspx?id=1687。

65.《温家宝在第六次全国环境保护大会上强调 全面落实科学发展观 加快建设环境友好型社会》,2006 年 4 月 18 日,http://www.gov.cn/node_11140/2006-04/22/content_261055.htm。

66. 赵仁方:《我代表在气候变化纲要公约谈判会议上发言 发达国家对气候变化负有主要责任》,载《人民日报》1992 年 5 月 11 日,第 7 版。

67. Ida Bjørkum, "China in the International Politics of Climate Change: A Foreign Policy Analysis," FNI Report, December 2005.

68. 参见丁仲礼等:《国际温室气体减排方案评估及中国长期排放权讨论》,载《中国科学 D 辑:地球科学》2009 年第 12 期,第 1659—1671 页。

69.《解读发达国家气候谈判话语下的陷阱——中国科学院丁仲礼副院长在哥本哈根中国新闻与交流中心的演讲》,http://www.globalchange.ac.cn/Linkages/Interpretation_of_trap.pdf。

70. 胡锦涛:《携手应对气候变化挑战——在联合国气候变化峰会开幕式上的讲话》,2009 年 9 月 22 日,纽约,http://www.gov.cn/ldhd/2009-09/23/content_1423825.htm。

71.《中国应对气候变化国家方案》。

72. Milind Kandlikar and Ambuj Sagar, "Climate Change Research and Analysis in India: An Integrated Assessment of a South-North Divide," *Global Environmental Change*, Vol.9, No.2, 1999, pp.119—138.

73.《"十二五"国家应对气候变化科技发展专项规划》,http://www.gov.cn/zwgk/2012-07/11/content_2181012.htm。

74. Ambuj Sagar, "Capacity Development for the Environment: A View for the South, A View for the North," *Annual Review of Energy and the Environment*, Vol.25, 2000, p.426.

75.《中国关于全球环境问题的原则立场》,1990 年 7 月 6 日通过。

76. Milind Kandlikar and Ambuj Sagar, "Climate Change Research and Analysis in India: An Integrated Assessment of a South-North Divide," pp.119—138.

77. 潘家华、孙翠华、孙国顺:《减缓气候变化经济评估结论的科学争议与政治解读》,载《国际经济评论》2007 年 9—10 月,第 47—49 页。

78. 吕学都:《气候变化的国际博弈》,载《商务周刊》2007 年 5 月 27 日,第 40 页。

79. 潘家华、孙翠华、孙国顺:《减缓气候变化经济评估结论的科学争议与政治解读》。

80. Ambuj Sagar, "Capacity Development for the Environment: A View for the South, A View for the North," p.404.

81. Milind Kandlikar and Ambuj Sagar, "Climate Change Research and Analysis in India: An Integrated Assessment of a South-North Divide," pp.119—138.

82. Ambuj Sagar, "Capacity Development for the Environment: A View for the South, A View for the North," p.404.

83. 对这些方案的分析参见丁仲礼等:《国际温室气体减排方案评估及中国长期排放权讨论》。

84. 具体分析参见丁仲礼:《解读发达国家气候谈判话语下的陷阱——中国科学院丁仲礼副院长在哥本哈根中国新闻与交流中心的演讲》。

85. 同上。

86. 参见潘家华:《碳预算方案的国际认同及其推进建议》,http://www.globalchange.ac.cn/Linkages/Carbon_budget.pdf。

87. 卓培荣:《国务院决定建立气候变化协调小组》,载《人民日报》1990年3月1日,第2版。

88.《我国成立"气候智囊团"提高科学应对气候变化能力》,http://www.gov.cn/jrzg/2007-01/22/content_503752.htm。

89.《国务院关于成立国家应对气候变化及节能减排工作领导小组的通知》,国发〔2007〕18号,2007年6月12日。

90.《〈OECD中国环境绩效评估报告〉发布》,http://www.zhb.gov.cn/gkml/hbb/qt/200910/t20091023_180038.htm。

91. 陈志敏:《国家治理、全球治理与世界秩序建构》,载《中国社会科学》2016第6期,第18页。

92. 同上文,第17页。

93. Joseph Nye, "The Future of Power," *Project Syndicate*, Oct.8, 2010, http://www.project-syndicate.org/commentary/the-future-of-power.

94. 陈志敏:《国家治理、全球治理与世界秩序建构》,第17页。

95. 苏长和:《中国与全球治理——进程、行为、结构与知识》,载《国际政治研究》2011年第1期,第36—37页。

96. Kofi A. Anna, "We the Peoples: The Role of the United Nationsin the 21st Century," New York: United Nations Department of Public Information, 2000, p.8.

97. 参见苏长和:《中国与全球治理——进程、行为、结构与知识》;陈志敏:《国家治理、全球治理与世界秩序建构》。

第二章

全球气候治理机制：要素、主体与进程

　　全球气候治理机制是全球气候治理的最主要形式，也是全球气候治理体系的核心构成部分。它主要是由一系列政府间多边气候变化协议构成的，其核心要素是有关全球气候治理的基本原则与规则。它们是由全球 190 多个国家通过过去 20 多年的联合国气候变化谈判达成的，对相关行为体在应对气候变化问题方面的行为起到重要的调节和规范作用。国际组织、次国家行为体也是该机制重要的参与者。联合国气候大会是推动全球气候治理机制发展的最重要的多边形式和平台。

第一节　全球气候治理机制的原则与规则

　　从内容上看，全球气候治理机制是由一系列政府间多边气候协议构成的，包括《联合国气候变化框架公约》《京都议定书》和《巴黎协定》，以及相应的缔约方大会决定。

一、全球气候治理的国际条约体系

　　《联合国气候变化框架公约》在 1992 年 6 月举行的联合国环境与发展大会上获得公开签署（当时有 153 个国家和欧共体正式签署，即有 154 个缔约方），此后于 1994 年生效。《公约》迄今有 197 个缔约方，包括了联合国的全部 193 个成员国，以及 2 个观察员国之一的巴勒斯坦；《公约》的其他缔约方还包括作为经济一体化组织的欧盟，以及纽埃和库克群岛两个国家，而联合国的另一个观察员国梵蒂冈也是《公约》的观察员国,因此《公约》在全球气候治理机制中具有最高的普遍性。

《公约》作为全球广泛接受的国际法,形成了全球气候治理机制的基石,对全球气候治理具有重要意义。它首先确认存在着气候变化问题,其前言指出:"承认地球气候的变化及其不利影响是人类共同关心的问题","各缔约国担忧的是人类活动已经大幅度增加了大气中温室气体的浓度,这种情况增强了温室效应,平均而言将引起地球表面和大气进一步增温,并可能对自然生态系统和人类产生不利影响……我们必须下决心为当代和后代保护气候系统"。[1]1994年《公约》生效的时候,有关气候变化的科学证据比现在要少得多,因此《公约》确认气候变化问题对该问题的全球治理具有非常重大的意义。事实上,《公约》在这方面学习了国际社会应对臭氧层耗损的《蒙特利尔议定书》的做法:虽然存在着科学上的不确定性,但是各国为了人类的安全利益联合起来行动。[2]其次,《公约》确立了全球气候治理机制的最终目标,奠定了该机制的基本法律框架和指导原则,确立了一系列的程序和机构,为联合国气候变化谈判的进一步开展提供了制度框架。同样重要的是,《公约》标志着由此开启的全球气候治理路径试图在经济发展与限制温室气体排放之间达到微妙的平衡。在20世纪90年代初,经济发展对发展中国家来说尤为重要。《公约》考虑到"发展中国家在全球排放中所占的份额将会增加,以满足其社会和发展需要",然而为了实现《公约》的最终目标,《公约》旨在帮助发展中国家以不损害经济进步的方式限制温室气体的排放。这种试图同时发展经济与应对气候变化的双赢解决方案此后在《京都议定书》中也得到了体现。

《京都议定书》于1997年12月11日在《公约》第3次缔约方大会上获得通过,有关该议定书履行的具体规则在2001年的《公约》第7次缔约方大会上通过,也称《马拉喀什协定》。《京都议定书》最终于2005年2月16日生效。《京都议定书》是《公约》下的多边气候协议,它的生效对于国际社会限制温室气体的排放、缓解全球气候变化具有重要的意义。它首次对发达国家规定了具有法律约束力的减排温室气体的目标和时间表,被看作是建立全球温室气体减排机制的重要步骤,是对《公约》的重要补充和扩展,使国际社会对气候变化的治理达到一个高峰,体现了国际社会试图更加有效地应对全球气候变化问题的持续努力。2012 年 12 月 8 日，《京都议定书多哈修正案》获得通过，就《京都议定书》第二承诺期（2013—2020 年）作出安排，体现了该议定书所确立的制度安排的连续性。遗憾的是，《京都议定书多哈修正案》迄今为止尚未生效，包括欧盟、英国、法国、德国、日本等在内的许多发达国家都没有批准这一修正案。[3]

《巴黎协定》是全球气候治理机制的第三个重要的多边协议。该协定在 2015 年 12 月 12 日于《公约》第 21 次缔约方大会上获得通过，并于 2016 年 11 月 4 日生效。《巴黎协定》重申了《公约》所确定的"公平、共同但有区别的责任和各自能力原则"，更加具体地提出了全球气候治理的三个目标：一是把全球平均气温升幅控制在工业化前水平以上低于 2 ℃之内，并努力将气温升幅限制在工业化前水平以上 1.5 ℃之内，同时认识到这将大大减少气候变化的风险和影响；二是提高适应气候变化不利影响的能力，并以不威胁粮食生产的方式增强气候复原力和温室气体低排放发展；三是使资金流动符合温室气体低排放和气候适应型发展的路径。《巴黎协定》是在《公约》下，按照"共区原则"和公平原则，为进一步加强《公约》的全面、有效和持续实施而通过的"公平合理、全面平衡、富有雄心、持久有效、具有法律约束力的协定"。[4]《巴黎协定》旨在在新的时空背景下强化应对气候变化的全球行动，包含了减缓、适应、资金、技术、能力建设、透明度等各要素，"体现了减缓和适应相平衡、行动和支持相匹配、责任和义务相符合、力度雄心和发展空间相协调，2020 年前提高力度与 2020 年后加强行动相衔接"[5]。《巴黎协定》也体现了世界各国利益和全球利益的平衡，传递出了全球将实现绿色低碳、气候适应型和可持续发展的强有力积极信号，是全球气候治理的里程碑，也标志着全球气候治理发展到新的阶段。

在上述三个多边气候协议之外，全球气候治理机制还有一些重要的多边协议或者决议，它们是《公约》生效之后、《巴黎协定》达成之前，《公约》和《京都议定书》缔约方大会作出的决定，具有国际"软法"的性质，其意义虽然不及前三者，但是对于在《公约》框架下确定新的谈判过程，不断锁定各缔约方的阶段性共识，推动最终达成面向 2020 年后的全球气候变化协议发挥了重要作用。这些多边协议或者决议包括："巴厘岛路线图"（The Bali Road Map）、《坎昆协议》（The Cancun Agreements)、《增强行动的德班平台》(The Durban Platform for Enhanced Action)、《多哈通道》(The Doha Climate Gateway)、《华沙结果》(Warsaw Outcomes)、《利马行动倡议》(Lima Call to Action)。此外,《哥本哈根协议》虽然并没有在《公约》第 15 次缔约方大会上最终获得通过,在全球气候治理体系中也并不具有法律地位,但它的达成是当时背景下唯一可能取得的结果。它虽然没有完成"巴厘岛路线图"规定的任务,但仍然具有积极的意义,为此后的全球气候治理提供了政治指导。

二、全球气候治理的原则与规则体系

上述联合国多边气候协议所确立的原则、规范、规则和决策程序,构成了全球气候治理机制。按照本书的分析框架,这些国际条约、协议和决议中的要素可以简化为两大类,即原则和规则。

全球气候治理机制的原则主要在《公约》第三条得到阐明。《公约》第三条指出:

各缔约方在为实现本公约的目标和履行其各项规定而采取行动时,除其他外,应以下列作为指导:

1. 各缔约方应当在公平的基础上,并根据它们共同但有区别的责任和各自的能力,为人类当代和后代的利益保护气候系统。因此,发达国家缔约方应当率先对付气候变化及其不利影响。

2. 应当充分考虑到发展中国家缔约方尤其是特别易受气候变化不利影响的那些发展中国家缔约方的具体需要和特殊情况,也应当充分考虑到那些按本公约必须承担不成比例或不正常负担的缔约方特别是发展中国家缔约方的具体需要和特殊情况。

3. 各缔约方应当采取预防措施,预测、防止或尽量减少引起气候变化的原因,并缓解其不利影响。当存在造成严重或不可逆转的损害的威胁时,不应当以科学上没有完全的确定性为理由推迟采取这类措施,同时考虑到应付气候变化的政策和措施应当讲求成本效益,确保以尽可能最低的费用获得全球效益。为此,这种政策和措施应当考虑到不同的社会经济情况,并且应当具有全面性,包括所有有关的温室气体源、汇和库及适应措施,并涵盖所有经济部门。应付气候变化的努力可由有关的缔约方合作进行。

4. 各缔约方有权并且应当促进可持续的发展。保护气候系统免遭人为变化的政策和措施应当适合每个缔约方的具体情况,并应当结合到国家的发展计划中去,同时考虑到经济发展对于采取措施应付气候变化是至关重要的。

5. 各缔约方应当合作促进有利的和开放的国际经济体系,这种体系将促成所有缔约方特别是发展中国家缔约方的可持续经济增长和发展,从而使它们有能力更好地应付气候变化的问题。为对付气候变化而采取的措施,包括单方面措施,不应当成为国际贸易上的任意或无理的歧视手段或者隐蔽的限制。

上述原则可分别简称为:"公平"和"共同但有区别的责任和各自能力原则"(以下简称"共区原则")、"考虑发展中国家特殊情况原则""预防原则""可持续发展原则""应对气候变化与国际经济、贸易体系协调原则"。这些指导原则的确立是 20 世纪 90 年代初发达国家和发展中国家两大阵营妥协的结果。其中"共区原则"在联合国气候谈判中逐渐具有了中心地位,并成为争论的焦点。

全球气候治理机制的规则主要包括以下几个方面:减缓规则、适应规则、透明度规则、支持规则等。它们的具体涵义和内容有如下几点。

第一,减缓规则。

减缓规则主要是指要求缔约方采取相关政策和措施来减少温室气体的排放。《公约》要求所有缔约方根据它们的责任和能力来制定和执行减缓气候变化的措施,采取减少温室气体排放的行动。这些行动可以是全经济范围的,也可以是覆盖几个或者单一的部门,例如能源供应和消费、交通、建筑、工业、农业、林业和废弃物管理。缔约方可以采取的减缓措施很多,既包括采用崭新的技术和可再生的能源,提高原有设备的能效或者改变管理的做法和消费者的行为,也包括增加森林或者其他碳汇来消除空气中的二氧化碳,甚至具体到改善烹调用炉的设计。[6]对发达国家来说,减缓政策和措施主要集中在高排放的部门,例如能源与交通部门。

需要强调的是,《公约》规定发达国家承担应对气候变化的首要责任。由于历史上和当时全球温室气体排放的最大部分源自发达国家,因此发达国家缔约方应该尽力在国内进行减排。这些国家被称为附件一缔约方,包括了经济合作与发展组织成员国和 12 个中东欧经济转型国家。《公约》要求附件一缔约方到 2000 年将温室气体排放减少到 1990 年的水平上。事实上,根据各缔约方在《公约》下提交的年度温室气体清单报告数据,这些缔约方在 1990—1999 年间,总的温室气体排放水平呈持续下降趋势,之后虽然有所反弹,但直至 2015 年也没有超过 1990 年的水平。然而附件一缔约方中的差异性也十分明显,美国、加拿大、澳大利亚、日本 2000 年的排放分别比 1990 年增加了 13%、21%、15% 和 9%,而俄罗斯、乌克兰、保加利亚等经济转型国家同期排放分别下降了 40%、56% 和 43%。

作为进一步加强减缓的步骤,《京都议定书》包含的规则体系使得《公约》更加具有可操作性,即工业化国家承担了具有约束力的减排义务。如果说《公约》旨在"鼓励"各国采取政策和措施减排温室气体,那么《京都议定书》则是对发达国家规定了具有约束力的减排目标和时间表。这主要体现在《京都议定书》核心的第三条。具体地说,首先,《公约》附件一缔约方关于排放量限制和削减指标的承诺是具有法律约束力的。其次,具有法律约束力的减排指标适用于《京都议定书》附件 A 所列的一组气体,即二氧化碳、甲烷、氧化亚氮、氢氟碳化物、全氟化碳和六氟化硫。再次,承诺期是从 2008 年到 2012 年。最后,各工业化国家个别或共同地确保将其温室气体排放量至少比 1990 年的水平降低 5%,但是各个工业化国家承担不同的减排承诺。其中欧盟整体、美国和日本分别减少 8%、7% 和 6%,而允许澳大利亚、冰岛和挪威分别增加 8%、10% 和 1%,俄罗斯、乌克兰和新西兰则保持不变。

《京都议定书》要求各缔约方主要通过国家措施来实现其目标,但是也建立了三个灵活机制,即联合履约、排放贸易和清洁发展机制。这三个机制可以说是《京都议定书》在全球减排温室气体努力进程中的制度创新。其基本的出发点是利用市场力量来推动绿色投资,以有成本效益地减少温室气体排放。

2012 年 12 月 8 日,《京都议定书多哈修正案》获得通过。其内容包括就《京都议定书》第二承诺期作出安排,为《公约》附件一缔约方规定量化减排指标,使其整体在 2013 年至 2020 年承诺期内将温室气的全部排放量从 1990 年的水平至少减少 18%。但是由于美国没有批准《京都议定书》，而加拿大于 2012 年 12 月 15 日正式退出，因此纳入《京都议定书多哈修正案》第二承诺期量化减排承诺的缔约方构成已经不同于第一承诺期。此外，该修正案对缔约方在第二承诺期内报告的温室气体清单进行了修正，增加了三氟化氮，对一些需在第二承诺期更新的具体事项的条款也进行了修正。

关于发展中国家的参与问题，《京都议定书》规定，具有法律约束力的承诺只适用于发达国家，而将发展中国家作出类似承诺一事留到未来讨论。但是《京都议定书》的一些条款所涉及的活动也关系到发展中国家的参与问题。清洁发展机制是发展中国家履行项目活动以减少排放、提高碳汇的重要渠道。此外，《京都议定书》第十条规定：所有缔约方，考虑到它们的共同但有区别的责任以及它们特殊的国际和区域发展优先顺序、目标和情况，在不对未列入《公约》附件一的缔约方引入任何新的承诺、但重申依《公约》第四条第一款规定的现有承诺并继续促进履行这些承诺以实现可持续发展的情况下，应该采取包括制定有效的国家方案以及区域方案在内的众多措施。此外，在《京都议定书》下，包括发展中国家在内的各缔约方参与三个灵活机制的实际减排量都得到监督，交易量得到准确记录。

《哥本哈根协议》和《坎昆协议》开启了发达国家和发展中国家共同"自下而上"作出减缓承诺的新规则。2009 年形成的《哥本哈根协议》虽然不具有法律效力，但是其提出了发达国家和发展中国家共同作出减缓许诺的规定，并在 2010 年达成的《坎昆协议》中得到了确认（尽管仍有一个缔约方表示反对）。根据这一规定，除土耳其外的《公约》全部 42 个附件一缔约方和哈萨克斯坦，作为发达国家缔约方提交了 2020 年全经济范围量化减排目标承诺，其中欧盟所有成员国作为一个整体提交；非附件一缔约方中，有 48 个缔约方提交了 2020 年国家适当减缓行动许诺。尽管这一规则仍区分了发达国家的全经济范围量化减排目标及其行动和发展中国家的国家适当减缓行动的不同性质，但是从减缓目标的规则来看，已经趋同为"自下而上"的自主提出。

《巴黎协定》在减缓规则方面明确了国家自主减排的方式。《巴黎协定》规定，2020 年后所有缔约方将以"国家自主贡献"的方式参与全球应对气候变化行动。《巴黎协定》还提出了长期减排路径,要求全球温室气体排放尽快达峰,认可发展中国家达峰需要更长时间,要求 21 世纪下半叶全球实现碳中性,即温室气体源的人为排放与汇的清除之间的平衡。这一条约进一步确立了有区别的减排模式,强调发达国家继续带头努力实现全经济范围的绝对减排目标,并认识到可持续生活方式以及可持续的消费和生产模式在应对气候变化中发挥的重要作用,但也要求发展中国家继续加强减缓努力,鼓励其根据不同的国情,逐渐实现全经济范围的绝对减排或限排目标。缔约方通报的国家自主贡献将记录在一个公共登记簿上。

此外,《公约》缔约方也意识到有必要通过减少森林砍伐来减少温室气体的排放、增加碳汇。因此,发展中国家林业部门采取的减缓行动得到鼓励,包括采取行动减少砍伐森林和森林退化所导致的温室气体排放(Reduced Emissions from Deforestation and Forest Degradation,REDD),加上保护森林碳储量,对森林进行可持续的管理以及提高森林碳储量等,合称 REDD+。自《公约》第 13 次缔约方大会将“制定与 REDD+有关的政策方针和激励办法”作为减缓气候变化的国际或国家行动纳入《巴厘岛行动计划》以来,历经几年谈判,各缔约方在 REDD+的活动范围、实施规模、提供技术和资金支持以及分阶段实施内容等方面逐渐走向共识。《巴黎协定》则明确了森林保护等增强温室气体汇的措施的重要性,并认可了通过国际转让的方式实现国际减排合作。《巴黎协定》第五条规定:“缔约方应当采取行动酌情养护和加强《公约》第四条第一款 d 项所述的温室气体的汇和库,包括森林。”此外,《巴黎协定》鼓励缔约方采取行动,“包括通过基于成果的支付,执行和支持在《公约》下已确定的有关指导和决定中提出的有关以下方面的现有框架:为减少毁林和森林退化造成的排放所涉活动采取的政策方法和积极奖励措施,以及发展中国家养护、可持续管理森林和增强森林碳储量的作用;执行和支持替代政策方法,如关于综合和可持续森林管理的联合减缓和适应方法,同时重申酌情奖励与这种方法相关的非碳收益的重要性”。

第二,适应规则。

适应气候变化的不利影响是《公约》下除减缓之外的另一个主要行

动领域。全球的平均气温早已经发生了变化，季节和极端天气时间的频率也在发生变化。各国都需要强化适应气候变化的行动。

简单地说，适应行动是指采取必要的政策措施以应对已经发生的气候变化带来的影响，同时为将来可能产生的影响做好准备。它是指通过改变基础设施、经济和产业结构、人类活动习惯等来减少人类社会对气候变化影响的脆弱性，例如海平面的上升可以通过强化海堤来适应等。它也包括最大可能地运用与气候变化相关的任何有利的机会，例如气候变化对一些地区可能带来有效积温增加等正面的影响，这时就可以着眼于提高这些地区的农业产量。[7]

适应的解决方案有很多形式，没有放之四海而皆准的解决方案。这依赖于不同社区、商业、组织、国家或地区的独特环境。政府间气候变化专门委员会[8]也给出了适应气候变化行动的一些方面，例如农业方面的农业监测预警、防灾减灾、提高适应能力，水利方面的防汛抗旱、水利工程，气象方面的气候变化监测、预估、评估，卫生和健康方面的卫生防疫、气候变化对人体健康影响评估，城市基础设施建设方面的修订相关标准、加强风险管理、灾害应急系统等，特别是地下管线等。许多国家和社区都已经采取措施建立了更具气候韧性的社会组织和经济结构，但是从人类面临的气候变化风险看，现在和未来还要采取更多的行动，才能有成本效益地管理这些风险。成功的适应活动也要求利益相关者有效地参与，这些包括国家、地区、多边和国际组织、公共和私有部门以及市民社会等。[9]

《公约》承认所有国家对气候变化不利影响的脆弱性，并号召各国采取措施消除这种影响，尤其是在缺少相关资源的发展中国家。在《公约》的早期阶段，适应问题没有像减缓问题那样得到充分的注意，因为缔约方缺乏有关气候变化影响和脆弱性的信息与知识。政府间气候变化专门委员会自第二次评估报告起越发重视气候变化影响与适应问题，尤其是在第三次评估报告发布后，适应问题在国际政治层面逐渐得到更多关注，缔约方同意开启一个进程来应对气候变化的负面影响以及建立有关适应的基金。[10]

《京都议定书》也建立了机制，帮助各国适应气候变化的不利影响，促进发展和利用相关技术来帮助各国提高应对气候变化的适应能力。

《京都议定书》设立了适应基金(The Adaptation Fund),为作为《京都议定书》缔约方的发展中国家开展适应项目提供资金。在第一承诺期,适应基金的资金来源主要是清洁发展机制的收益。2012 年多哈气候大会决定,除了清洁发展机制外,国际排放贸易机制和联合履约机制在第二个承诺期也将提供其 2%的收益作为适应基金的资金来源。

《公约》下的适应行动包括以下的基本要素:气候变化影响、脆弱性和风险评估,适应行动规划,实施适应措施,适应行动的监测与评估等。缔约方在《公约》下的适应机制内采取行动。这个适应机制包括:最不发达国家工作计划(Least Developed Countries work programme),关于气候变化影响、脆弱性与适应的内罗毕工作计划(Nairobi work programme on impacts, vulnerability and adaptation to climate change),坎昆适应框架(Cancun Adaptation Framework),适应委员会(Adaptation Committee),国家适应计划(National Adaptation Plans),损失与损害机制(Loss and damage)等。[11]

《巴黎协定》提出了确立提高气候变化适应能力、加强复原力和减少对气候变化脆弱性的全球适应目标,认识到强化适应努力可能会增加适应成本。缔约方应当定期提交或更新适应信息通报,并记录在公共登记簿上。与之相关的是,"损失与损害"问题是自 2008 年以来,小岛屿发展中国家和最不发达国家集团极力推动的谈判议题,以考虑气候变化导致的不可逆和永久的损失与损害问题。这些国家和国家集团希望强调气候变化是生存问题,损失与损害应是独立于减缓和适应的第三要素,并要求建立包括风险转移、移民、补偿等要素的新机制。《巴黎协定》确定将通过"损失与损害华沙国际机制"(Warsaw International Mechanism for Loss and Damage associated with Climate Change Impacts)加强缔约方之间的理解和支持,华沙机制应与现有机构、专家小组和有关组织加强协作。

第三,气候变化支持规则。

气候变化支持规则的主要内容涉及资金、技术和能力建设三个方面。

《公约》规定发达国家缔约方向发展中国家缔约方提供新的和额外的资金,转让相关技术,以帮助发展中国家应对气候变化。《公约》规定其附件二所列的发达国家缔约方和其他发达缔约方[12]应提供新的和额外的资金，以支付经议定的发展中国家缔约方为履行所规定义务而招致的全部费用；它们还应提供发展中国家缔约方所需要的资金，包括用于技术转让的资金。《公约》还规定附件二缔约方应帮助特别易受气候变化不利影响的发展中国家支付适应这些不利影响的费用，应采取一切实际可行的步骤，酌情促进、便利和资助向其他缔约方特别是发展中国家缔约方转让或使它们有机会得到无害环境的技术和专有技术，以使它们能够履行公约的各项规定。

国际社会目前缺乏对气候资金的定义和范围界定。最广泛的气候资金既来自公共部门，也来自私营部门，以及替代性的资金来源；既通过多边渠道和双边渠道提供给发展中国家，也通过私营部门在发展中国家的投资；既包括发达国家对发展中国家提供的资金支持，也包括发展中国家之间的南南合作。气候资金对于减缓是非常必要的，因为大规模的投资对于大幅减少排放来说是必要的。气候资金对于适应来说也同等重要，因为适应和减少气候变化的负面影响都需要巨大的资金来源。在某种程度上说，由于适应气候变化的项目往往难以产生直接的经济收益，因此对发展中国家开展适应行动的气候资金支持，比支持减缓行动更加重要。根据《公约》确立的"共区原则"，发达国家应提供资金以帮助发展中国家实现其在《公约》中的承诺。

气候技术的发展和转让对于实现《公约》的最终目标非常重要。《公约》注意到所有的缔约方应该在技术的发展和转让方面加以推动和合作，以减少温室气体的排放。它也敦促发达国家缔约方采取所有的实际步骤来推动、便利和资助气候技术向其他缔约方、尤其是发展中国家缔约方的转让或者获取。《公约》也表明发展中国家缔约方有效履行其承诺的程度将依赖于发达国家缔约方在《公约》下有效履行有关气候资金和技术转让承诺的程度。

《公约》虽然规定了附件二缔约方向发展中国家缔约方提供资金和技术支持的义务，但是并没有对何时提供、如何提供、提供多少、提供什么样的资金和技术支持进行规定。在相当长的时期内，也没有具体规则的出台。2010年的《坎昆协议》建立起了一系列的机制，旨在促进资金和技术支持的落实，但仍缺乏具体的实施规则。《坎昆协议》建立了

"绿色气候基金"（Green Climate Fund，GCF），附件二缔约方将落实2010—2012年总共300亿美元的快速启动资金，并承诺到2020年每年动员1 000亿美元支持发展中国家应对气候变化；在技术转让问题上，建立了技术开发与转让机制，明确该机制由技术执行委员会和技术中心网络组成。2011年达成的德班一揽子协议在《坎昆协议》的基础上进一步明确和细化了资金、技术、能力建设的机制安排，尤其是正式启动了"绿色气候基金"，决定于2012年全面启动技术机制等。《巴黎协定》则规定：发达国家缔约方应为协助发展中国家缔约方减缓和适应两方面提供资金，也鼓励其他缔约方自愿提供或继续提供支持。发达国家缔约方应继续带头调动气候资金，认识到公共基金所发挥的重要作用，并考虑发展中国家缔约方的需要和优先事项。资金规模应逐步超过先前努力，实现适应与减缓之间的平衡，并优先照顾对气候变化不利影响特别脆弱和受到严重的能力限制的发展中国家。缔约方还共有一个长期愿景，即必须充分落实技术开发和转让，以改善对气候变化的抗御力和减少温室气体排放。《巴黎协定》将建立技术框架，包括继续利用《公约》下的技术机制，促进技术开发和转让的强化行动。

能力建设也是气候变化支持的重要组成部分。以可持续的方式应对气候变化需要巨大的努力，并不是所有的国家具有包括知识、工具、公众支持、科学的专业知识和政治的专业知识在内的能力。能力建设涉及提高发展中国家和经济转型国家个人、组织和制度的能力，以识别、计划和履行减缓和适应气候的方式。[13]

《公约》第六条规定各缔约方应在国际层面、国家层面以及在次区域和区域层面，在各自的能力范围内促进和便利有关气候变化及其影响的教育和提高公众意识的计划。《京都议定书》规定：在国际层面合作并酌情利用现有机构，促进拟订和实施教育及培训方案，包括加强本国能力建设，特别是加强人才和机构能力、交流或调派人员培训这一领域的专家，尤其是培训发展中国家的专家，并在国家一级促进公众意识和促进公众获得有关气候变化的信息。

2001年，《公约》缔约方通过了两个能力建设框架，来应对两类国家的需要和优先性事项，即发展中国家和经济转型国家。这些框架提供了一些指导原则和能力建设的途径，如国家驱动的进程，边做边学，以及强化现有的行动；也包括了能力建设活动的优先领域，包括了最不发达国家和小岛屿国家的具体需要。重申能力建设对于这些国家具备能力以履行其在《公约》下的承诺是必不可少的。框架也确立了能力建设活动的方式，包括发展和强化能力和知识，为利益相关方和组织提供机会以分享经验，提高其意识以能够更加全面地参与气候变化进程等。框架也提供了由全球环境基金（Global Environment Facility）、双边和多边机构及其他国际组织提供资金和技术资源支持的指导意见。框架号召发展中国家和经济转型国家通过"国家信息通报"提供有关具体需求和优先事项的信息，同时推动合作和利益相关方的参与。2005 年，《京都议定书》缔约方大会决定《公约》下建立的能力建设框架也适用于在《京都议定书》下履行。

《巴黎协定》下的能力建设旨在加强发展中国家缔约方，特别是能力最弱的国家，如最不发达国家，以及对气候变化不利影响特别脆弱的国家，如小岛屿发展中国家等的能力，以便采取有效的气候变化行动，其中主要包括执行适应和减缓行动，并应当便利技术开发、推广和部署、获得气候资金、教育、培训和公共宣传的有关方面，以及透明、及时和准确的信息通报。所有缔约方应当合作，以加强发展中国家缔约方执行《巴黎协定》的能力。发达国家缔约方应当加强对发展中国家缔约方能力建设行动的支持，并定期就这些能力建设行动或措施进行通报。发展中国家缔约方应当定期通报为执行《巴黎协定》而落实能力建设计划、政策、行动或措施的进展情况。

第四，透明度规则。

为了实现《公约》的目标，缔约方需要提供准确的、一致的和具有国际可比性的关于温室气体排放趋势和减缓、适应、国际支持、能力建设等努力的信息，促进各国之间的交流。全球气候治理机制的透明度规则是通过缔约方提交报告、接受审评实现的，这是缔约方最重要的义务之一，也是理解和评估《公约》《京都议定书》和《巴黎协定》履约情况的重要基础。

《公约》从一开始就要求缔约方提供有关履约的信息。《公约》要求附件一缔约方定期提供有关其气候政策与措施的报告。它们也必须提交温室气体排放的年度清单，包括自 1990 年以来历年的数据。发展中国家提交的关于其应对气候变化行动及气候变化影响的报告可以相对笼统,提交时间依其获得准备这些报告的资金情况而定。《公约》第十二条第五款规定:附件一所列每一发达国家缔约方和每一其他缔约方应在《公约》对该缔约方生效后六个月内第一次提供信息。未列入该附件的每一缔约方应在《公约》对该缔约方生效后或按照第四条第三款获得资金后三年内第一次提供信息。最不发达国家缔约方可自行决定何时第一次提供信息。其后所有缔约方提供信息的频度应由缔约方大会考虑到该条款所规定的差别时间表予以确定。

在《公约》下,所有缔约方报告的信息包括两个方面,一是缔约方履行《公约》的行动,二是它们的国家温室气体排放清单。依据"共区原则",附件一缔约方和非附件一国家提交的国家信息报告的内容和时间表是不同的。在《京都议定书》下,附件一国家提交的报告应该包括与其履行《京都议定书》相关的补充信息。

所有的缔约方都有义务提交国家信息通报(National Communications, NCs),报告它们履行《公约》的行动。《公约》缔约方大会提供了缔约方提交报告的指南。自1995年以来,这些指南基于缔约方使用的实践而得到修改和完善。附件一缔约方的报告更为频繁和详细,其内容包括:温室气体源的排放和汇的清除,国情,政策和措施,脆弱性评估与适应行动,向发展中国家提供的资金和技术转让支持,教育,研究与系统观测,培训和公众意识以及其他履行《公约》的行动。同时作为《京都议定书》缔约方的附件一缔约方还要提交额外的信息,包括与它们履行温室气体量化减排或限排指标相关的数据信息,以此表明它们遵守了在《京都议定书》下的承诺。非附件一缔约方报告的信息与附件一缔约方相比没那么详细。报告内容包括:国情,温室气体清单,减缓温室气体排放的措施,适应气候变化的努力,收到发达国家资金和技术转让支持的信息,教育,研究与系统观测,培训和公众意识等。

《巴黎协定》要求各国定期通报国家自主贡献,包括其国内减缓措施。国家自主贡献的实施进展将按照《巴黎协定》所建立的规则进行报告和审评。国际社会将从2023年开始,通过每五年一度的全球盘点对《巴黎协定》目标的实现情况进行评估,以期解决各国自主贡献力度不足的问题,从而实现全球温升控制目标。为提供必要的信息、建立互信并促进有效执行,《巴黎协定》基于 20 余年来《公约》下所建立的透明度体系,在为发展中国家提供必要的灵活性、向发展中国家提供相应能力建设支持的基础上,强化了对各缔约方行动与支持透明度的要求,并将以促进性、非侵入性、非处罚性和尊重国家主权的方式实施。

第二节　全球气候治理机制的参与主体

全球气候治理机制的参与主体包括国家、国际组织以及其他非国家行为体。它们在该机制内的法律地位、行动能力与行为方式各不相同,但都对该机制的成立、运作、发展和变迁具有重要作用。相比较而言,国家是全球气候治理机制最重要的参与主体,对该机制的创立、运作和变迁发挥着首要作用。国际组织与其他非国家行为体在该机制中的地位和影响在不断提升。

一、主权国家及其集团

主权国家作为全球气候治理机制最主要的参与主体,是一系列多边气候协议的缔约方。《公约》现有 197 个缔约方。根据其不同的承诺,可以分为三个主要的群组。

第一类是附件一缔约方,共 43 个,包括澳大利亚、奥地利、白俄罗斯、比利时、保加利亚、加拿大、克罗地亚、塞浦路斯、捷克共和国、丹麦、欧洲共同体(欧盟)、爱沙尼亚、芬兰、法国、德国、希腊、匈牙利、冰岛、爱尔兰、意大利、日本、拉脱维亚、列支敦士登、立陶宛、卢森堡、马耳他、摩纳哥、荷兰、新西兰、挪威、波兰、葡萄牙、罗马尼亚、俄罗斯联邦、斯洛伐克、斯洛文尼亚、西班牙、瑞典、瑞士、土耳其、乌克兰、大不列颠及北爱尔兰联合王国、美利坚合众国。这 43 个缔约方包括 1992 年经济合作与发展组织的工业化国家与经济转型国家。此外,在实施《京都议定书》时,哈萨克斯坦也被视作《公约》附件一缔约方,被列入《京都议定书》附件 B。

第二类是附件二缔约方,包括附件一缔约方中的经济合作与发展组织成员国,但不包括正在朝市场经济过渡的国家。《公约》规定的附件二国家包括:澳大利亚、奥地利、比利时、加拿大、丹麦、欧洲共同体

（欧盟）、芬兰、法国、德国、希腊、冰岛、爱尔兰、意大利、日本、卢森堡、荷兰、新西兰、挪威、葡萄牙、西班牙、瑞典、瑞士、大不列颠及北爱尔兰联合王国、美利坚合众国。

第三类是非附件一缔约方，有 154 个，大部分是发展中国家。《公约》将一些发展中国家确认为对气候变化的负面影响尤其脆弱的国家，包括小岛屿国家，有低洼沿海地区的国家，有干旱和半干旱地区、森林地区和容易发生森林退化的地区的国家，有易遭自然灾害地区的国家，有容易发生旱灾和沙漠化的地区的国家，有城市大气严重污染的地区的国家，有脆弱生态系统包括山区生态系统的国家，以及对应对气候变化措施的潜在经济影响感觉更加脆弱，如其经济高度依赖于矿物燃料和相关的能源密集产品的生产、加工和出口所带来的收入，和/或高度依赖于这种燃料和产品的消费的国家。被联合国认定为最不发达国家[14]的那些国家也在《公约》下受到特别关注。《公约》敦促缔约方在资金和技术转让活动方面充分考虑这些国家的特殊情形，并且最不发达国家缔约方可自行决定何时第一次提供有关履行的信息。

《京都议定书》现有 192 个缔约方，其中列入附件 B 的缔约方需要承担量化减排承诺指标。这些缔约方包括：澳大利亚、奥地利、比利时、保加利亚、加拿大、克罗地亚、塞浦路斯、捷克共和国、丹麦、爱沙尼亚、欧洲共同体、芬兰、法国、德国、希腊、匈牙利、冰岛、爱尔兰、意大利、日本、哈萨克斯坦、拉脱维亚、列支敦士登、立陶宛、卢森堡、马耳他、摩纳哥、荷兰、新西兰、挪威、波兰、葡萄牙、罗马尼亚、俄罗斯联邦、斯洛伐克、斯洛文尼亚、西班牙、瑞典、瑞士、乌克兰、大不列颠及北爱尔兰联合王国、美利坚合众国。其中加拿大已经于 2012 年 12 月 15 日正式退出了《京都议定书》，也就不再成为附件 B 缔约方，而美国从未批准《京都议定书》，自然也就不是法律上有效的附件 B 缔约方。

截止到 2017 年 11 月 22 日，195 个《公约》缔约方都已经签署了《巴黎协定》，其中的 170 个缔约方已经批准了该协定。

按照联合国的传统，出于选举主席团的需要，缔约方分成五大地区性群组，即非洲国家、亚洲国家、东欧国家、拉美和加勒比国家、西欧国家和其他国家（包括澳大利亚、加拿大、冰岛、新西兰、挪威、瑞士、美国）。然而，这五大地区性国家集团通常并不用来代表缔约方的实质利益,以下的其他国家群组对于联合国气候谈判来说更加重要。[15]

发展中国家通常通过七十七国集团来形成统一的谈判立场。七十七国集团建立于 1964 年,最早是在联合国贸易和发展会议上出现的,如今在整个联合国系统都发挥作用。截至 2017 年 1 月,七十七国集团共有 134 个成员。[16]中国与七十七国集团是联合国气候谈判中的重要力量。七十七国集团的主席国通常代表"七十七国集团加中国"的整体发言。然而,由于"七十七国集团加中国"是一个在气候变化问题上存在不同利益的多样化的国家群组,因此这些国家在气候变化谈判与国际合作中,又形成了许多亚群组,发展中国家个体也会在气候谈判中发表自己的意见。这些亚群组包括非洲集团、阿拉伯集团、拉丁美洲和加勒比独立联盟(the Independent Alliance of Latin America and the Caribbean)、基础四国(巴西、南非、中国、印度)、立场相近国家集团(the Like Minded Group)、热带雨林国家联盟(the Coalition for Rainforest Nations)和美洲玻利瓦尔联盟(ALBA)、小岛屿发展中国家、最不发达国家集团等亚群组。小岛屿发展中国家(Small Island Developing States)包括了大约 40 个低地岛屿国家,大部分是七十七国集团成员。它们对海平面上升特别脆弱。这些国家因为气候变化对其生存带来的威胁而联合起来,通常在谈判中持统一的立场。它们曾在《京都议定书》的谈判中率先提出草案文本,要求到 2005 年二氧化碳排放应该比 1990 年的排放水平降低 20%。由联合国认定的最不发达国家在气候谈判中日益活跃,共同维护它们特别的利益,比如强调对于气候变化的脆弱性和适应问题,强调对其提供支持等。

在发达国家方面,欧盟的所有成员国通常在联合国气候谈判前形成内部统一的谈判立场。欧盟轮值主席国代表欧盟及其 28 个成员国发言。作为地区经济一体化组织,欧盟自身也是《公约》缔约方。伞形国家集团(The Umbrella Group)是在《京都议定书》通过后形成的松散的国家集团,由非欧盟发达国家组成。尽管没有一个正式的名单,但是该集团通常包括澳大利亚、加拿大、日本、新西兰、哈萨克斯坦、挪威、俄罗斯、乌克兰和美国。

环境完整性集团(The Environmental Integrity Group,EIG)形成

于 2000 年,包括墨西哥、列支敦士登、摩纳哥、韩国和瑞士。

一些其他的国家群组也在气候变化进程中联合起来,包括石油输出国组织(the Organization of Petroleum Exporting Countries, OPEC),一些中亚国家、高加索国家、阿尔巴尼亚和摩尔多瓦组成的群组(CACAM),卡塔赫纳对话(the Cartagena Dialogue)等,但这些组织近年来在气候谈判中极少以集团身份发表意见。

二、观察员组织

《公约》第七条第六段指出:"联合国及其专门机构和国际原子能机构,以及它们的非为本公约缔约方的会员国或观察员,均可作为观察员出席缔约方会议的各届会议。任何在本公约所涉事项上具备资格的团体或机构,不管其为国家或国际的、政府或非政府的,经通知秘书处其愿意作为观察员出席缔约方会议的某届会议,均可予以接纳,除非出席的缔约方至少三分之一反对。观察员的接纳和参加应遵循缔约方会议通过的议事规则。"基于此,《公约》秘书处欢迎所有的机构参与国际气候变化谈判,尤其是《公约》《京都议定书》和《巴黎协定》缔约方大会以及附属机构会议。

观察员组织(Observer organizations)可以进一步细分为三类:联合国系统及其专门机构、政府间组织和非政府组织。政府间组织和非政府组织一旦获得观察员地位即可登记为代表。目前 100 个国际政府间国际组织作为观察员组织参加《公约》缔约方大会与它的附属机构会议。这包括联合国秘书处单位和机构,如联合国开发计划署、联合国环境署、联合国贸易和发展会议。还有一些联合国的专门机构和相关机构,如全球环境基金、政府间气候变化专门委员会。其他的政府间国际组织还包括经济合作与发展组织、国际能源署等。截止到 2016 年,有 2 000 多个非政府组织也被接受为观察员。非政府组织代表广泛,来自商界和工业界、环境团体、农业、土著居民、地方政府和市政当局、研究和学术机构、工会、妇女和女性团体以及青年组织等。[17] 从图 2.1 可以看出,无论是政府间组织还是非政府组织,它们对于《公约》缔约方大会的参与逐年递增,并且后者的增加幅度要远超前者。

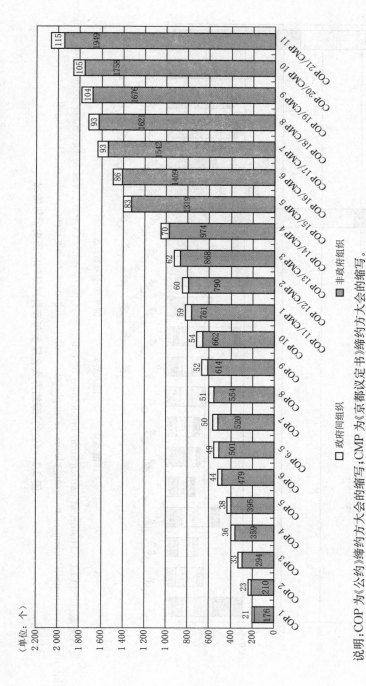

（单位：个）

图 2.1　获得观察员资格的组织数量

说明：COP 为《公约》缔约方大会的缩写；CMP 为《京都议定书》缔约方大会的缩写。
资料来源：Cumulative admissions of observer organizations COP 1-21, http://unfccc.int/files/documentation/submissions_from_observers/application/pdf/cop_1-21_cumulative_admissions_of_observer_organizations.pdf.

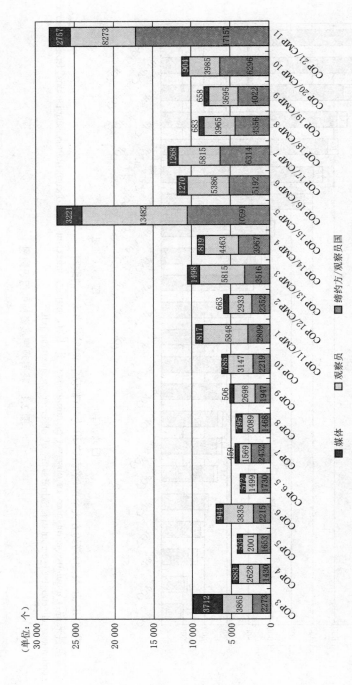

资料来源：UNFCCC, Historical participation breakdown by category of participants COP 3-21 (as of December 2015)，http://unfccc. int/files/documentation/submissions_from_observers/application/pdf/participation_break_down_cop1-cop_21.pptx.pdf.

图 2.2 《公约》缔约方大会按参与者类别分列的历史参与情况

第三节　全球气候治理机制的组织机构

在过去的二十多年里，全球气候治理机制围绕着《公约》《京都议定书》和《巴黎协定》，也通过一种结晶式的方式建立了众多的组织机构。它们使得该机制具有了行动能力，并致力于实现上述多边气候协议的目标。具体的组织机构如图 2.3 所示。

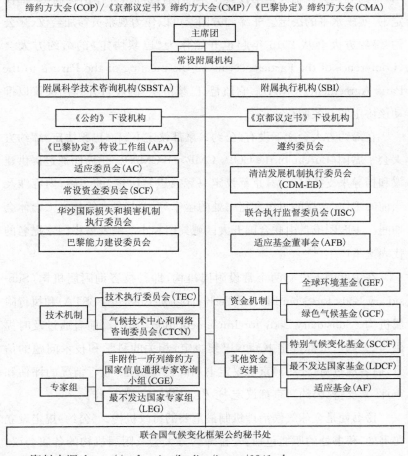

资料来源：http://unfccc.int/bodies/items/6241.php.

图 2.3　《公约》体系下的组织机构

一、国际条约直接建立的机构

缔约方大会（Conference of the Parties，COP）是全球气候治理机制的最高决策机构。《公约》的所有缔约方都参加缔约方大会，以审查《公约》的履行情况以及采纳的其他法律工具，并作出必要决策来推动对《公约》的有效履行，包括制度和行政上的安排。《公约》缔约方大会也作为《京都议定书》的缔约方大会（Conference of the Parties serving as the meeting of the Parties to the Kyoto Protocol，CMP）。《京都议定书》缔约方大会评估议定书及其决定的执行进展，并作出提高《京都议定书》实施水平的决定。非缔约方国家可以作为观察员参加会议。《公约》缔约方大会从 2016 年起也开始作为《巴黎协定》的缔约方大会（Conference of the Parties serving as the meeting of the Parties to the Paris Agreement，CMA）。它监督《巴黎协定》的履行并作出决议以推动该协定的有效履行。

在缔约方大会之下设有《公约》《京都议定书》和《巴黎协定》缔约方大会主席团（Bureau of the COP, CMP and CMA）。主席团通过提供建议和指导来支持《公约》《京都议定书》和《巴黎协定》的实施，内容涉及当前的工作、会议的组织和秘书处的运作等，尤其是在缔约方大会休会期间。主席团成员由联合国五大区域集团和小岛屿发展中国家提名的代表选举产生。[18]

在主席团下设有两个常设附属机构，即科技咨询附属机构（Subsidiary Body for Scientific and Technological Advice，SBSTA）和执行附属机构（Subsidiary Body for Implementation，SBI）。前者通过及时提供与《公约》《京都议定书》和《巴黎协定》相关的科学和技术问题的信息，后者通过对《公约》《京都议定书》和《巴黎协定》履行情况的评估和审评，来支持《公约》《京都议定书》和《巴黎协定》的工作。

秘书处是全球气候治理机制最重要的行政机构。《公约》规定设立秘书处，秘书处的职能包括：安排缔约方大会及附属机构的各届会议，并向它们提供所需的服务；汇编和转递向其提交的报告；编制关于其活动的报告，并提交给缔约方大会；确保与其他有关国际机构秘书处的必要协调；在缔约方大会的全面指导下订立为有效履行其职能而可能需要的行政和合同安排等。[19]《公约》秘书处在《公约》《京都议定书》和《巴黎协定》缔约方大会的指导下致力于实现《公约》的目标。1996 年，各缔约方接受德国政府提出的将秘书处设在波恩的提议。当前有约 500 人受雇于秘书处，他们来自 100 多个国家，具有多元的文化背景。

秘书处早期的主要任务是支持政府间气候变化谈判。在联合国气候大会召开期间，《公约》秘书处向所有参与谈判的机构提供支持，连同缔约方大会主席团，作为向大会主席提供建议的执行机构，并发挥重要的作用。《京都议定书》的生效使得秘书处朝着技术化、专业化的方向发展，例如在国家报告与审评、土地使用、土地使用的变化以及林业等方面发挥重要作用。当前秘书处很大一部分工作涉及对缔约方所报告的气候变化信息和数据的分析和评估。[20] 总之，在过去的二十多年里，秘书处向《公约》谈判和相关机构提供组织上的支持和技术上的专业知识，便利有关《公约》和《京都议定书》履行的权威信息的流动，包括发展和有效履行减缓气候变化、驱动可持续发展的创新方法等。

二、缔约方大会决定建立的机构

《公约》下的其他机构一般由缔约方大会决定建立，包括适应委员会、资金常设委员会、华沙损失与损害国际机制执行委员会、巴黎能力建设委员会、技术执行委员会、气候技术中心与网络等。

适应委员会（Adaptation Committee）是坎昆适应框架的一部分，旨在在《公约》下，通过以下职能以协调一致的方式促进气候适应行动的执行[21]：向缔约方提供技术支持和指导；分享相关信息、知识、经验和最佳实践；促进协同增效，加强与国家、区域和国际组织、中心和网络的沟通；提供信息和建议，提供最佳实践，为缔约方大会提供资金、技术、能力建设方面的建议，以供缔约方大会参考；监测和审阅气候相关行动中各缔约方的沟通的信息，提供和收到的支持和帮助。

资金常设委员会（Standing Committee on Finance，SCF）由 2010 年缔约方大会通过的《坎昆协议》建立，用以协助缔约方大会履行在《公约》资金机制方面的职能，包括改进气候变化融资的一致性和协调性，实现资金机制的合理化，调集资金，以及向发展中国家缔约方所提供支持的测量、报告和核查。

华沙损失与损害国际机制执行委员会由第 19 次缔约方大会有关决议授权建立，主要任务是为华沙损失与损害国际机制的实施提供指导。

巴黎能力建设委员会(The Paris Committee on Capacity-building, PCCB)是 2015 年《公约》第 21 次缔约方大会决定建立的能力建设机构。[22]巴黎能力建设委员会的目的是处理发展中国家缔约方在执行能力建设方面现有的和新出现的差距和需要，以及进一步加强能力建设工作，包括加强《公约》下能力建设活动的连贯性，促进其协调一致。

此外，还有技术机制与专家组。技术机制包括技术执行委员会(Technology Executive Committee, TEC)、气候技术中心与网络(The Climate Technology Centre and Network, CTCN)。前者承担技术机制政策研究功能，后者承担技术机制的执行功能。技术执行委员会主要为缔约方提供有关技术开发和转让的政策建议，具体包括开展对技术开发与转让过程的障碍分析，如知识产权、向缔约方和利益攸关方提供减缓、适应以及与包括资金机制在内的《公约》其他机制联系的信息和建议等。气候技术中心与网络在缔约方大会指导下开展行动。其决策机构为咨询理事会。其主要任务是回应发展中国家缔约方通过国家指定实体提出的技术项目咨询服务请求。两者在缔约方大会的指导下，便利技术机制的有效实施。技术执行委员会是在第 16 次缔约方大会上建立的。气候技术中心与网络通过一个顾问委员会对缔约方大会负责并接受其指导。该顾问委员会在第 18 次缔约方大会上成立，并对气候技术中心与网络如何优先处理发展中国家的需求提出建议，并监督评估气候技术中心与网络。[23]

《公约》下有两个专家组咨询机构，一个是非附件一缔约方国家信息通报专家咨询组(Consultative Group of Experts on National Communications from Parties not included in Annex I to the Convention, CGE)，另一个是最不发达国家专家组(Least Developed Countries Expert Group, LEG)。非附件一缔约方国家信息通报专家咨询组由第 5 次缔约方大会授权成立，其主要功能是为非附件一缔约方制定国家信息通报提供技术支持和建议。最不发达国家专家组成立于 2001 年缔约方大会,受缔约方大会的要求,向最不发达国家提供关于国家适应行动方案(NAPAs)和最不发达国家工作方案的技术支持和咨询意见,并提供对国家适应计划(NAP)进程的技术指导和支持。

《京都议定书》缔约方大会也根据履约需要,建立了一些机构,包括遵约委员会、清洁发展机制执行委员会、联合履约监督委员会、适应基金董事会。[24]

《京都议定书》遵约委员会(the Compliance Committee of the Kyoto Protocol)的职能是向缔约方履行《京都议定书》提供建议和帮助,推动缔约方遵守其承诺,确定不遵守的情形,并且在缔约方不遵守其承诺的情形下采取手段使其承担相应后果。该委员会有两个分支和一个全体会议。委员会旨在便利、促进和强制各缔约方遵守《京都议定书》规定的义务。

清洁发展机制执行委员会(Executive Board of the Clean Development Mechanism)在《京都议定书》缔约方大会的授权和指导下监督清洁发展机制(CDM)的运行。该委员会是清洁发展机制项目参与者登记项目以及颁发经核证的排放减排的最高联络点。

联合履约监督委员会(Joint Implementation Supervisory Committee, JISC)监督发达国家缔约方间通过项目级的合作获得减排单位(ERU)的全过程,包括减少或移除附件一缔约方在《京都议定书》下承诺的排放量,依据该项目取得的减少或移除的排放量分发减排单位等。

适应基金(Adaptation Fund Board, AFB)被用来资助《京都议定书》下发展中国家缔约方的适应计划,重点关注受气候变化负面影响最为严重的国家。适应基金来源于清洁发展机制项目(除最不发达国家)取得的减排收益分配和包括自愿捐款在内的一些其他来源。适应基金董事会有16名董事,正副两名主席。世界银行为该基金的临时受托人,全球环境基金为董事会的临时秘书处。[25]

三、缔约方大会决定建立的特设工作组

出于组织谈判的考虑,缔约方大会也会建立一些特设工作组,例如在2006—2012年期间,2005年建立的"《京都议定书》特设工作组"(Ad hoc Working Group on Further Commitments for Annex I Parties under the Kyoto Protocol，AWG-KP)完成了对于《京都议定书》第二承诺期的谈判；在 2008—2012 年期间，2007 年建立的"长期合作行动特设工作组"（Ad Hoc Working Group on Long-term Cooperative Action，AWG-LCA)完成了关于各国 2020 年前在《公约》下履约行动的谈判；在 2012—2015 年期间，2011 年建立的"德班平台特设工作组"（Ad Hoc Working Group on the Durban Platform for Enhanced Action，ADP)完成了对《巴黎协定》的谈判；2015 年建立的"《巴黎协定》特设工作组"（Ad Hoc Working Group on the Paris Agreement，APA)自 2016 年起开始对《巴黎协定》的实施细则进行谈判。

第四节　联合国气候大会

联合国气候大会主要是指《公约》《京都议定书》和《巴黎协定》的缔约方大会。《公约》第 1 次缔约方大会(COP1)于 1995 年在德国柏林举行，延续至今。从 2005 年起，《公约》缔约方大会也作为《京都议定书》的缔约方大会。从 2016 年起，《公约》缔约方大会也开始作为《巴黎协定》的缔约方大会。因此，2016 年举行的联合国马拉喀什气候大会是《公约》第 22 次缔约方大会(COP22)，也作为《京都议定书》第 12 次缔约方大会(CMP12)和《巴黎协定》第 1 次缔约方大会(CMA1)。

一般而言，联合国气候大会每年轮流在五个联合国区域举行。联合国气候大会的规模在过去的二十多年里获得了指数级的增长，从最初小规模的工作会议演变为当前联合国主办的规模最大的年度会议，也是世界上规模最大的国际会议之一。与会的世界各地的各级政府官员人数不断增长，来自市民社会和新闻媒体的代表数量巨大。在 2015 年举行的联合国巴黎气候大会上，除了 196 个缔约方和 2 个观察员国的参与[26]，还有 1 200 多家政府间国际组织和非政府组织，1 100 多家媒体，129 个国家元首或政府首脑出席，与会人数共 3 万余人。

作为《公约》《京都议定书》和《巴黎协定》缔约方大会的联合国气候大会有三个主要目的：审查《公约》《京都议定书》和《巴黎协定》的履行情况；通过决议以进一步发展和履行这些条约；必要时通过新的法律工

具，例如像《京都议定书》和《巴黎协定》这样包含实质性新承诺的法律文书。

从程序上看，联合国气候大会的日程异常繁忙。有关缔约方大会的计划连同其他的政府间进程的安排通常由秘书处与缔约方在每年五六月份的会议上磋商后制定。《公约》《京都议定书》和《巴黎协定》缔约方大会通常在每年的 11 月末或者 12 月上旬到中旬举行，连同附属机构会议、谈判特设工作组会议以及额外的筹备会议和技术性专题讨论会，会期为两周时间。第一星期的会议一般集中于附属机构和特设工作组的技术性会议。第二星期包括一个高级别会议，各国部长们通常会发表讲话，并就会议达成的预期结果积极地进行谈判。高级别会议通常旨在就主要的政治问题而不是谈判细节达成共识，并昭示《公约》进程的优先事项和确保谈判动力。

在缔约方大会开始之后，缔约方会选举一个主席主持会议，主席通常由主办会议的国家部长或者高级官员担任。在缔约方大会正式全会上，会分别讨论议程事项问题，并通过相关的议程和组织工作。全会是《公约》《京都议定书》和《巴黎协定》的最高决策机构。缔约方大会随后会把很多议程事项送交附属机构以推动进程，解决分歧和达成协议。还有一些议程上的事项并不送交附属机构，而是由缔约方大会进一步考虑，在决议草案和结论的基础上形成反映缔约方共识的草案文本，并推动这些草案文本在缔约方大会结束时获得通过。附属机构或者缔约方大会考虑议程事项时，议题通常会送交更小的、更加不正式的工作小组，如接触组（contact groups）和非正式磋商组（informal consultations）。它们更适合于对具体的文本展开工作。在这些会议上，各国家派出的谈判代表试图就反映所有缔约方观点的决议草案达成共识。非正式小组一旦达成决议草案，就会向其中一个附属机构或者某个特设谈判组寻求批准，随后会在缔约方大会全体会议上寻求最后通过。如果缔约方不能在小的谈判组达成协议，草案文本将被提交缔约方大会进行进一步辩论。对于一些政治上敏感的事项来说，大会主席通常会组织进一步磋商，以达成最终的协议。

在缔约方大会的最终会议上，主席会呈交谈判的结果——包含有决议草案和结论的文本，在全体会议上寻求缔约方的批准和通过。缔约方大会通过的决议组成了《公约》《京都议定书》和《巴黎协定》详细的规则体系，旨在实际和有效地履行这些国际条约。

联合国气候大会对全球气候治理机制的发展和变迁起到了重要的推动作用。首先，联合国气候大会是政府间气候变化谈判的主要场所，具有不可替代性。气候变化是一个典型的规模巨大的全球性问题，性质非常复杂。全球气候治理需要全球近两百个国家共同应对。在这样的背景下，联合国气候大会提供了一个大多边的论坛和平台，由全球近两百个国家派出的谈判代表在这里就如何应对全球气候问题进行集中谈判，遵循了公开、公正、透明和缔约方驱动的原则，展现了其在气候变化治理领域的普遍性和权威性，是人类合作应对全球公共问题的重要实践方式。

其次，联合国气候大会推动多边气候协议的通过和生效，致力于实现全球气候治理机制的最终目标。在过去的二十多年里，缔约方大会通过了《京都议定书》和《巴黎协定》这两个非常重要的多边气候协议，它们连同《公约》共同构成了全球气候治理机制的主要原则和规则体系，用以约束和规范国家的温室气体排放、鼓励和促进减缓与适应气候变化的行动与合作、规范和强化应对气候变化的国际支持等行为。联合国气候大会还不断审查《公约》及其《京都议定书》《巴黎协定》的履行情况，通过审查缔约方提交的国家信息通报和排放清单来评估缔约方采取的减排措施的效果；通过决议以进一步履行《公约》及其《京都议定书》《巴黎协定》，包括更新制度上和行政上的安排。这推动了缔约方对相关原则和规则的遵守和履行，有助于实现《公约》的最终目标。

再次，联合国气候大会的召开是一个持续和长期的过程，不断推动全球气候治理机制走向发展和完善。全球气候治理机制的建设和发展是联合国气候大会持续推动的结果。全球近两百个国家就全球气候治理机制的原则和规则进行集中谈判，既要实现国际合作应对气候变化问题，又要维护各国的国家利益，因此谈判的过程艰苦而漫长，充斥着争论甚至争吵。但联合国气候大会的持续召开为缔约方大会在集体决策框架内达成妥协与合作提供了可能。从 1995 年举行的《公约》第 1 次缔约方大会，到 2016 年举行的《公约》第 22 次缔约方大会，这期间虽然也经历了挫折和低潮，但是这些会议作为讨论气候变化问题的最重要的全球多边论坛和平台，不断推动国家之间通过反复和长期谈判，达成了一系列政府间气候变化多边协议。例如，《巴黎协定》的达成是国际社会自2009年哥本哈根气候大会以来持续努力的结果。2010年的联合国坎昆气候大会通过了《坎昆协议》，锁定了《哥本哈根协议》共识；2011年的德班气候大会启动了德班平台，开启了2020年后全球气候治理机制的谈判进程；2012年的多哈气候大会通过了《京都议定书多哈修正案》，确定《京都议定书》第二承诺期的减排指标和2020年前的双轨减排模式；2013年的华沙气候大会通过了《华沙决议》，请各国准备和提交国家自主减排贡献；2014年的利马气候大会通过了《利马决议》，决定2020年之后的机制继续受《公约》原则指导。这些为2015年《巴黎协定》的达成，铺就了必要的道路。

最后，联合国气候大会具有高度的开放性，有助于提高全球气候治理机制的有效性。联合国气候大会本质上是一个政府间多边气候谈判的会议，国家缔约方是绝对的主角，但是联合国气候大会本身具有的开放性，使得它日益成为多元行为体参与的盛会，允许并鼓励非国家行为体的参与，自下而上地推动全球气候治理机制的发展和完善。各类政府间国际组织、非政府组织、企业、媒体等对联合国气候大会更大规模和更高程度的参与，有助于《公约》进程集合各种行为体的力量和优势，催化和创新气候治理的崭新实践形式，提高全球气候治理机制的合法性和有效性。

当前和今后一段时间联合国气候大会的核心内容是制定《巴黎协定》的有关规则，以推进《巴黎协定》的落实和实施。具体包括：缔约方如何提交国家自主贡献和适应通报；透明度框架和全球盘点程序如何运作；如何促进各方遵约；如何确认国际碳市场的地位和规则；发达国家如何报告气候资金的情况等。这些规则预计将于2018年通过谈判确立。正如联合国气候大会过去二十多年的历史表明的那样，联合国气候大会有高潮，有低谷，有平淡期，类似于巴黎气候大会那样的高潮很难在近期出现。但是联合国气候大会的持续召开，将为全球气候治理机制的发展继续起到重要的推动作用。

注释

1. United Nations Framework Convention on Climate Change，1992，http://unfccc.int/files/essential_background/background_publications_htmlpdf/application/pdf/conveng.pdf.

2. "First Steps to a Safer Future：The Convention in Summary," http://unfccc.int/essential_background/convention/items/6036.php.

3. 根据《京都议定书》第20条和第21条，保存人（即联合国秘书长）收到议定书至少四分之三缔约方的接受文书之日后第90天起对接受该项修正的缔约方生效。而截至2017年8月31日，《京都议定书》的192个缔约方中，仅有80个缔约方批准了《京都议定书多哈修正案》。https://treaties.un.org/Pages/ViewDetails.aspx?src＝TREATY&mtdsg_no＝XXVII-7-c&chapter＝27&clang＝_en.

4.《解振华在缔约方会议闭幕全会上的发言》，2015年12月13日，http://news.china.com.cn/world/2015-12/13/content_37302915.htm。

5. 同上。

6. UNFCCC，Mitigation，http://unfccc.int/focus/mitigation/items/7169.php.

7. UNFCCC，Focus：Adaptation，http://unfccc.int/focus/adaptation/items/6999.php.

8. IPCC：《气候变化2014：影响、适应和脆弱性——决策者摘要。政府间气候变化专门委员会第五次评估报告第二工作组报告》（中文版）[Field，C.B.、V.R.Barros、D.J.Dokken、K.J.Mach、M.D.Mastrandrea、T.E.Bilir、M.Chatterjee、K.L.Ebi、Y.O.Estrada、R.C.Genova、B.Girma、E.S.Kissel、A.N.Levy、S.Mac-Cracken、P.R.Mastrandrea和L.L.White(编辑)]，剑桥大学出版社2014年版。

9. UNFCCC，Focus：Adaptation，http://unfccc.int/focus/adaptation/items/6999.php.

10. UNFCCC，"First Steps to a Safer Future：The Convention in Summary," http://unfccc.int/essential_background/convention/items/6036.php.

11. UNFCCC，Focus：Adaptation，http://unfccc.int/focus/adaptation/items/6999.php.

12. 即欧盟这种以发达国家经济一体化组织身份加入的缔约方。

13. UNFCCC，FOCUS：Capacity-building，http://unfccc.int/cooperation_and_support/capacity_building/items/1033.php.

14. "最不发达国家"（Least developed country）是指那些社会、经济发展水平以及联合国所颁布的人类发展指数最低的一系列国家。"最不发达国家"一词最早出现在1967年"七十七国集团"通过的《阿尔及利亚宪章》中，1971年联合国大会通过了正式把最不发达国家作为国家类别的2678号决议，并制定了衡量最不发达国家的三条经济和社会标准：（1）人均国民生产总值在100美元以下；（2）在国内生产总值中制造业所占比重低于10％；（3）人口识字率在20％以下。根据这个标准，当时联合国把24个成员国列为最不发达国家。这一标准后来有所调整。

15. UNFCCC，Party Grouping，http://unfccc.int/parties_and_observers/parties/negotiating_groups/items/2714.php.

16. 中华人民共和国外交部：《七十七国集团》，http://www.fmprc.gov.cn/web/gjhdq_676201/gjhdqzz_681964/lhg_682326/jbqk_682328/；G77；The Member States of the Group of 77，http://www.g77.org/doc/members.html。

17. UNFCCC，Observer Organizations，http://unfccc.int/parties_and_observers/items/2704.php.

18. UNFCCC：Bodies，http://unfccc.int/bodies/items/6241.php.

19. UNFCCC，The Secretariat，http://unfccc.int/secretariat/items/1629.php.

20. Ibid.

21. http://unfccc.int/adaptation/groups_committees/adaptation_committee/items/6053.php.

22. UNFCCC, "Paris Committee on Capacity-building, 2017, http://unfccc.int/co-operation_and_support/capacity_building/items/10251.php.

23. UNFCCC:Bodies, http://unfccc.int/bodies/items/6241.php.

24. Ibid.

25. Ibid.

26. 巴勒斯坦于2015年12月18日成为《公约》缔约方,其在巴黎气候大会期间仍是观察员国。

第三章

中国与"共同但有区别的责任和各自能力"原则

"共同但有区别的责任和各自能力"原则(以下简称"共区原则")是全球气候治理机制的一个重要原则。该原则的确立是 20 世纪 90 年代初发达国家和发展中国家在国际气候谈判中妥协的结果,反映了谈判各方的政治共识,并界定了该国际机制的基本特征。但是,该原则本身的表述方式、法律本质和适用方式都不是固定的。因此,尽管它在《公约》中得到规定并在《京都议定书》中得到体现,但各缔约方对它的不同解释和争议也一度导致了联合国气候谈判的僵局。[1] 在新的国际格局和历史背景下,中国与发达国家对该原则的解释和适用方式产生了明显的分歧。《巴黎协定》的达成和生效则表明发达国家与发展中国家对该原则达成了新的共识与妥协。中国在该原则的确立和维护过程中发挥了重要的核心作用。

第一节 "共区原则"与全球气候治理
机制的建立和发展

"共区原则"是全球气候治理机制建立之初就包含的重要因素。《公约》对该原则有明确的表述。《公约》第三条第一款明确指出:"各缔约方应当在公平的基础上,并根据它们共同但有区别的责任和各自的能力,为人类当代和后代的利益保护气候系统。因此,发达国家缔约方应当率先对付气候变化及其不利影响。"[2]第二款则规定:"应当充分考虑到发展中国家缔约方尤其是特别易受气候变化不利影响的那些发展中国家缔约方的具体需要和特殊情况,也应当充分考虑到那些按本《公约》必须承担不成比例或不正常负担的缔约方特别是发展中国家缔约方的具体需要和特殊情况。"第三款也指出气候政策和措施应当考虑到不同的社会经济情况。第四款则表明"保护气候系统免遭人为变化的政策和措施应当适合每个缔约方的具体情况,并应当结合到国家的发展计划中去,同时考虑到经济发展对于采取措施应付气候变化是至关重要的。"尽管《公约》第三条"原则"部分还包括"预防""促进有利的和开放的国际经济体系"等内容,但是该部分的核心内容是各缔约方应当在公平的基础上,根据它们共同但有区别的责任和各自的能力,保护气候系统。原则部分旨在为"各缔约方在为实现本公约的目标和履行其各项规定而采取行动时"提供指导。"共区原则"对全球气候治理机制的建立和发展具有重要的意义。

"共区原则"的确立使得《公约》的通过和生效具有政治上的可行性。

20世纪80年代末90年代初,包括气候变化、酸雨、有害废弃物和垃圾的越境转移和扩散、生物物种多样性的减少等全球性环境问题进一步发展,开始引起国际社会的广泛关注,并逐渐成为国际关系中的热点议题。同时,水污染与水资源短缺、大气污染、土地退化、沙漠化、森林减少等区域性问题也十分严重。因此,治理和保护环境已经成为各国政府和人民的共同认识和要求。但是处于不同发展阶段的国家对于如何处理环境治理与经济发展的关系,有不同的立场和观点,它们之间也存在着尖锐的矛盾和斗争。为了协调和解决这些矛盾,联合国和有关国际组织开展了一系列国际活动,制定国际公约和议定书,并决定于1992年在巴西召开联合国环境与发展大会,寻求解决全球环境与发展问题的途径。[3]

在上述大背景下,国际社会当时试图通过签署多边气候协议同时解决"气候变化"与"经济发展"两项议题,但是对于如何区分发达国家与发展中国家在气候变化问题上的不同责任,美欧等发达国家与发展中国家的立场存在巨大差异。第一,发展中国家强调发达国家由于负有温室气体排放的巨大历史责任,因此应该承担应对气候变化的首要责任,而消除贫困和改善人民的生活是发展中国家的首要任务,但是欧美国家在谈判中试图忽略或者不强调各国造成气候变化的历史责任与应该承担的义务之间的关系,进而要求发展中国家承担减排义务。第二,发展中国家要求发达国家提供资金和进行技术转让以应对气候变化。虽然欧美国家整体上承认需要"帮助"发展中国家应对气候变化,但在发达国家向发展中国家提供资金和技术问题上避免承担具体的义务。[4]

1992年6月召开的联合国环境与发展大会讨论并通过了一系列法律文件,提出了人类"可持续发展"的新战略和新观念,并且进一步明确了"共同但有区别的责任"的理念。其中《里约环境与发展宣言》的第七条表明:"各国应本着全球伙伴关系的精神进行合作,以维持、保护和恢复地球生态系统的健康和完整。鉴于造成全球环境退化的原因不同,各国负有程度不同的共同责任。发达国家承认,鉴于其社会对全球环境造成的压力和它们掌握的技术和资金,它们在国际寻求持续发展的进程中承担着责任。"这次会议通过的《生物多样性公约》第二十条在资金问题的安排上,要求发达国家提供新的额外的资金,以使发展中缔约国能支付它们因履行公约的义务而增加的费用,从而体现了发达国家与发展中国家之间"共同但有区别的责任"的理念。这次会议上通过的《联合国气候变化框架公约》则直接确认了"共同但有区别的责任和各自的能力"原则。事实上,"共区原则"虽然在很多全球环境问题领域得到应用,但在全球气候治理机制中得到了最好的反映。[5]

在20世纪90年代,"共区原则"将"共同"和"有区别"的责任糅合到一起是一项极富创造性的做法。它作为一种概括性的指导原则,承认了在应对气候变化问题上进行国际合作和集体行动的重要性,但又强调了发达国家与发展中国家之间在责任和能力方面的差异以及区别对待的必要性。这个原则的核心是出于平等或者公正的目的,给予那些特定的国家以特别或者优惠的待遇,不管是基于它们不同的责任还是能力。[6]这对于鼓励发展中国家在经济尚不发达的情况下参与全球气候治理具有重要意义,因为国家只有在认为它们得到了平等的对待之后,才会有意愿参与到全球气候治理机制中,进而考虑提高它们的贡献水平。

"共区原则"的确立具有坚实的科学基础。政府间气候变化专门委员会1990年发布的第一份评估报告指出,工业化国家应当承担"具体的责任"(specific responsibilities),需要采取国内措施应对气候变化,因为"当前影响大气的大部分排放源自变化最大的工业化国家"。该报告进一步强调工业化国家应该"在国际行动中与发展中国家合作,而不要阻碍后者的发展",包括提供资金和技术。[7]该报告还指出:"发展中国家的排放正在增加并且可能需要增加,以满足它们发展的要求。"[8]因此,该报告从科学上奠定了在国际气候谈判中区别对待发展中国家的基础。可以说,公平之所以成为全球气候治理机制的核心问题是与政府间气候变化专门委员会对发达国家与发展中国家在气候变化问题上责任和义务的区分分不开的。[9]该委员会的第一份评估报告通过科学的语言和数据提供了公平正义问题对于全球气候治理机制的重要性。

"共区原则"的核心是通过"区别对待",使全球气候治理机制建立在公平的基础之上,实现实质平等。

国家主权平等原则(the principle of sovereign equality of states)既是传统国际法的重要原则之一,也是现代国际法的一项基本原则。1970年10月联合国大会通过的国际法原则宣言规定,国家主权平等原则的含义包括以下几个方面:(1)各国一律享有主权平等。各国不问经济、社会、政治或其他性质有何不同,均有平等权利与责任,并为国际社会之平等会员国。(2)主权平等尤其包括下列要素:第一,各国法律地位平等;第二,每一国均享有充分主权之固有权利;第三,每一国均有义务尊重其他国家之人格;第四,国家之领土完整及政治独立不得侵犯;第五,每一国均有权利自由选择并发展其政治、社会、经济及文化制度;第六,每一国均有责任充分并一秉诚意履行其国际义务,并与其他国家和平相处。

但是国家主权平等原则是相对的。每个国家在领土、人口、资源、经济、文化和制度等许多方面存在诸多差异,这是无法否认和忽视的事实。这也表明各个国家之间存在一种事实上的不平等。因此,国家主权平等原则有其特定的内涵,只可能是相对的,不可能是绝对的。[10]事实上,自20世纪70年代以来,国际经济法和国际环境法都开始对不同类别的国家进行区别对待。有的学者将区别对待界定为"搁置主权原则以适应外来因素的情形,这些因素包括对解决特定问题的经济发展水平或者不同能力存在分歧。它旨在实现实质平等,而这是通过国家主权平等原则难以实现的,因为这个世界是由在很多方面并不平等的国家组成的"[11]。

可以说,区别对待是对国际主权平等原则的重要补充,离开了"区别对待",国家间的平等就会演变成另一种形式的"平均",必然会造成形式的平等,而实质上的不平等。同样的情况同样对待,不同的情况不同对待或者说区别对待,是国家间平等的基本要求,两者不可偏废,共同构成了国家间平等观的重要内涵。因此,平等并不绝对,通过制度设计建立有条件的"区别对待",是合理的"不平等",在现实中具有重要价值。

具体到气候变化领域,发达国家与发展中国家之间在责任和能力方面存在巨大差异。一方面,它们对造成气候变化问题的责任不同。气候变化主要是由发达国家从工业革命开始长期排放大量温室气体造成的,历史上全球温室气体排放的大部分源自发达国家,因此发达国家应当在应对气候变化中承担更大的历史责任,在应对气候变化的过程中发挥首要的作用。另一方面,发达国家和发展中国家的能力不同,包括但不限于经济发展水平、财政资源和技术水平等方面的差异。每个国家都有责任根据其能力解决问题。在应对气候变化方面,那些能力更强的发达国家应当比那些能力弱的发展中国家作出更多的贡献。在这样的背景下,"共区原则"的确立为发达国家和发展中国家进行气候合作提供了一种公平的基础,其核心是区别对待责任和能力不同的国家。其基本的伦理学基础在于两种不同的公平观点:一方面,公平要求那些从导致问题产生的过程中获益最大的行为体承担应对该问题的首要责任,因此,应对气候变化的共同行动依赖于将历史责任作为衡量不同国家的责任的基础。另一方面,在确定不同国家的不同义务时应该考虑发展中国家的特征、不同的经济发展水平和应对问题的能力。为此,该原则在历史责任之外,包含了不同能力的方面。[12]从实践的角度看,"共区原则"界定了全球气候治理机制的基本特征,即发达国家与发展中国家之间的"不对称性承诺"或者"公平承诺"。这对于保障和提高全球气候治理机制的合法性、公正性和有效性具有重要意义。

"共区原则"作为《公约》的核心原则,不仅界定了《公约》的基本结构,而且对全球气候治理机制此后的规则制定具有重要的指导作用。

《公约》对缔约方进行了分类,将所有的缔约方分为两个国家群组,即附件一缔约方(Annex I Parties)和非附件一缔约方(Non-Annex I Parties)。附件一缔约方主要包括发达国家和正在向市场经济过渡的国家,非附件一缔约方包括的是发展中国家。在附件一国家中,又有一些国家被称为附件二国家。与附件一国家相比,附件二国家不包括原苏联加盟共和国和中东欧经济转轨国家。

根据"共区原则",《公约》给不同类别的国家规定了共同但有区别的框架性义务。《公约》第四条第一款要求所有缔约方考虑到它们共同但有区别的责任,向缔约方大会提供"所有温室气体的各种源的人为排放和各种汇的清除的国家清单";制定、执行、公布和经常地更新国家以及区域的计划,其中包含减缓气候变化的措施以及适应气候变化的措施。但第四条第二款为附件一国家规定了带头依循《公约》目标——"改变人为排放的长期趋势"——的义务,要求附件一国家"应制定国家政策和采取相应的措施,通过限制其人为的温室气体排放以及保护和增强其温室气体库和汇,减缓气候变化"。第四条还规定附件二缔约方应提供新的和额外的资金,以支付发展中国家缔约方为履行义务而招致的全部费用;还应帮助特别易受气候变化不利影响的发展中国家缔约方支付适应这些不利影响的费用;应采取一切实际可行的步骤,向其他缔约方特别是发展中国家缔约方转让或使它们有机会得到技术,以使它们能够履行《公约》的各项规定。而发展中国家缔约方能在多大程度上有效履行其在《公约》下的承诺,将取决于发达国家缔约方所承担的有关资金和技术转让的承诺的有效履行。[13]

"共区原则"在《公约》中得到确立,成为发达国家和发展中国家承担有区别的气候责任的法律依据。同样重要的是,《公约》缔约方在随后谈判达成进一步的规则体系时,发达国家和发展中国家之间的减排责任分配正是依据这种参照标准确立的。此后达成和生效的《京都议定书》则遵循和体现了"共区原则",为不同类别的国家规定了不同的减排义务。

《京都议定书》适用了两种类型的区别对待:一种是区别对待工业化国家和非工业化国家,另一种是区别对待不同的工业化国家。[14]第一种区别对待模式是对发达国家缔约方(附件一国家)规定了具有法律约束力的减排义务,但未给发展中国家缔约方(非附件一国家缔约方)规定具有法律约束力的义务。这是一种对发展中国家有利的区别对待模式,确立了由发达国家发挥首要作用的模式,而这是其他问题领域所没有的。然而,正是这种形式的区别对待和由发达国家发挥首要作用的模式成为此后国际气候谈判中争议最大的问题。[15]第二种类型的区别对待是为不同的发达国家缔约方——包括 43 个工业化国家和欧盟——规定了力度不同的减排义务。在第一承诺期,即 2008—2012年,工业化国家的温室气体排放水平平均比 1990 年的水平至少减少5%,其中欧盟减少 8%,日本减少 7%,美国减少 6%,而澳大利亚和冰岛分别增加 8% 和 10%。《京都议定书》也承认那些经济转型国家需要灵活性。《京都议定书》的第二承诺期,即 2013—2020 年,则要求附件一缔约方总体的温室气体排放水平比 1990 年至少减少 18%。由于美国没有批准《京都议定书》,加拿大已经退出,而日本、俄罗斯和新西兰声明不接受第二承诺期下的量化减排指标,因此《京都议定书》第二承诺期只覆盖了全球排放量的 15%。这意味着需要谈判达成一种新的责任分担模式。

第二节 "共区原则"的内在张力和外在挑战

一、"共区原则"的内在张力

《公约》虽然确立了"共区原则",但不同的缔约方对于"共区原则"的解读并非一致。在美国看来,"共区原则"甚至有违公平原则,是带有歧视性的条款,因为所有的缔约方没有得到相同的对待,[16]因此美国一直对"共区原则"持有保留态度。这一方面反映了美欧等发达国家与中国等发展中国家对于全球气候治理机制公平性的理念分歧,另一方面反映了"共区原则"本身作为一个国际机制原则所具有的模糊性与抽象性特征。这些内在的特点决定了"共区原则"在确立初期,《公约》缔约方就存在不同的解读。在国际气候谈判的实践中,它也并非总能发挥"原则"的指导作用,其本身往往成为一个饱受争议的焦点。

首先,该项原则的法律普适性存在争议。一些学者认为"共区原则"是国际环境法中的一个法律原则,但是也有学者认为,"共区原则"虽然在一些国际环境法中得到适用,但由于《斯德哥尔摩宣言》和《里约宣言》都是不具有法律约束力的文件，所以"共区原则"在国际环境法上的地位还有待国家实践来决定。这个原则意在对发展中国家提供优惠的待遇，使发达国家承担更大的责任，所以它是否能够发展为国际环境法的习惯法，主要取决于发达国家是否愿意和在什么条件下愿意为发展中国家提供更加优惠的待遇。如果没有发达国家的同意，就很难说它已经发展为国际法的惯例。事实上，国际环境法中十分明确地载入该原则的条约数量是非常有限的。一些 20 世纪 90 年代开始起草或通过的重要的多边环境条约，例如 1994 年通过的《防治荒漠化公约》和1998 年通过的《对某些危险化学品和农药采用事先知情同意程序的鹿特丹公约》，都没有采纳"共同但有区别的责任原则"。[17]因此，不能从该原则有限的并且不完全一致的适用中推导出它已经被各国广泛接受的结论。也就是说，"共区原则"并没有发展成一个国际环境保护领域内的惯例，虽然它的确有可能发展成惯例。进一步看，即使"共区原则"已经发展成了国际惯例，它要获得国际习惯法的地位，还必须具备"法律确信"这一要素，即遵循"共区原则"的国家都认为这种国家实践是义务。但实际上，美国从一开始就是最明确的反对者，而反对者并非仅仅美国一个。[18]所以一些学者认为，"共区原则"还没有发展为国际习惯法。[19]

其次，具体到全球气候治理领域，《公约》的达成和生效及其对"共区原则"的确认，使得该原则在应对气候变化的国际环境法领域成为具有约束力的法律原则，但它存在着适用条件和局限性。国外有的学者认为，"共区原则"的适用具有三个条件：第一，该原则的适用不应背离《公约》的目标和目的；第二，该原则的适用应当承认和回应"发达国家"和"发展中国家"等预先决定的政治范畴的变化情况；第三，当发达国家和发展中国家之间的相关差异不再存在时，则要停止适用该原则。[20]还有学者主张，"共区原则"的适用面临两个方面的限制：第一，该原则只能在一段有限的时间内适用，以允许发展中国家达致与发达国家同样的经济增长水平（并且同时处理环境问题）；第二，该原则的适用不应与《公约》的目标和目的相抵触。[21]

可见上述两位发达国家学者的观点都强调"共区原则"的适用不应背离《公约》的目标和目的。那么，《公约》的目标和目的是什么呢？《公约》第二条规定:"本公约以及缔约方会议可能通过的任何相关法律文书的最终目标是:根据本公约的各项有关规定,将大气中温室气体的浓度稳定在防止气候系统受到危险的人为干扰的水平上。这一水平应当在足以使生态系统能够自然地适应气候变化、确保粮食生产免受威胁并使经济发展能够可持续地进行的时间范围内实现。"在上述表述中,发达国家缔约方强调《公约》的最终目标是"将大气中温室气体的浓度稳定在防止气候系统受到危险的人为干扰的水平上"[22]。事实上,《公约》在第二条中也强调了实现最终目标的时间范围,即"这一水平应当在足以使生态系统能够自然地适应气候变化、确保粮食生产免受威胁并使经济发展能够可持续地进行的时间范围内实现"。可见,稳定大气中温室气体浓度的目标要在经济能够可持续地进行的时间范围内进行。所以,仅仅强调《公约》的最终目标从而对"共区原则"的适用进行严格的限制,但是忽视《公约》对实现最终目标的时间范围的强调,即确保自然地适应气候变化、粮食生产安全和经济可持续发展,这是不恰当的。

再次,"共区原则"的内涵也成为缔约方分歧的重要来源。《公约》虽然在第三条确立了"共区原则",但是并没有对这个原则的涵义作出清晰的解释。什么是"共同的"责任? 什么是"有区别的"责任? 什么是"各自的能力"?《公约》下的机构从未对它们的涵义作出权威的解释。这为缔约方提供各自的解释提供了制度上的空间,并且它们很难在实践中就其内容的确定性达成一致。因此,在实际的谈判中,"共区原则"涵义的模糊性和多种解释的存在越来越成为各方分歧的重要来源。它所具有的两个要素也很难产生积极的互动,反而可能相互抵消,难以为国际气候变化谈判提供统一的指导。[23]总之,该原则最初所具有的那些优点有可能演变成内在的缺点。这在此后联合国气候变化谈判的历史中也得到了体现。

二、"共区原则"的外在挑战

进入 21 世纪,随着国际经济、政治格局的发展和各国排放量的相对变化,尤其是发展中大国经济快速发展和排放量的急剧增长,各方围绕着"共区原则"的分歧日益显化和突出。对"共区原则"的分歧本身一度成为联合国气候变化谈判的焦点。这典型地体现在美国、欧盟和中国之间,可以分为"德班平台"谈判之前与之后两个阶段。

美国前总统乔治·沃克·布什(George Walker Bush,以下称"小布什")上任之初就提出:任何对美国具有约束力而对发展中国家(如中国和印度等)不具有约束力的气候条约都是不公平的。从小布什政府拒绝批准《京都议定书》的过程及寻找气候替代方案的表现可以看出,美国的重点目标是要求发展中大国,尤其是中国,承担共同性质的减排责任。中国自此成为美国国内就气候变化规范进行政治争论时日益突出的因素。[24] 许多美国人认为,如果中国不减少自身的温室气体绝对排放量,则美国作出的任何努力都将是于事无补的,而类似《京都议定书》的国际协议会把贸易、投资和工作机会转移到发展中国家(例如中国),从而对美国的经济与就业造成负面影响。[25] 2007 年 12 月巴厘岛气候大会后不久,美国对"共同但有区别的责任原则"作出了新的解释:其一,主要的发展中国家应与发达国家采取一致行动;其二,应根据经济规模、排放水平、能源利用程度将发展中国家进行分类,并据此确定各自责任;其三,谈判必须考虑发展中的小国或最不发达国家的责任与那些比较大的、发展较快的发展中国家的责任是不同的。[26] 可以看出,美国一方面强调发达国家与发展中国家在应对气候变化问题上的共同责任,从而为要求中国等发展中国家承担更多的减排责任寻找原则基础;另一方面又试图把这个原则运用到发展中国家内部,进一步促使中国这样的发展中大国承担更多的减排责任,并且把这个问题与自身承担减排义务挂起钩来,甚至作为前提。

基于上述对"共区原则"的解释,美国认为"巴厘岛路线图"在三个重要的方面并没有适用"共同但有区别的责任"原则。第一,该路线图没有规定主要的发展中国家也作出减排承诺。美国强调如果仅仅使发达国家作出减排承诺,而主要的发展中国家不作出减排承诺,则气候变化问题就得不到足够的解决。因此,国际气候变化谈判要想取得进展,必须建立在上述认识之上。第二,美国认为"巴厘岛路线图"没有根据经济规模、排放水平和能源利用率仔细地区分发展中国家,也没有把发展国家承担的减排责任与这些因素挂钩,而美国强调必须促使较大的发展中国家在全球减排中发挥重要和恰当的作用。第三，美国认为"巴厘岛路线图"没有区分较小的或者最不发达的发展中国家与较大的、更发达的发展中国家的不同责任，以在资金和技术援助问题上区别对待。美国强调要想使谈判取得进展，较大的发达国家和发展中大国必须根据各自国情，准备好谈判减排承诺，为全球减排作出应有贡献。[27]

小布什政府执政时期试图重构"共同但有区别的责任"原则的做法在奥巴马（Barack Obama）政府第一届任期内得到继续。虽然奥巴马政府对气候变化政策作出了姿态性调整，但实际上延续了前任政府的基本立场，尤其强调中国等发展中国家在应对气候变化问题上承担共同责任。奥巴马在2009年12月的哥本哈根气候大会领导人峰会上发言时，甚至将"共同但有区别的责任"修改为"共同但有区别的回应"（common but differentiated responses）。[28]

与美国相比，欧盟与中国在"共区原则"上有着更多共识，在这个问题上采取了更加通情达理的态度。欧盟代表在2007年12月的巴厘岛气候大会上说："发达国家具有道义责任以及必要的资源，率先向低碳的全球经济转型……因此发达国家承担具有约束力的减排义务以减少温室气体的绝对排放量是必不可少的……如果没有发展中国家——尤其是那些最发达的发展中国家——的帮助，我们也不能赢得这场战争。但是让我强调，它们的贡献必须完全反映共同但有区别的责任原则以及各自不同的能力。欧盟希望与发展中国家一道，来帮助它们减少排放的增长。"

但在要求中国等发展中大国在"后京都"进程中承担更多义务的具体问题上，欧盟的立场也十分明确，尤其是在大多边层次上。在2002年10月至11月的《公约》第8次缔约方大会上，欧盟等发达国家（除美国外）主张，为应对气候变化，全球每一个国家都应采取行动；为此，应立即开始一个进程讨论此事，也就是要讨论在2012年之后发展中国家承担减排、限排温室气体义务的问题。中国等发展中国家则坚持只承担《公约》规定的现有义务，拒绝任何新义务，强调适应气候变化是当前的重要工作，坚持在可持续发展框架内解决气候变化问题。在中国等发展中国家的强烈反对之下，欧盟等发达国家放弃了要求已经批准《京都议定书》的发展中国家在控制温室气体排放方面承担更多义务的建议。会议通过的《德里宣言》重申了《公约》的一系列重要原则,其包括:"共区原则";经济和社会发展以及消除贫困是发展中国家缔约方首要的和压倒一切的优先事项;各缔约方应对气候变化的政策与措施应符合其国情和国力,并应纳入其国家发展规划。[29]《德里宣言》在某种程度上充分表达了中国等发展中国家的谈判立场,但由于不少发达国家对《德里宣言》持保留态度,极力否定其政治意义和里程碑作用,它对后来的气候变化谈判的影响十分有限。在《公约》第9次缔约方大会上,欧盟仍然不遗余力地要求发展中国家承担减排义务。这也导致该次会议在所有重大的关键问题上都没有取得任何实质性进展。

随着主要发展中国家温室气体排放量的继续大幅增加和经济的持续高速增长,欧盟对以"共区原则"为指导的《京都议定书》表现出消极的态度。2007年,欧盟强调发展中国家之间的差异性必须得到考虑,而那些经济上更为发达的发展中国家必须在应对气候变化方面作出"公正和有效的贡献"。[30]在2008年的《公约》第14次缔约方大会上,欧盟也曾提出,《京都议定书》的基本架构应该得到扩展,而哥本哈根气候大会应该在《京都议定书》的架构基础上达成一项"全球性的和综合性的协议"。在2009年11月于巴塞罗那举行的气候大会上,欧盟仍提出倾向于终止《京都议定书》而另搭全球气候治理框架的观点。

在这个时期,其他的工业化国家也主张在发展中国家内部作出区分。日本提出,应该以经济发展阶段为基础对发展中国家进行分类,并根据发展中国家的共同但有区别的责任使它们采取减缓行动。[31]澳大利亚提出,如果考虑到《公约》各缔约方的人均国内生产总值,"作为发达经济体的非附件一缔约方(发展中国家)要比现有的附件一缔约方(发达国家)多得多"[32]。因此,澳大利亚建议,应该有一个客观的基础使得非附加一国家能够"毕业"进入附件一国家行列,从而使"所有发达经济体在减缓温室气体排放方面采取具有可比性的努力"。[33]

中国等发展中国家反对在发展中国家内部进行区分。"七十七国集团加中国"表示"坚决反对""任何旨在区分非附件一国家的提议"。[34]它们认为《公约》和《京都议定书》所作的区分不是(至少不仅是)指物质方面的,而是指在引起气候变化的历史责任和道义责任方面的差别。发达国家的区分建议会模糊不同责任的界限,向发展中国家转嫁减缓气候变化的不恰当的责任,进而限制它们的发展前景。[35] 中国还在《公约》第 14 次缔约方大会上强调:"《公约》和《京都议定书》是国际社会应对气候变化的共识和基本法律框架……任何偏离、违背或重新解释《公约》、否定《京都议定书》或者将《公约》进程与《京都议定书》进程合二为一的行径都将是破坏性的……"[36] 中国担心欧美国家对"共区原则"进行重新或者动态解释,实质是修改现有的谈判轨道和气候制度安排,推动建立包括所有主要排放国但对发达国家有利的全球减排框架。

中国还重申,"共同但有区别的责任"包括两个含义:"第一,应对气候变化是全人类的共同责任,不分发达国家和发展中国家,只要是国际社会的成员,就都有责任为应对气候变化作出贡献,所以责任是共同的。第二,责任是有区别的,这也包括两个方面:一个是历史责任,即谁造成目前的问题;另一个是各自的能力。比如对一个人均国民生产总值只有一百多美元的不发达国家,对它提出非常具体的减排要求是不现实的,因为它不具备这方面的能力,它所面临的最主要的任务是解决人民的温饱问题。不同国家的能力不同,因此才是有区别的责任。历史责任,现实的发展阶段和能力不同,这就决定了国际社会每一个成员在共同努力中要扮演的角色。"[37]

2007 年 6 月,时任中国国家主席胡锦涛在德国海利根达姆出席八国集团与发展中国家对话会议时进一步提出,气候变化是环境问题,但归根到底是发展问题。这个问题是在发展进程中出现的,应该在可持续发展框架下解决。他重申,国际社会应"坚持《联合国气候变化框架公约》及其《京都议定书》所确定的目标和框架,坚持共同但有区别的责任原则,开展积极、务实、有效的合作。无论从历史责任还是从现实能力而言,发达国家均应率先减排,并在减缓和适应气候变化方面向发展中国家提供帮助"。[38] 根据这一原则,中国认为发达国家应该完成《京都议定书》确定的减排目标,向发展中国家提供帮助,并在 2012 年后继续率先承担减排义务。在现阶段对发展中国家提出强制性减排要求是不合适的,因为发展中国家工业化、城市化、现代化进程远未完成,发展经济、改善民生的任务艰巨。为了实现发展目标,发展中国家的能源需求将有所增长,这是发展中国家发展的基本条件。只有各方在促进自身发展过程中不断提高技术水平,积极建立适应可持续发展要求的生产和消费模式,才能从根本上应对气候变化的挑战。[39] 2007 年 12 月,中国代表在巴厘岛气候大会期间发言时强调,任何未来有关应对气候变化问题的框架设计都应遵循《公约》确定的"共同但有区别的责任"原则,发展中国家现阶段不应当承担减排义务,但可以根据自身国情并在力所能及的范围内采取积极措施,尽力控制温室气体排放增长速度。[40]

在上述背景之下,联合国哥本哈根气候大会的无果而终标志着全球气候治理进程陷入低潮。《哥本哈根协议》在部分发达国家和发展中国家缔约方之间确立了政治共识,但它显然没有完成"巴厘岛路线图"规定的任务,而且也没有在缔约方大会上获得通过。更重要的是,中美欧在这次会议上的冲突性关系更加凸显出来,而它们在"共区原则"上的明显而深刻的分歧,在某种程度上成为哥本哈根气候大会没有达成预期目标的重要原因。可以说,自 2007 年以来,主要缔约方对"共区原则"的争议本身也导致了联合国气候谈判的僵局,并在 2009 年的哥本哈根气候大会上达到高峰。

《公约》第 17 次缔约方大会及《京都议定书》第 7 次缔约方大会于2011 年 11 月 28 日至 12 月 11 日在南非德班召开。在这次会议上及其后,《公约》缔约方围绕着"共区原则"的分歧更加明显了。

在这次会议上,美国等发达国家强调要充分考虑《公约》订立 20 年来世界经济和排放格局的变化,动态理解"共同但有区别的责任"原则,终结对发达国家和发展中国家作出明确区分的"巴厘岛路线图",建立与之相适应的全球气候变化新机制。欧盟谈判代表则屡次在新闻发布会上强调他们绘制的"德班路线图",即在 2015 年前缔结一个包括美国和新兴经济体在内的所有主要排放国都承担减排指标的协议,并于2020 年生效。欧盟虽然试图在这个问题上向中美同时施加压力,但是重点仍然是中国。这从欧盟试图修改"共同但有区别的责任"原则上也可以看出来。2011 年 12 月 5 日,欧盟委员会气候变化专员康妮·赫泽高(Connie Hedeggard)在新闻发布会上强调:"在 21 世纪,尽管我们非常尊重'共同但有区别的责任'原则,但同时我们也要求在《京都议定书》第二承诺期,不论大国、小国、穷国、富国都应该承担相同的有法律约束力的减排义务,这将是'德班路线图'要达成的。"[41] 在对法律形式进行非正式磋商时,欧盟又提出应该以"当代的和动态的"(contemporary and dynamic)方式对待"共同但有区别的责任"原则,意即在最后的法律成果中应该对该原则进行重新解释。[42]

中国明确反对动态解读"共区原则"。在中国的支持下,印度在德班会议上提出,最终的法律成果应该建立在《公约》的基础上并以此为指导,并不涉及对《公约》的重新解释或者修改。中国进一步表明,对"共区原则"的动态解释会引起对该原则的修改。[43]

在德班气候大会的后半阶段,针对美欧的要求,中国作出了积极的回应。中国代表团副团长、中国气候变化谈判首席代表苏伟表示,中国和印度等新兴经济体正处于工业化和城市化快速发展阶段,按照"共同但有区别的责任"原则,排放量应有合理的增加,现在要求这些新兴经济体承担绝对量化减排指标是不公平的,美国和欧盟作为发达国家应该带头减排。[44]与此同时,中国也表现出开放的姿态。苏伟表示,中国不排除在未来某个时候接受有约束力的减排指标。中国代表团团长解振华在新闻发布会上还正式回应说,中国认为2020年后应该有一个具有法律约束力的整体性文件,而现在的问题是落实已经达成的共识。解振华指出,关于中国参加2020年后具有法律约束力的框架协议需要通过谈判达成,要满足五项条件:一是必须有《京都议定书》和第二承诺期;二是发达国家要兑现300亿美元"快速启动资金"和2020年前每年1 000亿美元的长期资金,启动绿色气候基金,建立监督和执行机制;三是落实适应、技术转让、森林、透明度、能力建设等共识,建立相应的机制;四是加快对各国兑现承诺、落实行动情况的评估,确保2015年之前完成科学评估;五是要坚持"共同但有区别的责任"、公平、各自能力的原则,确保环境的整体性,中国将承担与自身发展阶段和水平相适应的责任和义务。解振华说,这五个条件"没有新的",都是过去20年国际气候谈判已经确定了的、应当兑现的原则。只要谈判符合上述五大条件,中国愿意参加2020年之后的减排讨论。[45]

德班气候大会最终在《公约》长期合作行动特设工作组(AWG-LCA)和《京都议定书》强化行动特设工作组(AWG-KP)下达成一揽子决议,并启动了制定2020年后全球进一步合作行动安排的进程。对于德班气候大会的结果,欧盟、美国和中国有不同的解读。对于这次会议的结果,中国的评价是积极的。中国代表团团长解振华表示该会议坚持了《公约》《京都议定书》和"巴厘岛路线图"授权,坚持了双轨谈判机制,坚持了"共区原则"。[46]欧盟气候变化专员赫泽高则表示,德班会议上达成的决定标志着过去20年来(全球气候治理机制)的重大变化,即由仅仅要求富国接受具有法律约束力的减排义务,转向要求所有国家承担法律义务。她也认为"基础四国"承认21世纪的世界已经不同于20世纪的世界,并采取了一些新的、重大的步骤。[47]对于美国首席谈判代表前顾问来说,德班的结果则代表着一个清晰的胜利:"没有提及历史责任或者人均排放。没有提及经济发展是发展中国家的优先事项。没有提及发达国家和发展中国家的差异性。"[48]

德班气候大会还通过了第1/CP.17号决议,决定在《公约》之下设立的一个称为"德班加强行动平台问题特设工作组"(ADP)的附属机构,以拟订一项《公约》之下对所有缔约方适用的议定书、另一法律文书或某种有法律约束力的议定结果。在这种背景下,"共区原则"是否或者如何在预期于2015年达成的全球气候协议中得到适用就成为非常重要的问题。对此,中美欧之间的分歧是非常明显的。

对于2015年全球气候协议,美国虽然也认为该协议应该体现《公约》的原则,尤其是"共区原则",但是美国主张应该对"共区原则"在该协议中的涵义进行动态的解读并以新的方式适用它。在联合国多哈气候变化大会中,美国提出达成新的国际气候协议需要满足两个关键条件:第一,该协议应该适用于所有国家;第二,协议应该在富国和穷国之间分担不同的责任,要比《京都议定书》更好地代表真实的世界。为此,美国强调对国家之间不同责任的区别需要建立在对世界各国国力的实际的、恰当的和真实的考虑基础之上。[49]

美国在关于2015年全球气候协议要素的提案中表明:"毫无疑问它们(《公约》原则,包括但不限于'共区原则')在《公约》下未来的活动中会继续得到适用。问题在于,当我们考虑到2020年之后的时期和更远的时期时,它们、尤其是'共区原则'的含义应该是什么。我们的观点是,基于包括国家情况、发展水平、减缓机会和能力等方面的一系列因素,所有缔约方的国家努力行动将是有区别的。"[50]与之相联系,美国也反对延续《公约》将国家区分为附件一缔约方和非附件一缔约方的做法。美国认为这样的二分法也许适用于1992年的世界,但是它对于

2020 年后的世界来说是不理性的或者不可行的。美国提出，各国温室气体排放和经济发展情况的巨大和动态的变化，使得这种对国家分类和区别对待的方法难以维持和站不住脚，因此美国不主张在新协议中继续采取这样的二分法。在 2014 年 6 月的波恩会议上，美国提出应该以实现《公约》目标的方式适用"共区原则"，而不是在对国家分类的基础加以适用，并且主张寻找其他的方式来向发展中国家提供它们所需要的"区别对待"。[51]

欧盟虽然认同《公约》原则应该成为一个新的全球气候治理机制的基础，但是主张对"共区原则"进行重新解读和重新适用。在德班气候大会上，欧盟谈判代表就强调应该以"当代的和动态的方式"对"共区原则"进行解读[52]，并在此后的历次联合国气候变化大会上不断重申和强调这种立场。2012 年 5 月，欧盟首席谈判代表在波恩举行的联合国气候大会上宣称，按发达国家和发展中国家区分减排责任，已经无法反映当前各国的经济实情，应当采取更具活力的责任分担机制。在当年 11 月的联合国多哈气候大会中，欧盟重申应该动态地看待《公约》的原则，还提出它所要求的"一致性"（uniformity）并不是指各国所承担的承诺（的数量），而是指各国承担的义务的性质。[53]这里的含义是，各国可以承担数量不同的减排承诺，但是性质应该一致。而对于欧盟来说，它所偏好的义务性质是具有"国际法律约束力"。

相比之下，中国认为德班平台的谈判进程和结果应该完全依照《公约》原则，尤其是"共区原则"和"公平原则"进行。在 2011 年的联合国德班气候大会上，中国联合印度提出，该会议最终的法律成果应该建立在《公约》的基础上并以此为指导，不能涉及对《公约》的重新解释或者修改。中国进一步表明，对"共区原则"的动态解释会引起对该原则的修改。[54]在此后联合国多哈气候大会上，中国继续强调应该坚持"共区原则"，并得到了印度等发展中国家的支持。中国在 2015 年 6 月公布的立场文件指出："2015 年协议谈判在《公约》下进行，以《公约》原则为指导，旨在进一步加强《公约》的全面、有效和持续实施，以实现《公约》的目标。谈判的结果应遵循共同但有区别的责任原则、公平原则、各自能力原则，充分考虑发达国家和发展中国家间不同的历史责任、国情、发展阶段和能力，全面平衡体现减缓、适应、资金、技术开发和转让、能力建设、行动和支持的透明度各个要素。"[55]中国还强调"《公约》的附件在2020年后应该继续发挥重大作用并得到适用"[56]。也就是说,中国坚持对附件一缔约方与非附件一缔约方、发展中国家与发达国家的区分;认为"共区原则"适用于《公约》附件一国家与非附件一国家。

与此同时,各缔约方在多边谈判会议中围绕着"共区原则"的争执日趋激烈。在2013年11月举行的华沙气候大会上,欧盟委员会气候变化行动专员康妮·赫泽高在会议的最后一天通过媒体指出,欧盟关于各国无差别地作出减排承诺的设想得到小岛国家、部分发展中国家的支持,甚至美国也加入进来。她指出,坚持在发达国家和发展中国家间铸建"防火墙"的国家已成为谈判进展的障碍,指责"立场相近发展中国家"(like-minded developing countries group)阻碍谈判进展。对此,"立场相近发展中国家"通过委内瑞拉谈判代表克劳迪娅·萨勒诺在媒体面前回应道:包括印度、中国、菲律宾等国在内的"立场相近发展中国家",代表了超过50%的世界人口,并一直在积极参与各个议题的谈判;而发达国家却没有兑现自己在资金、技术转让方面的承诺。克劳迪娅表示,"立场相近发展中国家"主张坚持"共同但有区别的责任"原则,指出欧盟有不同意见可以在谈判桌上提出,通过媒体玩指责游戏这种"厚颜无耻、令人完全不能接受的做法"将严重影响各方互信和对谈判的信心。[57]中国谈判代表团团长解振华也表示,"共同但有区别责任"原则必须得到坚持。他指出,虽然到目前为止,没有一个国家公开反对新的协议要坚持"共同但有区别的责任"原则,但实际上,一些国家正在努力通过自己的政策措施淡化这一原则。他在高级别会议的发言中还强调,2015年达成的新协议一定要体现"共同但有区别的责任"原则,而不是要改写《公约》、削弱《公约》或架空《公约》。[58]可见发达国家和发展中国家在这个问题上的分歧是非常明显的。

《公约》所确立的"共区原则"代表着20世纪90年代初国际社会对发达国家和发展中国家缔约方应该分别作出怎样的承诺和行动所达成的政治共识。然而,发展中国家内部国家发展水平的差异和新兴国家的崛起使得最初的妥协出现了问题。在谈判新的有区别责任的时候,关于"共区原则"内在张力的问题重新出现了。美国和欧盟等发达国家选择强调"共同的责任",要求新兴国家承担更多的减排义务。中国虽然认同不论发达国家还是发展中国家都应该承担应对气候变化的共同责任，但是由于它们在历史责任、发展阶段和能力方面的不同，它们承担的义务也应该是不同的。虽然中国等新兴发展中国家的经济增长水平和温室气体排放量有了大幅提高，与发达国家的差距在缩小，但是新兴发展中国家与发达国家在历史责任、经济发展阶段、国情、资源禀赋、在全球供应链中的地位、经济结构和增长率来源、实际经济过程的内容等诸多方面，都存在着质的区别。这个区别是历史的也是现实的，不容否认。[59]

中美欧对"共区原则"的分歧在 2009 年后进一步凸显，既有直接原因，也有间接原因。直接原因是它们对责任的分配和能力的评估不同。在责任的分配上，总的来说，欧美国家一方面否认或者淡化发达国家的历史排放责任，另一方面强调发展中大国的现实和未来责任；提出发展中大国从气候责任上来看是"主要排放者""最大的温室气体排放者"，从未来看也是温室气体排放的主要来源，继而推动全球气候治理机制从根据历史累积排放界定历史责任的制度安排，转向根据将来的累积责任来削减排放。美国还强调新兴经济体现实和未来的温室气体排放责任。在美国看来，各国排放情况自 20 世纪 90 年代以来已发生很大变化，当时发展中国家占总排放量的 45％，如今已超过 60％；自《公约》缔结以来，新兴经济体已成为全球二氧化碳的排放大户。因此，一味指责发达国家在人们认识到排放造成的危害之前排放温室气体，这是没有道理的。

在欧盟看来，《公约》原则尤其是"共区原则"存在的基础已经发生了根本的变化。欧盟认为，新兴国家尤其是中国对于气候变化的责任和能力已经发生了巨大的变化，因此有必要通过重新解读和适用该原则，来推动制定新的规则和建立一个全新的气候机制。从责任上看，欧盟认为虽然中国历史上排放温室气体的数量要比欧盟国家温室气体的排放总量低得多，但是中国的温室气体排放量增加很快。根据国际能源署的统计，从 1990 年到 2011 年，中国的温室气体排放量以每年 6％的速度增加，于 2007 年成为世界上最大的年度温室气体排放者。[60]欧盟的统计还表明，中国 2012 年排放的二氧化碳占到全球总排放量的29％，相当于美国和欧盟的排放总额（美国排放了 16％，欧盟排放了

11％)。[61]与此同时,中国的人均排放量也增加很快。欧盟的统计数据表明,2012 年中国的人均排放量达到 7.2 吨并且在继续增加,而欧盟的人均排放量已下降到 7.5 吨。[62]这些成为欧盟坚信应该推动旧的气候机制转向新的气候机制的事实基础。欧盟也试图推动全球气候治理机制从建立在历史责任的基础上转向以未来排放责任为基础。因此,它一方面强调新兴国家对于全球气候变化问题不断增长的责任,另一方面则忽视或者有意地降低发达国家自身的历史排放责任。因此在 2013 年的华沙气候大会上,当中国和印度表示支持巴西提出的讨论历史责任的参考方法问题时,欧盟等发达国家反对讨论该问题。[63]

相比之下,中国虽然承认和正视自身日益增长的排放量,但是中国仍然强调发达国家在排放问题上的历史责任,因为温室气体在大气中的累积是一个长期的历史过程,这是一个基本的科学事实。因此,中国认为"共区原则"得以适用的历史和科学基础都还存在。中国科学家借助最新一代"地球系统模式",在超级计算机上模拟了 1850 年至 2005 年因碳排放引起的气候变化后发现:从碳排放总量上看,发达国家的责任是发展中国家的 3 倍,但从对气候变暖的贡献上考察,前者的责任是后者的 2 倍。他们发现,作为历史上的"排放主力",发达国家的责任被地球的固碳机制削弱了——发达国家排放的碳多,溶入海水以及被植被吸收的也多。由此,新研究很好地解释了历史责任的"3 倍"与致暖贡献率的"2 倍"之差。借助类似方法,基于各国现在的减排承诺,中国科学家还推演了未来 100 年的气候情况。他们发现,发达国家对减缓气候变化所起的作用仅为三分之一,发展中国家为三分之二。[64]此外,根据环境库兹涅茨曲线理论,中欧当前看起来相近的排放水平在性质上不同:中国的排放仍然处在"倒 U 曲线"的上升阶段(伴随着经济增长和自身发展),而发达国家的排放处在该曲线越过了顶峰之后的下降阶段。[65]由于发达国家的发展路径在全世界得到复制,中国温室气体排放的增长也是不可避免的。[66]因此,中国虽然应当为自身日益增长的温室气体排放量负责,但是发达国家不能忽视它们在该问题上巨大的历史排放责任。

在能力方面,欧美认为,伴随着中国长期快速的经济增长和国际政治地位的提升,中国的能力也发生了巨大的变化。在欧盟看来,作为一个新兴国家,中国已经具有更高的能力来作出更多的承诺。尽管中国已经制定、执行了相关气候政策并作出了承诺,也采取了应对气候变化的行动,但是欧盟认为这种贡献与发达国家相比不具有可比性。欧盟认为,伴随着中国在气候变化问题上责任和能力的提升,中国应该在国际层次上承担更加雄心勃勃的、具有法律约束力的减缓义务,并且应该在一个新的气候机制下接受相关的透明度规则的约束。

中国则认为,自身的发展虽然已经取得了历史性进步,经济总量已经跃升到世界第二位,但中国仍然是世界上最大的发展中国家。因为中国经济总量虽大,但人均国内生产总值还排在世界第 80 位左右。根据世界银行的标准,中国还有 2 亿多人口生活在贫困线以下,这差不多相当于法国、德国、英国人口的总和。[67]中国相比于其他发展中国家较高的能力并不意味着中国与欧盟等发达国家具有相同的能力。[68]因此,中国与欧盟之间在气候变化问题上相对责任与能力的变化并没有大到要修改"共区原则"。此外,即使在不久的将来,中国成为高收入国家,也并不意味着中国就是一个类似于欧美这样的发达国家。[69]

从根本目标上来看,中欧美的分歧表明,各方都希望通过对 2015 年气候协议进行谈判,推动全球气候治理机制朝着有利于自身利益的方向发生变迁。虽然欧美推动"共区原则"的变迁,确实有提高该项国际机制环境有效性的目标,但是它实际上是试图改造这项国际机制中那些更多体现发展中国家利益的部分,使新兴大国承担更多的、具有法律约束力的(类似于发达国家的)国际减排义务,为自身创造更有利的竞争环境。中国的立场则反映了它试图延续这种更多体现发展中国家利益的安排,并且担心按照欧美偏好进行变迁的国际气候机制会遏制自身的发展空间和损害自身的发展权利。因此,欧美推动全球气候治理机制变迁的努力被看作是对新兴大国(包括中国)发展空间的压缩。这必然会遭到新兴大国的反对。

第三节 "共区原则"与全球气候治理机制的变迁

自 2011 年德班平台谈判启动以来,发达国家虽然没有彻底否认"共区原则",但通过联合国气候谈判试图弱化这项原则的地位和作用。

经过四年谈判达成的《巴黎协定》坚持了"共区原则",融入了动态因素,富有智慧地解决了中国与欧美发达国家缔约方在这方面的分歧。

一、德班平台谈判中的"共区原则"

正如政府间气候变化专门委员会第五次评估报告指出的,"共区原则"的实施随着各国发展、排放和影响贡献的变化变得更加微妙。[70]在2011年德班气候大会通过的众多决议中,"共同但有区别的责任"只在一个决定中明确地出现了两次。即第2/CP.17号决定(《公约》之下的长期合作行动问题特设工作组的工作结果)提到"申明需要与《公约》中的原则和承诺保持一致,尤其是缔约方应根据它们共同但有区别的责任和各自的能力保护气候系统";以及"同意审评应遵循公平原则和共同但有区别的责任原则以及各自的能力"。[71]决定"设立德班加强行动平台问题特设工作组"的第1/CP.17号决定提到:"决定启动一个进程,以通过特此在《公约》之下设立的一个称为'德班加强行动平台问题特设工作组'的附属机构,拟订一项《公约》之下对所有缔约方适用的议定书、另一法律文书或某种有法律约束力的议定结果。"虽然它指出是在《公约》之下,但并没有把将来的谈判文本与《公约》和"共区原则"相联系,"共区原则"更没有明确出现。[72]在很大程度上,这是由于缔约方对如何解释该原则存在明显的分歧。

因此,有的学者认为,德班气候大会达成的一揽子协议与《哥本哈根协议》和《坎昆协议》最大的不同之处在于,后二者明确重申了《公约》核心的原则,如"公平""共同但有区别的责任和各自能力"原则,而德班一揽子协议没有提及这些基本的制度原则。尽管可以说这个新进程是在《公约》下启动的,其原则和条款自动适用,但是在20多年的国际气候谈判中,首次在一个关键的决议中没有提及该原则。[73]在此后于多哈与华沙气候大会上达成的一系列决议只是笼统地表明参照《公约》"原则",但是没有特别指出参照"共区原则"。《利马气候行动呼吁》强调缔约方承诺达成一项反映"共区原则"的2015年协议,其具体的表述中增加了"根据不同的国情"。[74]这可以被理解为对"共区原则"的解释引入了动态的因素,因为随着国情的变化,国家之间共同但有区别的责任也会发生变化[75]，"各自能力"是与不同的国情相联系的，也会发生变化。

对于 2015 年协议，德班气候大会达成的缔约方大会决定强调它要"适用于所有缔约方"。对此，一些发展中国家认为这实际上会导致《公约》的修改。虽然这并不意味着新协议必然以对称的方式适用于所有缔约方，而且 2015 年协议是"在《公约》下"的新协议，但是由于"共区原则"所遭遇的挑战，未来的制度设计中对发展中国家有利的区别待遇可能会受到弱化。一个强调适用于所有缔约方的全球气候治理机制，如果不在国家之间作出区分，其指导原则如果不承认和解决那些面临着严重的贫困、能源和发展问题的国家的需求，那么这样的国际机制的平等原则将受到侵犯，从而使其合法性、有效性面临巨大的挑战。[76]

二、《巴黎协定》坚持了"共区原则"

在上述背景下，2015 年底于《公约》第 21 次缔约方大会上达成的《巴黎协定》是全球气候治理的崭新里程碑。它确立了 2020 年后国际合作应对气候变化的基本框架，创立了以"国家自主贡献"为核心、"自下而上"、相对宽松灵活的温室气体减排模式，开启了全球气候治理的新阶段。它延续了既有国际气候治理机制的基本特征，又在具体的规则制定方面实现了创新，恰当地糅合了一项国际治理机制的连续性与变化性。该协定之所以能够体现这样的特征，一个重要的因素是它富有智慧地坚持和体现了"共区原则"。

"共区原则"作为一个明确术语在《巴黎协定》中一共出现了四次。前言部分提到："根据《公约》目标，并遵循其原则，包括以公平为基础并体现共同但有区别的责任和各自能力的原则，同时要根据不同的国情。"第二条第二款指出："本协定的执行将按照不同的国情体现平等以及共同但有区别的责任和各自能力的原则。"第四条第三款指出："各缔约方下一次的国家自主贡献将按不同的国情，逐步增加缔约方当前的国家自主贡献，并反映其尽可能大的力度，同时反映其共同但有区别的责任和各自能力。"第十九款规定："所有缔约方应努力拟定并通报长期温室气体低排放发展战略，同时注意第二条，根据不同国情，考虑它们共同但有区别的责任和各自能力。"这些条款意味着，《巴黎协定》明确坚持和体现了"共区原则";"共区原则"继续成为指导 2020 年后全球气候治理机制的基本原则。这也意味着在新的国际政治、经济和排放格局下,《公约》缔约方就"共区原则"的地位又一次达成了妥协,解决了它们自 2009 年以来围绕着"共区原则"的重大分歧。

《巴黎协定》坚持"共区原则",实际上是坚持了对发达国家与发展中国家缔约方之间不同责任和义务的区分,这延续了该项国际机制"不对称承诺"的基本特征。例如在减缓问题上,协定明确规定:"发达国家缔约方应当继续带头,努力实现全经济绝对减排目标。发展中国家缔约方应当继续加强它们的减缓努力,应鼓励它们根据不同的国情,逐渐实现全经济范围绝对减排目标。"这意味着发展中国家当前根据国情,仍可采用不是全经济范围的、部分温室气体的非绝对量减排或限排的目标,比如单位国内生产总值二氧化碳排放强度下降的相对减排目标。在资金问题上,协定也规定,"发达国家缔约方应为协助发展中国家缔约方减缓和适应两方面提供资金,以便继续履行《公约》下的现有义务",并"鼓励其他缔约方自愿提供或继续提供这种支助",进而明确了发达国家为发展中国家适应和减缓气候变化出资的义务,并且这种义务与其他缔约方自愿提供的帮助在法律性质上是不同的。

《巴黎协定》坚持"共区原则",具有重要的科学、伦理和制度意义。从科学的角度说,对该原则的坚持反映了全球气候变化问题的科学本质对发达国家承担历史责任的要求。正如前文所表明的,温室气体在大气中的累积是一个长期的历史过程。从 1750 年到 2010 年,发达国家排放了大气中大部分的温室气体,而这些温室气体导致了 2005 年以前 60%—80% 的气候变化。[77] 因此,"共区原则"发挥指导作用的历史和科学基础都还存在。从伦理的角度看,它既强调全球共同应对气候变化的必要性,又承认和尊重了当今世界发达国家与发展中国家仍然存在巨大差距的事实。虽然发达国家和发展中国家在气候变化问题上的责任和能力自《公约》生效以来发生了巨大变化,但是从总体上看发展中国家与发达国家在经济发展水平、所处发展阶段和减排能力上的差距依然显著存在,发达国家以较少的人口占比在历史累积排放总量和人均量上仍然占有支配地位,[78] 因此,保持对发达国家和发展中国家的区分,坚持和体现"共区原则",能够使全球气候治理机制继续体现公平和实质性平等的制度特征,并继续对机制内具体规则的制定发挥重要的指导作用。这对于赢得发展中国家的支持具有重要的作用,进而保证了发展中国家缔约方继续参与全球气候治理机制的积极性以及由此实现的缔约方的普遍性。

《巴黎协定》坚持"共区原则",有助于提高该项国际协议的履约水平。《巴黎协定》通过坚持"共区原则"体现出来的制度设计特征,承认和照顾了各国的不同国情,尊重了各国特别是发展中国家在国内政策、能力建设、经济结构方面的差异,从而有助于提高各缔约方履行相关承诺的积极性,改变目标行为体的行为。《巴黎协定》坚持"共区原则",也保障了《公约》在全球气候治理中的主渠道地位,表明当前全球气候治理机制正在发生的变迁不是机制本身的变迁,而是机制内部的变迁。由于《巴黎协定》明确表明遵循《公约》原则,"包括以公平为基础并体现共同但有区别的责任和各自能力的原则",并进一步明确了它和《公约》的关系,即《巴黎协定》是为了落实《公约》强化行动的法律文件,这就保障了以《公约》为基础的全球气候治理机制的权威性和稳定性。

三、《巴黎协定》对"共区原则"的演绎

《巴黎协定》明确表明要遵循"共区原则",但在"包括以公平为基础并体现共同但有区别的责任和各自能力的原则"后面增加了"同时要根据不同的国情"。"根据不同的国情"可以被理解为对"共区原则"的解释和适用引入了动态的因素。这典型地体现在《巴黎协定》对国家缔约方的分类方式和区分不同国家缔约方义务的方式上。

"共区原则"最早在《公约》中是适用于两大类国家群组之间,即《公约》附件一缔约方与非附件一缔约方。在"共区原则"的指导下,《京都议定书》为附件一缔约方规定了具有约束力的减排目标和时间表,而非附件一缔约方自愿采取减排行动并得到发达国家资金、技术和能力建设的支持。总之,《公约》和《京都议定书》强调附件一和非附件一缔约方分别承担不同的义务,还特别强调了附件一和附件二缔约方(不包括经济转轨的发达国家)的责任。[79]这种对国家群组的二分法是对国家类属的一种简化,一方面它确认了发达国家与发展中国家之间事实上的

差异,另一方面假定发达国家群组内部和发展中国家群组内部分别具有相似性(如气候变化上的历史责任、发展水平、能力等),因此应当承担类似的义务。但是随着新兴国家的崛起,欧美等发达国家强调这些发展中大国与其他发展中国家、尤其是最不发达国家的差异性,认为不能再在原来的国家群组二分法基础上适用"共区原则",而是应该在发展中国家内部进行区别对待。但中国等发展中大国拒绝在发展中国家之间实行区别对待(除了更脆弱的发展中国家类型,如小岛国家和最不发达国家),强烈要求在谈判过程中坚持对附件一国家和非附件一国家的区分。

2007年谈判形成的《巴厘岛行动计划》是第一份仅使用"发展中国家"和"发达国家",而不是"附件一缔约方"和"非附件一缔约方"来区分国家缔约方义务与行动的文件,因此,它在一定程度上改变了《公约》和《京都议定书》对缔约方的区分逻辑,以新的区分为基础,为新的谈判创造了机遇。在实践中,由两方构成的谈判相对而言容易区分。在双轨谈判的基础上,作为《京都议定书》缔约方的《公约》附件一缔约方在《京都议定书》框架内强化减排行动,而不是《京都议定书》缔约方的《公约》附件一缔约方在《公约》下采取可比的减排行动,同时发展中国家也在《公约》轨道下采取减缓行动。《哥本哈根协议》作为《巴厘岛行动计划》预计要达成的成果,保留了对附件一和非附件一缔约方的区分,但同时也提出了发达国家与发展中国家的分类方式。发展中国家中最脆弱的国家(最不发达国家、小岛国等)受到特殊关注,它们可优先获得支持。《坎昆协议》确认了这种区分。[80]

在上述发展的基础上,《巴黎协定》没有明确提及《公约》的附件国家,只是提及发达国家、发展中国家、最不发达国家、小岛屿发展中国家等国家类别。这意味着《巴黎协定》对发达国家与发展中国家的基本区分仍然保留,各方义务和权利基本延续了《公约》的安排。但是《巴黎协定》在强调各方要遵循包括"共区原则"在内的《公约》原则的基础上,特别提出要"根据不同的国情"。这体现出对国家个体差异性的区分。在此基础上,《巴黎协定》更加强调发展中国家内部亚国家群组的差异性,尤其是那些最不发达国家、小岛屿发展中国家的脆弱性。这一方面体现了该项全球治理机制原有的区别对待的公平特征,另一方面为强化发展中大国的责任和义务提供了依据,也为发达国家不能有效履行相应的责任和义务提供了借口。此外,这还会使发达国家与发展中国家阵营的界限日趋模糊,使得多边气候谈判中的利益格局更加复杂,尤其是会鼓励出现发达国家与发展中国家混合组建的谈判集团,如"雄心联盟"等,进而模糊全球气候治理体系对不同类别缔约方责任和义务的区分,增加具体规则谈判和落实的不确定性。

四、《巴黎协定》在"共区原则"指导下建立的规则体系

从《巴黎协定》的规则体系来看,确实继续体现和反映了"共区原则"。例如,在减缓方面,协定第三条要求:"作为全球应对气候变化的国家自主贡献,所有缔约方将保证并通报第四条、第七条、第九条、第十条、第十一条和第十三条所界定的有力度的努力,以实现本协定第二条所述的目的。所有缔约方的努力将随着时间的推移而逐渐增加,同时认识到需要支持发展中国家缔约方,以有效执行本协定。"第四条第四款要求:"发达国家缔约方应当继续带头,努力实现全经济绝对减排目标。发展中国家缔约方应当继续加强它们的减缓努力,应鼓励它们根据不同的国情,逐渐实现全经济绝对减排或限排目标。"此外,第四条第十九款规定:所有缔约方应努力拟定并通报长期温室气体低排放发展战略,同时注意第二条,根据不同国情,考虑它们共同但有区别的责任和各自能力。

但是,《巴黎协定》中减缓规则体现"共区原则"的具体路径发生了变化。如果说《京都议定书》主要是通过制定和分配附件一缔约方整体的减排目标来自上而下地体现"共区原则",《巴黎协定》的减缓规则体系则主要是按照所有缔约方自下而上共同但有区别的方式体现该原则。在减缓方面,该协定第四条规定:"各缔约方应编制、通报并保持它打算实现的下一次国家自主贡献。缔约方应采取国内减缓措施,以实现这种贡献的目标";"各缔约方下一次的国家自主贡献将按不同的国情,逐步增加缔约方当前的国家自主贡献,并反映其尽可能大的力度,同时反映其共同但有区别的责任和各自能力"。这种新的减缓规则意味着,虽然所有缔约方都应该共同作出国家自主贡献,但各国应根据自

己的国情,自己的发展阶段和能力来决定自己应对气候变化的行动和减排贡献。这实际上是一种"自我区别"的方式。这种新的区分模式有很大的包容性,可以动员所有的国家采取行动,从而增强参与的广泛性与普遍性,也有助于各缔约方切实有效地履行它们的减排承诺。此外,《巴黎协定》规定各国需要在 2020 年前对国家自主贡献的实施情况进行跟踪报告和适度更新设置,是一种通过程序设计的方式来约束各国达标而非强制目标分配的模式。另外,该协定通过设置五年综合盘点来实现对目标完成效果的评估,也不同于该机制内原有的事前设定目标的做法。[81]

从宏观的层面看,上述规则是全球气候治理机制内区别待遇的性质和程度逐渐演变的结果。"自下而上"的减排方式最早在哥本哈根会议上被提出。《坎昆协议》规定了发达国家和发展中国家"自下而上"提交的减缓许诺,但这些承诺的性质并不一样:对发达国家来说是全经济范围量化减排指标(quantified economy-wide emission reduction targets),对发展中国家来说是国家适当减缓行动(nationally appropriate mitigation actions)。《坎昆协议》虽然保留了对发达国家和发展中国家二分的结构,但是允许缔约方各自的减排承诺在水平和形式上有所不同。在达成《巴黎协定》的过程中,缔约方也在通过谈判和缔约方大会决定来探讨如何在该协议中实现区别对待。在华沙召开的第 19 次缔约方大会邀请各缔约方准备和提交"国家自主贡献意向"。在利马举行的第 20 次缔约方大会提出了指导缔约方在提交"国家自主贡献意向"时应该提供的信息。华沙和利马达成的缔约方大会决定都强调"国家自主贡献意向",因此它们实际上支持一种"自我区别"的方法。[82]《巴黎协定》则把这种"自下而上"适用"共区原则"的减缓规则以具有法律约束力的国际协定的方式规定下来。

《巴黎协定》的透明度和遵约机制的规则体系,也体现了"共区原则"。《巴黎协定》第十三条指出:"设立一个关于行动和支助的强化透明度框架,并内置一个灵活机制,以考虑进缔约方能力的不同。"该条还指出:"透明度框架应为发展中国家缔约方提供灵活性,以利于由于其能力问题而需要这种灵活性的那些发展中国家缔约方执行本条规定,同时认识到最不发达国家和小岛屿发展中国家的特殊情况,以促进性、非侵入性、非惩罚性和尊重国家主权的方式实施,并避免对缔约方造成不当负担。"这些规则都典型地体现了针对发展中国家尤其是最不发达国家和小岛屿发展中国家的区别待遇。

但是在透明度和遵约机制的统一规则方面,更多体现了《京都议定书》所具有的自上而下的特征。《巴黎协定》第十三条第七款规定:各缔约方应定期提供以下信息:(1)利用政府间气候变化专门委员会接受并由作为《巴黎协定》缔约方大会的《公约》缔约方大会商定的良好做法而编写的一份温室气体源的人为排放量和汇的清除量的国家清单报告;(2)跟踪根据第四条执行和实现国家自主贡献方面取得的进展所必需的信息。这意味着《巴黎协定》也强调透明度规则的"共同性"或者"统一性"。这实际上强调了所有国家的共同行动。总之,从规则体系上来看,《巴黎协定》似乎是一种处于"自上而下"的以规则为基础的体系和"自下而上"的承诺与审查体系之间的混合物。[83]但它的规则体系从总体上以一种缔约方可以接受的动态方式适用了"共区原则"。

《巴黎协定》的达成表明,全球气候治理机制发生的变迁是该项国际机制内部的变迁:因为"共区原则"得以坚持,并在具体的规则体系的制定中发挥指导作用,这意味着该项全球治理机制原有的公平制度特征得以保留。但是,在规则适用原则的具体方面也出现了一些新的变化,尤其是自下而上的自我区别方式的确立,可以被视为该项全球治理机制内部治理模式的创新,并有望进一步提高该项全球治理机制的有效性。可以说,《巴黎协定》以动态的方式坚持"共区原则",进一步完善了全球气候治理机制内对发达国家和发展中国家的减排义务与责任的区分,更加体现出气候变化需要各国共同努力,但尊重各国的差异性和自主设定减排目标的精神,体现了发达国家与发展中国家在新的历史阶段的妥协与合作。它反映了国际社会在经过二十多年全球气候治理的实践后,对治理理念和治理方式的创新和突破,体现了国际社会应对气候变化的空前共识和合作应对的共同政治意愿。[84]

第四节　中国与"共区原则"

中国作为全球气候治理机制的关键参与者,对"共区原则"的确立和维护发挥了核心作用,显示了其推动和维护该机制基本制度特征的较高意愿和能力。

一、中国推动"共区原则"的确立

参与全球环境治理尤其是一些国际公约的早期经历,使中国在 20 世纪 80 年代认识到"以往形成的一些国际公约和有关条款常常不能充分反映发展中国家人民的基本权利和特殊情况,对发展中国家发展经济,消除贫困,提高它们保护环境的经济实力方面未能给予足够的关注,对全球环境问题的责任与相应的承担义务的区分也未能充分体现公平合理的原则。对发展中国家的资金来源和筹集机制没有明确的保证措施"。为了在国际公约中解决好这一系列问题,中国认为发展中国家应充分阐明自己的主张和立场,主动积极地提出建议,以谋求合理的解决办法和措施。[85]

在上述背景下,中国国务院环境保护委员会于 1990 年 7 月 6 日通过了《关于全球环境问题的原则立场》,提出了中国应对全球环境问题的八项原则,具体包括:正确处理环境保护与经济发展的关系;明确国际环境问题的主要责任;维护各国资源主权,不干涉他国内政;发展中国家的广泛参与是非常必要的;应充分考虑发展中国家的特殊情况和需要;不应把保护环境作为提供发展援助的新的附加条件以及设立新的贸易壁垒的借口;发达国家有义务提供充分的额外资金并进行技术转让;应有发展中国家广泛有效地参与环境领域内的科学论证和国际立法。[86]这些虽然只是中国的政策性原则,但是它们反映了中国对区别发达国家与发展中国家的环境责任以及发展中国家特殊情况的强调。

在里约环境与发展大会筹备的同时,国际社会也在酝酿谈判有关气候变化问题的国际公约。中国于 1991 年 1 月在即将开始的政府间气候变化谈判开始前,形成了《关于气候变化的国际公约条款草案》。在"第二条"原则部分提出:"气候变化为人类共同关心的问题,各国在对付气候变化问题上具有共同但又有区别的责任。"[87]可以看出,中国在此明确提出了"共同但又有区别的责任"这个术语。与此同时,中国谋求与其他发展中国家在这个问题上达成共识,强调发达国家与发展中国家在气候变化问题上的不同责任与能力。为了协调发展中国家对解决当时国际社会关注的全球性环境问题的原则立场,磋商1992年环境与发展大会的目标、主题等事宜,中国于1991年6月邀请41位发展中国家的环境部长在北京召开部分发展中国家环境与发展部长级大会,深入讨论国际社会在确立环境保护与经济发展合作准则方面所面临的挑战,特别是对发展中国家的影响,并在会议中形成和发表了反映发展中国家原则立场的《北京宣言》。《北京宣言》指出:"正在谈判中的气候变化框架公约应确认发达国家对过去和现在温室气体的排放负主要责任,发达国家必须立即采取行动,确定目标,以稳定和减少这种排放";"近期内不能要求发展中国家承担任何义务。但是应该通过技术和资金合作鼓励它们在不影响日益增长的能源需要的前提下,根据其计划和重点,采取既有助于经济发展又有助于解决气候变化问题的措施。框架公约必须包含发达国家向发展中国家转让技术的明确承诺,建立一个单独资金机制,并且开发经济上可行的新的和可再生的能源以及建立可持续的农业生产方式,作为缓解气候变化主因的重要步骤。此外,发展中国家在解决气候变化带来的不利影响时必须获得充分必要的科技和资金合作"。[88] 可以说,包括中国在内的发展中国家已经在全球气候治理的"共区原则"方面形成了共识。在多边气候谈判中,中国与七十七国集团形成了一支重要的谈判力量,就《公约》的原则部分形成共同立场,致力于推动"共区原则"的确立。

在上述背景之下,在1991年6月的第二次政府间谈判委员会会议上,中国的提案试图重申有关气候变化问题的若干基本原则,并被临时列入讨论范围。但是发达国家对中国只谈"区别责任"提出异议。因此,在谈判委员会第二次会议上,"区别责任原则"被改为"共同但有区别的责任"原则。[89] 到1992年4月至5月的谈判委员会最后一次会议上,发达国家最终同意在《公约》中单列基本原则条款,但要求明确规定其中的原则只对《公约》缔约方起指导作用,因而不能等同于一般法律原则。[90] 可以说,"共同但有区别的责任"原则在《公约》中的确立,是由发展中国家推动,最终由发达国家和发展中国家妥协的结果,特别体现了中国等发展中国家的关切。中国在这个过程中,理念清晰,策略得当,注重与其他广大发展中国家加强沟通、协调与合作,表现出确立全球气候治理机制的原则方面较高的意愿和能力。

二、中国对《巴黎协定》坚持"共区原则"发挥核心作用

进入 21 世纪,面对发达国家要求动态解读或者适用"共区原则"的要求,中国坚持和维护"共区原则"的立场是非常明确的。《巴黎协定》最终坚持"共区原则",是与中国的推动分不开的。这具体体现在以下方面。

首先,中国调整了策略,并采取了实际的行动来维护和坚持这个原则。随着国际经济政治和减排形势的变化,发展中国家内部的立场更加多元,出现了小岛国家联盟、最不发达国家、雨林国家联盟等亚集团,在联合国气候变化谈判会议的大多边场合往往发出并不一致的声音。在这种背景下,包括中国、印度、巴西、南非在内的"基础四国"在 2009 年的哥本哈根气候大会前正式形成,并自 2010 年的气候变化谈判会议开始以"基础四国"的身份表达立场和观点,在多次谈判场合重申坚持"共同但有区别的责任和各自能力"原则。虽然"基础四国"强调它们是"七十七国集团加中国"的一部分,但是这些经济上更为发展和温室气体排放量更大的发展中大国共同抱团,协调立场,能够更好地表达立场和维护利益。自 2012 年 6 月波恩气候大会以来,中国、印度和其他一些阿拉伯集团的成员国、一些东南亚国家、一些非洲国家,以及一些拉美国家,包括古巴、阿根廷、委内瑞拉、玻利维亚、厄瓜多尔、尼加拉瓜等组成一个被称为"立场相近发展中国家"的集团,旨在维护"共区原则"和公平原则,以及强调发达国家的历史责任。可以说,发展中国家仍然是中国推动坚持"共区原则"的主要依靠力量。

其次,中国不断加强同发达国家的双边对话合作,利用双边气候声明就"共区原则"事先达成政治共识,为多边气候谈判注入政治动力。中国充分发挥大国影响力,加强与各方沟通协调,不断调动和累积有利因素,为推动如期达成《巴黎协定》发挥关键作用。2014—2015 年,中国先后同英国、美国、印度、巴西、欧盟、法国等发表气候变化联合声明,就加强气候变化合作、推进多边进程达成一系列共识,尤其是中美、中法气候变化联合声明中的有关共识,在《巴黎协定》谈判最后阶段成为

各方寻求妥协的基础。其中,中美就"共区原则"达成的双边政治共识,对于《巴黎协定》最终坚持该原则发挥了首要作用。2014 年 11 月 12 日发布的《中美气候变化联合声明》最早提出双方"致力于达成富有雄心的 2015 年协议,体现共同但有区别的责任和各自能力原则,考虑到各国不同国情"[91]。这种对坚持"共区原则"的表述方法在当年年底召开的联合国利马气候大会上通过的行动呼吁中得到反映。这意味着中美之间对于"共区原则"的双边政治共识已得到联合国气候变化谈判大多边进程的确认。2015 年 9 月发布的《中美元首气候变化联合声明》又一次重申双方"致力于达成富有雄心的 2015 年协议,体现共同但有区别的责任和各自能力原则,考虑到各国不同国情"[92]。此后 2015 年 6 月 29 日发布的《中欧气候变化联合声明》和 2015 年 11 月 2 日发布的《中法元首气候变化联合声明》都呼应了这种表述方法,都指出巴黎协议应"以公平为基础,体现共同但有区别的责任和各自能力原则,考虑到各国不同国情"[93]。中美欧是联合国气候变化谈判的关键参与方,法国则是巴黎气候大会的主席国,因此,中国与美国、欧盟、法国就"共区原则"实现达成的双边共识,对于巴黎气候大会就该问题的谈判释放了积极的信号,形成了有力的政治推动。

再次,中国在多边气候谈判中加强沟通和协调,进一步提升了其对进程和结构的影响力。巴黎气候大会期间,中国代表团全方位参与各项议题的谈判,密集开展穿梭外交,支持配合东道国法国和联合国方面做好相关工作。一方面,中国继续通过"基础四国"、立场相近发展中国家集团、七十七国集团加中国等谈判集团,在发展中国家中发挥建设性引领作用,维护发展中国家的团结和共同利益。另一方面,中国与美国、欧盟等发达国家和集团保持密切沟通,寻求共识。中国提出的方案往往代表了各方利益的"最大公约数",是切实可行的中间立场。在巴黎气候大会结束后,美国总统奥巴马和法国总统奥朗德分别给习近平主席打电话,感谢中方为推动巴黎气候大会取得成功发挥的重要作用,强调如果没有中方的支持和参与,《巴黎协定》不可能达成。[94]

中国在多边气候谈判中始终推动《巴黎协定》坚持"共区原则",最终达成的协定也体现了发达国家和发展中国家的区分。中国代表团成员、原国家应对气候变化战略研究和国际合作中心副主任邹骥指出,没有中国的坚持,最终的《巴黎协定》不会像现在这样体现出发达国家和发展中国家的"共同但有区别的责任";《巴黎协定》中敦促发达国家缔约方提高其资金支持水平、制定切实的路线图等内容就是由中方提出,最终正式写入协议的。[95]

《巴黎协定》重申遵循"共区原则",为中国继续公平合理地参与全球气候治理提供了制度保障。中国虽然在"国家自主贡献"中提出将于2030年左右使二氧化碳排放达到峰值并争取尽早实现,习近平主席还在巴黎气候大会上重申设立200亿元人民币的中国气候变化南南合作基金,但中国作为发展中国家的定位在未来相当长时段内不会改变。《巴黎协定》坚持"共区原则",有助于中国以此为法律和原则基础,从自身国情出发,坚持发展中国家定位,在参与全球气候治理的过程中,把维护中国利益同维护广大发展中国家共同利益结合起来,坚持权利和义务相平衡。

最后,中国在《巴黎协定》的达成及推动该协定坚持"共区原则"方面发挥核心作用,是与其国内气候治理进程分不开的。自2009年以来,中国切实采取了国内行动,为全球应对气候变化作出表率。作为排放大国,中国卓有成效的节能减排行动是对全球应对气候变化进程的最大贡献。中国国家主席习近平多次强调,应对气候变化是中国可持续发展的内在要求,也是负责任大国应尽的国际义务,这不是别人要我们做,而是我们自己要做。中国把应对气候变化融入国家经济社会发展中长期规划,坚持减缓和适应气候变化并重,通过法律、行政、技术、市场等多种手段全力推进各项工作,取得了显著成果。[96]中国用自身行动践行绿色低碳发展理念,为中国在全球气候治理的国际舞台上发挥引领作用奠定了重要的基础。

注释

1. Thomas Deleuil, "The Common but Differentiated Responsibilities Principle: Changes in Continuity after the Durban Conference of the Parties," *RECIEL* 21(3) 2012.

2. 此外,"共同但有区别的责任和各自的能力"这一术语在《公约》中还出现了两次,一是前言中"承认气候变化的全球性要求所有国家根据其共同但有区别的责任和各自的能力及其社会和经济条件,尽可能开展最广泛的合作,并参与有效和适当的国际应对行动";二是《公约》第四条承诺第一款指出:"所有缔约方,考虑到它们共同但有区别的责任，以及各自具体的国家和区域发展优先顺序、目标和情况……"

3. 李绪鄂：《全球环境问题和我国的原则立场》，载《中国人口资源与环境》1991 年第 2 期，第 29 页。

4. 欧共体后来同意向发展中国家提供"新的和额外的资金"，但美国继续反对。参见 Chandrashekhar Dasgupta, "The Climate Change Negotiations," in Irving M. Mintzer and J. A. Leonard eds., *Negotiating Climate Change: The Inside Story of the Rio Convention*, Cambridge: Cambridge University Press, 1994, p.134。

5. 2001 年 5 月获得通过并于 2004 年 5 月生效的《关于持久性有机污染物的斯德哥尔摩公约》是继《联合国气候变化框架公约》和《京都议定书》之后又一个明确载入"共区原则"的条约。

6. Lavanya Rajamani, "Differentiation in a 2015 Climate Agreement," http://www.c2es. org/docUploads/differentiation-brief-06-2015.pdf, p.623.

7. Working Group III Report for the First Assessment Report of the Intergovernmental Panel on Climate Change, Geneva, 1990, https://www.ipcc.ch/publications_and_data/publications_ipcc_first_assessment_ 1990_wg3.shtml.

8. Ibid.

9. Chukwumerije Okereke and Philip Coventry, "Climate Justice and the International Regime: before, during, and after Paris," *WIREs Climate Change* 2016, 7, pp.834—851.

10. 杨泽伟：《国家主权平等原则的法律效果》，载《法商研究》2002 年第 5 期，第 114 页。

11. Philippe Cullet, "Equity and Flexibility Mechanisms in the Climate Change Regime: Conceptual and Practical Issues," *Review of European, Comparative and International Environmental Law*, 1999 8(2), pp.168—169.

12. 参见 Lavanya Rajamani, "The Principle of Common but Differentiated Responsibility and the Balance of Commitments under the Climate Regime," *RECIEL* 9(2) 2000, pp.122—123.

13. United Nations Framework Convention on Climate Change, 1992, http://unfccc. int/files/essential _ background/background _ publications _ htmlpdf/application/pdf/conveng.pdf.

14. Rowena Maguir, "The Role of Common but Differentiated Responsibility in the 2020 Climate Regime Evolving a New Understanding of Differential Commitments," *Carbon & Climate Law Review*, Vol.7, No.4, Special Issue on Process, Principles and Architecture of the Post-2020 Climate Regime—PART I(2013), pp.260—269.

15. Lavanya Rajamani, "The Changing Fortunes of Differential Treatment in the Evolution of International Environmental Law," *International Affairs*, 88:3(2012), pp.605—612.

16. D. Shelton, "Equity," in D. Bodansky, J. Brunnée, E. Hey eds., *The Oxford Handbook of International Environmental Law*, Oxford University Press, 2007.

17. 边永民：《论共同但有区别的责任原则在国际环境法中的地位》，载《暨南学报（哲学社会科学版）》2007 年第 4 期，第 14 页。

18. Paul G. Harris, "Common but Differentiated Responsibility: The Kyoto Protocol and United States' Policy, *New York University Environmental Law Journal* 7:1, 1999, pp.27, 41—42.

19. 边永民：《论共同但有区别的责任原则在国际环境法中的地位》，第 14 页。

20. Lavanya Rajamani, *Differentia Treatment in International Environmental Law*, Oxford University Press, 2006, pp.162—175.

21. 参见 Anita M.Halvorssen, "Common but Differentiated Commitments in the Future Climate Change Regime: Amending the Kyoto Protocol to include Annex C and the Annex C Mitigation Fund, *Colorado Journal of International Environmental Law and Policy*, Volume 18, Number 2, Spring 2007, pp.247—266。

22. United Nations Framework Convention on Climate Change, 1992, http://unfccc. int/files/essential _ background/background _ publications _ htmlpdf/application/pdf/conveng.pdf.

23. 李艳芳、曹炜:《打破僵局:对"共同但有区别的责任原则"的重释》,载《中国人民大学学报》2013 年第 2 期。

24. Rosemary Foot and Andrew Walter, *China, the United States, and Global Order*, Cambridge University Press, 2010, p.222.

25. 转引自 Rosemary Foot and Andrew Walter, *China, the United States, and Global Order*, p.222。

26. White House Statement by the Press Secretary, http://www.whitehouse.gov/news/release/2007/12/20071215-1.html.

27. U.S.Statement on Bali Climate Change Conference, The White House, Office of the Press Secretary, December 15, 2007, http://islamabad. usembassy. gov/pakistan/press_releases_2007/u.s.-statement-on-bali-climate-change-conference.

28. President Obama's Remarks at the Copenhagen Conference. Dec. 25, 2009. http://page.Politicshome.com/uk/article/4633/.

29. 中华人民共和国外交部条约法规司高风:《充分表达发展中国家立场的政治文件——简评〈德里宣言〉》,http://www.ccchina.gov.cn/cn/NewsInfo.asp?NewsId=3868。

30. 参见"Climate Change: Bali Conference must Launch Negotiations and Fix 'Roadmap' for New UN Agreement," IP/07/1773, Brussels, 27 Nov.2007; 也可参见 Submission by France on behalf of the European Community and its member states, FCCC/AWGLCA/2008/MISC.2, 14 Aug. 2008, pp.5—6。

31. Submission by Japan, FCCC/AWGLCA/2008/MISC.1/Add.1, 12 March 2008, pp.4, 11.

32. Submissions by Australia, FCCC/KP/AWG/2008/MISC. 1/Add. 2, 20 March 2008, p.5; FCCC/AWGLCA/2008/MISC. 1/Add. 2, 20 March 2008, p.8; FCCC/AWGLCA/2008/Misc.5/Add.2(Part I), 10 Dec. 2008, pp.73—79.

33. Ibid., p.5.

34. 参见 Submission by Philippines on behalf of the G77/China, FCCC/AWGLCA/2008/MISC.5/Add.2 (Part II), 10 Dec. 2008, p.48。

35. Lavanya Rajamani, "The Changing Fortunes of Differential Treatment in the Evolution of International Environmental Law," p.616.

36.《解振华在 2008 年的〈联合国气候变化框架公约〉第十四次缔约方会议暨〈京都议定书〉第四次缔约方会议高级别会议上的讲话》,http://xiezhenhua.ndrc.gov.cn/zyjh/t20090210_260251.htm。

37.《中国气候变化谈判特别代表举行吹风会谈相关立场》,http://www.ccchina.gov.cn/cn/NewsInfo.asp?NewsId=10310。

38. 胡锦涛:《在发展中国家领导人集体会晤时的讲话》,http://politics.people.com.cn/GB/1024/5836857.html。

39.《中国气候变化谈判特别代表举行吹风会谈相关立场》。

40. 孙天仁：《巴厘岛路线图艰难绘就》，载《人民日报》2007 年 12 月 16 日，第 3 版。

41. 转引自李晓萍、李鹏：《德班气候大会中国提出主张并获国际回应》，http://www.cnr.cn/allnews/201112/t20111206_508884063.html。

42. Durban Highlights：Tuesday, 6 December 2011, in *Earth Negotiations Bulletin*, IISD, Vol.12 No.531, 7 December 2011, http://www.iisd.ca/download/pdf/enb12531e.pdf, accessed on December 23, 2011.

43. Ibid.

44.《中方回应美国要求中国承担强制减排义务》，http://www.chinadaily.com.cn/hqgj/jryw/2011-12-04/content_4570194.html。

45. 苑基荣、裴广江：《德班会议核心任务是兑现 2020 年前减排承诺》，载《人民日报》2011 年 12 月 5 日，第 3 版。

46. 裴广江、苑基荣：《德班气候大会艰难通过决议》，载《人民日报》2011 年 12 月 12 日，第 3 版。

47. Marlowe Hood and Richard Ingham, "World's Nations Set Course for 2015 Global Climate Pact," http://www.mysinchew.com/node/67640, accessed on January 2, 2012.

48. John M.Broder, "Signs of New Life as UN Searches for a Climate Accord," *New York Times*, 24 Jan. 2012.

49. IISD, "Summary of The Doha Climate Change Conference：26 November—8 December 2012," *Earth Negotiations Bulletin*, Vol.12 No.567 http://www.iisd.ca/download/pdf/enb12567e.pdf.

50. U.S.Submission on Elements of the 2015 Agreement, http://unfccc.int/bodies/awg/items/7398.php.

51. IISD, "Summary of The Bonn Climate Change Conference 4—15 June 2014," *Earth Negotiations Bulletin*, Volume 12 Number 598, 18 June 2014, http://www.iisd.ca/vol12/enb12598e.html.

52. IISD, "Summary of the Durban Climate Change Conference," *Earth Negotiations Bulletin* (12)534, December 13 2011, http://www.iisd.ca/vol12/enb12534e.html.

53. IISD, "Summary of the Doha Climate Change Conference," *Earth Negotiations Bulletin* 11(567), December 11 2012, http://www.iisd.ca/vol12/enb12567e.html15; EU, "Submission by Lithuania and the European Commission on behalf of the European Union and Its Member States：The Scope, Design and Structure of the 2015 Agreement," http://unfccc.int/files/documentation/submissions_from_Parties/adp/application/pdf/adp_eu_workstream_1_design_of_2015_agreement_20130916.pdf, 2013.

54. IISD, "Summary of the Durban Climate Change Conference," *Earth Negotiations Bulletin*(12)534, December 13, 2011. http://www.iisd.ca/vol12/enb12534e.html.

55.《强化应对气候变化行动——中国国家自主贡献》，2015 年 6 月，http://www.cma.gov.cn/2011xwzx/2011xqxxw/2011xqxyw/201507/t20150701_286553.html。

56. "China's Submission on the Work of the Ad Hoc Working Group on Durban Platform for Enhanced Action, 2014," http://unfccc.int/files/bodies/application/pdf/20140306-submission_on_adp_by_china_without_cover_page.pdf. Accessed on May 2, 2014.

57. 周锐、俞岚：《华沙气候大会争执中落幕发展中国家角力欧美》，http://news.xinhuanet.com/fortune/2013-11/23/c_125750286.htm。

58. 周锐、俞岚:《气候谈判现四大争议解振华详解中国立场》,http://www.chinanews.com/gn/2013/11-19/5517164.shtml。

59. 邹骥等:《论全球气候治理——构建人类发展路径创新的国际体制》,中国计划出版社 2015 年版,第 65—66 页。

60. IEA, "CO$_2$ Emissions from Fuel Combustion(2013 Edition)," Paris: International Energy Agency.

61. Council of the European Union, "Conclusions on Preparations for the COP 19 to the UNFCCC and the 9th session of the Meeting of the Parties to the Kyoto Protocol, 11—22 November 2013," http://www. consilium. europa. eu/uedocs/cms_Data/docs/pressdata/en/envir/139002.pdf.

62. Connie Hedegaard, "Why the Doha Climate Conference was a Success," 14 December 2012. http://www. guardian. co. uk/environment/2012/dec/14/doha-climate-conference-success. Accessed on July 12, 2014.

63. IISD, "Summary of the Bonn Climate Change Conference: 3—14 June 2013," *Earth Negotiations Bulletin* Vol. 12 No. 580, June 17, 2013. http://www. iisd. ca/climate/sb38/. Accessed on July 9, 2014.

64. 张懿:《150 年碳排放"细账"首次算清》,载《文汇报》2014 年 9 月 8 日,第 1 版。

65. James B. Ang, "CO$_2$ Emissions, Energy Consumption, and Output in France," *Energy Policy*. 2007, 35, pp.4772—4778.

66. Quan Wen, "Warsaw is about to Begin Negotiations for a New Global Climate Agreement," *Outlook News Weekly*, October 28, 2013, http://www. chinanews. com/gn/2013/10-28/5430491.shtml.

67.《习近平在布鲁日欧洲学院的演讲》,2014 年 4 月 1 日,布鲁日,http://www.china.org.cn/chinese/2014-04/04/content_32005938.htm。

68. 邹骥:《发展中大国在全球气候治理中的地位、作用与前景》,2014 年 1 月 18 日于复旦大学的演讲。

69. 同上。

70. 转引自《对 IPCC 第五次评估报告减缓气候变化国际合作评估结果的解读》,载《气候变化研究进展》2014 年第 10 卷第 5 期,第 341 页。

71. Decision 2/CMP.7 FCCC/KP/CMP/2011/10/Add.1.

72. Report of the Conference of the Parties on its seventeenth session, held in Durban from 28 November to 11 December 2011, FCCC/CP/2011/9/Add.1.

73. John M.Broder, "Signs of New Life as UN Searches for a Climate Accord," *New York Times*, 24 Jan. 2012.

74. Decision 1/CP.20, "Lima Call for Climate Action," FCCC/CP/2014/10/Add.1.

75. Lavanya Rajamani, Differentiation in a 2015 Climate Agreement, p.619.

76. Ibid.

77. T. Wei et al., "Developed and Developing World Responsibilities for Historical Climate Change and CO$_2$ Mitigation," Proceedings of the National Academy of Sciences of the United States of America, 2012, 109(32), pp.12911—12915.

78. 邹骥等:《论全球治理——构建人类发展路径创新的国际体制》,第 12 页。

79. 巢清尘等:《巴黎协定——全球气候治理的新起点》,载《气候变化研究进展》2016 年第 12 卷第 1 期,第 61—67 页。

80. 桑德琳·马龙-杜波依斯、凡妮莎·理查德:《国际气候变化制度的未来蓝图》,载《上海大学学报(社会科学版)》2012 年第 6 卷第 2 期,第 6—8 页。

81. 房伟权:《后巴黎时代中国应如何在新形势下推行绿色低碳发展?》,http://world.chinadaily.com.cn/2015-12/23/content_22784563.htm。

82. Lavanya Rajamani, "Differentiation in A 2015 Climate Agreement".

83. IISD, "Summary of the Paris Climate Change Conference: 29 November—13 December 2015," http://www.iisd.ca/climate/cop21/enb/.

84. 何建坤:《〈巴黎协定〉新机制及其影响》,载《世界环境》2016年第1期,第16页。

85. 宋健:《开拓新的发展途径——在"发展中国家环境与发展部长级会议"上的讲话》,载《世界环境》1991年第4期,第5页。

86.《关于全球环境问题的原则立场》,1990年7月6日通过。

87.《关于气候变化的国际公约条款草案》,载国务院环境保护委员会秘书处编:《国务院环境保护委员会文件汇编(二)》,中国环境科学出版社1995年版,第265页。

88. 发展中国家环境与发展部长级会议《北京宣言》,1991年6月19日通过。

89. 梅凤乔:《论共同但有区别的责任原则》,北京大学博士论文,2000年。

90. Daniel Bodansky; 1992, "Draft Convention on Climate Change", Environmental Policy and Law, 22/1, 1992, pp.5—15.

91.《中美气候变化联合声明》,2014年11月12日。

92.《中美气候变化联合声明》,2014年11月12日;《中美元首气候变化联合声明》,2015年9月。

93.《中法元首气候变化联合声明》,2015年11月2日。

94. 刘振民:《全球气候治理中的中国贡献》,载《求是》2016年7月。

95. 新华社:《中方权威人士:〈巴黎协定〉凝聚各方最广泛共识》,2015年12月13日,http://www.gov.cn/xinwen/2015-12/13/content_5023263.htm。

96. 刘振民:《全球气候治理中的中国贡献》。

第四章

中国与减缓责任分担规则

　　全球气候治理机制的规则体系是由减缓、适应、支持、透明度与遵约等方面的规则构成的。其中,减缓规则是这一规则体系的核心组成部分。减缓的基本含义是采取政策和措施减少温室气体的排放,从而控制全球气候变化的速率与程度。但是全球各国在气候治理机制中如何分担减缓责任? 如何保证各国参与的普遍性与减缓行动的可行性和有效性? 这都是全球气候治理机制的设计者和实践者们在过去的二十多年里致力于解决的核心问题。

第一节　对分担减缓责任的科学认知

一、全球气候变化及其归因

　　气候变化是地球系统的一种自然状态。通过仪器直接测量、卫星及其他平台的遥感手段,可以直接证明 19 世纪中叶以来的全球气候变化,而古气候重建则可以使人类对气候变化的认知上溯到几百年甚至几百万年以前。[1]中国气象学先驱竺可桢先生在 1972 年发表了《中国近五千年来气候变迁的初步研究》一文[2],基于我国古代史学文献和考古学发现,证明了历史上气候变化对中国这片土地造成的影响,同一时期和后续也不断有学者深入细致地研究了中国历史上气候变化与社会经济演变的问题[3];而对世界范围的史学研究也表明,气候变化在全球范围都不断影响着人类社会的发展与变迁[4]。

　　随着人类科学技术的进步,对于气候变化的归因研究逐渐深入。最新研究结论表明,改变地球能量收支的自然和人为物质与过程是气候变化的驱动因子,并且极有可能的是,观测到的 1951—2010 年全球平均地表温度升高的一半以上是由温室气体浓度的人为增加和其他人为强迫共同导致的。[5]这就表明,尽管人类的力量无法完全改变导致气候变化的自然过程,但通过对人为活动的干预,将有可能减缓气候变化。

与气候变化自然科学同步发展的是环境经济学,它为全球应对气候变化提供了另一部分的理论基础。从经济学的角度看,气候变化经济学属于环境经济学的范畴,是市场失灵的结果,但是温室气体排放的影响与一般环境问题有四个基本方面的不同:它的外部性是长期的,它是全球性的,它包含着重大的不确定性,它具有潜在的巨大规模,因此温室气体排放是人类有史以来最大的市场失灵,也必须依赖全球合作才能解决。[6]

二、共同但有区别的减缓责任

基于自然科学和社会科学的研究,国际社会在 1988 年组建了政府间气候变化专门委员会,整合人类对气候变化的认知,并为如何合作应对气候变化提出政策建议。

政府间气候变化专门委员会在 1990 年完成并发布了第一次评估报告[7],这份报告认为对于应对气候变化的责任与行动,工业化国家和发展中国家要共同承担责任,但这种责任是有区别的。由于当时很大一部分温室气体排放源于工业化国家,并且这些国家的经济社会发展模式作出改变的余地最大、能力最强,因此这些国家应通过调整经济,在国内采取措施减缓气候变化;这些国家还应与发展中国家开展减缓合作,同时又不妨碍后者的发展。同时评估也考虑到发展中国家的排放量在不断增多,尽管这是为了满足其发展需要而引起的,但是随着时间的推移,这些排放量在全球排放量中的比例很可能越来越大,因此发展中国家也应在可行限度内采取措施调整其经济,在优先争取实现经济社会发展的前提下,减缓温室气体排放。

政府间气候变化专门委员会于 1995 年完成了第二次评估报告。[8]这份报告的一大贡献是对全球减排路径、责任分担进行了量化和成本分析。评估认为，按照自上而下的方法，经济合作与发展组织（OECD）成员国达到实质性减排，使排放量回复到 1990 年水平的成本要高达国内生产总值的几个百分点。对排放稳定在 1990 年水平的特定案例而言，大部分研究结果估计在未来几十年间每年成本大约在占其国内生产总值的 −0.5%（即有所收益）到 2% 之间；并且研究也表明，合适的减排时间安排和低成本方案会大大减少总成本。而自下而上方法的研究，对零成本或负成本减排的潜力以及发挥这些潜力更为乐观，认为发达国家在二三十年里减少 20% 的排放，其成本可以忽略不计甚至是负成本，并且就长期而言，绝对量减排 50% 或是更多也是有潜力的，而实现这些并不增加甚至有可能减少能源系统的总成本。在经济转轨国家，重要的问题是将来经济结构方面的改变，而这很有可能极大地改变基准排放水平和减排成本。对于发展中国家，评估认为在这些国家低成本减少能源相关二氧化碳排放的潜力很大，提高能源效率、推动非化石能源技术发展、制止森林乱砍滥伐、提高农业生产力及生物质能源产量等都具有经济效益，但着手这些领域的工作需要有效的国际合作和资金与技术转让。但在发展中国家开展这些活动，可能也难以抵消因经济增长和提高生活水平而带来基准排放的迅速增加。稳定二氧化碳排放很可能提高这些国家的发展成本。

第三次评估报告[9]进一步从自然、技术和社会科学等不同领域，阐述了哪些人为干扰成分会导致气候系统面临危险，同时指出，针对这些人为干扰的决策是一种价值判断，应当在考虑诸如发展、公平、可持续性、不确定性和风险的情况下，通过一个社会政治进程来决定。

第四次评估报告[10]进一步认定自 20 世纪中叶以来，大部分已观测到的全球平均温度的升高，很可能是由于观测到的人为温室气体浓度增加所导致；温室气体以当前的或更高的速率排放，将会引起 21 世纪进一步变暖，并会诱发全球气候系统发生进一步变化，甚至有可能诱发突变或不可逆转的影响。这一结论加深了国际社会对积极、尽快、全面应对气候变化必要性的理解。在减缓情景方面，报告着眼于 2030 年和 2050 年评估了研究结论，认为为了稳定大气中温室气体浓度，排放量需要先达到峰值后才开始回落，并且需要稳定的水平越低，出现峰值和回落的速率就必须越快。报告还给出了《公约》附件一缔约方和非附件一缔约方的减排情景,如表 4.1 所示。这是政府间气候变化专门委员会首次根据不同的学术研究成果,就不同国家集团在不同温升控制情景下,总结出的排放控制建议。这一总结具有显著的政策含义,首次给出了量化的减排目标,使得全球合作减排的力度和责任分担问题有了一个可参考的值,对引导谈判和国际合作形成新的政治共识起到了重大作用。

表 4.1　附件一和非附件一缔约方 2020 年/2050 年相对 1990 年的减排需求[11]

情　　景	缔约方	2020 年	2050 年
450 ppm CO_2-eq.	附件一	减排 25％至 40％	减排 80％至 95％
	非附件一	拉美、中东、东亚、中亚显著偏离于基准情景	所有发展中国家显著偏离基准情景
550 ppm CO_2-eq.	附件一	减排 10％至 30％	减排 40％至 90％
	非附件一	拉美、中东、东亚偏于基准情景	多数地区偏离基准情景,尤其是拉美、中东
650 ppm CO_2-eq.	附件一	减排 0％至 25％	减排 30％至 80％
	非附件一	维持基准情景	拉美、中东、东亚偏离于基准情景

说明:表中 ppm CO_2-eq.是指温室气体(以二氧化碳当量计算)的百万分比浓度。

2013 年至 2014 年,政府间气候变化专门委员会陆续发布了第五次评估报告。第一工作组报告[12]得出了两个极具政策含义的结论:一是认为极有可能的是,观测到的 1951—2010 年全球平均地表温度升高的一半以上是由温室气体浓度的人为增加和其他人为强迫共同导致的,这确定了人类社会通过合作减排温室气体实现减缓气候变化的科学逻辑性;二是定量给出了将温升控制在工业化前不超过 2 ℃所剩余的全球碳排放空间,这为全球合作减排给出了明确的量化要求。第三工作组报告[13]则指出,各国按照 2010 年达成的《坎昆协议》所作出的 2020 年减缓承诺,与模型估算的低成本、高成效长期减缓路径并不一致;如果要实现相对于工业化前,将全球平均气温升高控制在 2 ℃以内的目标,就需要 2020 年以后尽快实现进一步大幅减排。

从二十余年的科学研究、科学评估和政治博弈历程看,毋庸置疑,减缓责任需要全球各国共同分担,然而科学界并没有就应当如何分担减缓责任给出结论,或许正如政府间气候变化专门委员会第三次评估报告所言,这应当是一个社会政治进程,而不是科学评估能够决定的。然而由于与气候变化直接相关的各国历史累积温室气体排放形势在发生显著的重大变化,发达国家与发展中国家所承担的历史责任尽管仍然十分明显,但是差距正在快速缩小,因此科学研究和评估也逐渐将重心从发达国家应当承担多大的责任,转向全球应当探索何种发展路径、研发何种技术、建立何种合作模式来共同承担减缓责任。

第二节 减缓责任分担的模式与要素

一、减缓责任的分担模式

谈及减缓规则,首要的问题是责任的分担模式。早在《公约》达成以前,尼采(Nitze)就曾经指出,国际条约一般而言是一种"自上而下"(top-down)的行为,但人们在制定政策时往往倾向于采用"自下而上"(bottom-up)的模式。[14]在气候变化国际谈判中,尤其是自 2009 年哥本哈根气候大会以来,自上而下和自下而上被广泛用来代表两种截然不同的减缓气候变化的国际合作模式。[15]

自上而下是指国际社会先达成减缓合作的共同目标,再依据一定的责任分担(burden-sharing)方法将这一目标分解到全球各国去实施。这种模式反映的是强中央集权,往往从科学要求出发设定共同目标,具有强的国际法律约束力,在实施机制上设定有严格的遵约机制、统一的核算规则,以及严格的测量、报告、核实规则,有助于以科学认知指导各国行动,并以法律责任确保行动效果。但在这种模式下,各方往往难以达成行动共识,整体进程进度迟缓。

自下而上则是指各国先自愿提出减缓行动的国别行动或目标,再汇总形成全球共同行动或目标。这种模式反映的是弱中央集权,往往具有行动多元化、易于吸引各方积极参与的特征,但由于缺乏统一核算规则,也无法根据科学认知对各国的减缓行动提出要求,因此难以保证行动的整体力度。

政府间气候变化专门委员会认为自上而下和自下而上体现了权威集中（centralized authority）的程度，即反映了国际社会对气候变化多边主义或松散行动的偏好；并进一步指出，在强多边主义与松散行动之间，还存在协同政策这一过渡地带。[16]而学术界提出的各种关于减缓气候变化的国际合作模式的设想，都可以归为以上三类。

权威集中与减缓气候变化之间存在必然的内在联系。由于人类活动导致了20世纪50年代以来一半以上的全球变暖，而人类活动产生的温室气体排放又是典型的市场失灵，解决市场失灵的必然要求就是政府干预。环境经济学认为对市场失灵进行干预可以采用行政手段，也可以采用经济激励手段，主要包括行政管制、标准、碳税和排放权交易等，这些手段表现了不同的权威集中程度。因此，控制温室气体排放、减缓气候变化就要求政府对各排放源的排放行为进行干预；而在国际层面，尽管不存在超越国家主权的"世界政府"，但减缓气候变化的国际合作旨在控制各国温室气体排放的行为，所构建的国际合作模式和采用的手段必然也具有或高或低的权威集中程度。

二、减缓气候变化的国际合作模式的要素

应当说，以权威集中程度作为识别、研究和构建减缓气候变化的国际合作模式的基本思路是得到广泛认可的，然而要深入分析减缓气候变化的国际合作模式，光靠一个基本思路是不够的，还需要识别出构成这些模式的基本要素，构建出一个分析框架，才能描述和表征这些模式。

从政策架构（policy architecture）的角度，政府间气候变化专门委员会指出法律约束力程度的不同，以及减缓目标、灵活机制、责任分担方法是设计国际合作机制时必须考虑的要素。[17]许多学者也对气候变化国际合作机制的要素进行了研究。尼采提出国际气候公约的要素，除了机构设置外，应该包括各国的广泛参与、设定合适的减排目标、支持发展中国家参与和设定减排目标的资金与技术支持机制；[18]阿尔迪（Aldy）等认为设计未来的国际气候协议应当平衡参与度和遵约约束两大要素，从而提高效率和成本有效性；[19]增希利斯（Zenghelis）和斯特恩（Stern）认为全球气候变化协议除了适应和实施机制外，应当包括排放控

制目标、发展中国家的参与、国际排放权交易制度、对避免毁林排放的资金支持、为清洁技术创造市场的要素;[20] 温克勒(Winkler)和博蒙特(Beaumont)认为气候变化多边进程必须考虑公平性、全面性、有效性、充分性和约束性五大要素;[21] 诺德豪斯(Nordhaus)认为国际气候制度应当反映碳价格和全面参与两大基本要求;[22] 奥姆斯特德(Olmstead)和斯塔文斯(Stavins)认为国际气候政策的架构应该包括参与国家的广度、设定合理的排放控制目标、采用市场手段控制减排成本三个要素。[23]

为了更好地理解减缓气候变化的国际合作模式及其演变,本书认为应当从概念出发识别减缓气候变化的国际合作模式的要素,构建出具有相互独立特征但覆盖全面的多维度分析框架,研究既有的和设想的不同模式在各维度上体现的特征,进而分析国际合作各方的偏好及其变化,为最终求同存异达成共识提供参考。

从概念出发,减缓气候变化的国际合作模式含有两个关键词,一是国际合作,二是减缓气候变化,前者是载体,后者是内容。"国际合作"意味着参与主体是国际行为体,而非国内行为体。尽管政府间气候变化专门委员会认为目前的气候变化国际合作主体既包括主权国家,也包括私营企业、城市政府等非国家行为体[24],这一主张也得到欧盟、美国等一些《公约》缔约方的响应[25],但是在联合国气候变化谈判语境下,国际合作的行为主体可以特指《公约》的缔约方。而与"国际合作"相关的其他要素,例如原则、规则等,则取决于合作的内容,在这里则取决于减缓气候变化的具体内容。"减缓气候变化"意味着客体是减缓气候变化的行动,关注点是控制温室气体排放的效果[26],这样的行动涉及覆盖温室气体排放的范围和控制排放的力度。由此可以识别出减缓气候变化的国际合作模式的三个相互独立的表征指标:参与主体的广泛性、温室气体排放控制行动范围的全面性,以及行动的力度。

参与主体的广泛性、温室气体排放控制行动范围的全面性和行动的力度是从减缓气候变化国际合作的概念出发识别出的基本要素,可以作为描述气候变化国际合作模式的载体。这与基欧汉和维克托提出的决定气候变化国际合作模式的三大因素既有联系,又有区别。[27] 基欧汉和维克托认为决定合作模式的因素是各方利益的分散度或一致性、参与方多寡导致的不确定性大小,以及所涉及领域相互联系的松散或紧密。利益分散、不确定性大、联系松散将使得国际合作模式倾向于松散型,即权威集中性低,而不是集中型。基欧汉和维克托的三因素中参与方多寡是从国际合作主体的角度看,而利益一致性和联系紧密性则是从合作内容的角度看,这与本章从概念出发识别基本要素的思路是类似的。所不同的是,基欧汉和维克托旨在解释形成某种合作模式的原因,是对这种选择的综合解释,而本章着眼于对合作模式的描述,因此基欧汉和维克托提出的利益一致性和联系紧密型两个因素具有动态变化性,而本章识别出的行动范围和力度具有静态稳定性,二者是有区别的。不同的行动范围,涉及的相互联系的多少和紧密程度是不一样的;即便行动范围相同,行动的力度不同,涉及的利益分歧也会不同;而参与主体的不同,又会涉及利益分配和联系格局的不同,因此这两类要素又是有联系的。

参与主体、行动的范围和力度是出发点,各方博弈、利益一致性和联系紧密性是动因,最终选择达成的模式是结果,而法律形式、成本有效性等要素则反映了最终模式的特征。如果是自上而下的减缓目标设定方式,必然要求与之匹配的是强法律约束力;而如何分解全球共同的减缓目标,又依托于责任分担方法;是否以及如何设定灵活机制,又与减缓目标的严格程度密切相关。反之,如果是自下而上的松散行动,就不可能有强的法律约束力,不需要根据科学计算来分担责任,灵活机制也将由各国自行设计。

因此,采用参与主体的广泛性、温室气体排放控制行动范围的全面性以及行动的力度三个指标来分析减缓气候变化的国际合作模式,可以保证逻辑完整、内容完整、不交叉、不重复。而将权威集中程度的思想融入这三个指标,可以得出减缓气候变化的国际合作模式的所有可能选择,而不是笼统地表述为自上而下、自下而上或者介于两者之间。

第三节 减缓责任分担规则的实践与设想

一、现实中提出的各种减缓责任分担模式

自《公约》达成以来,国际社会围绕如何有效落实《公约》的规定,实

现《公约》目标，开展了持续的思考、实践和谈判。这一过程中形成了《京都议定书》等若干阶段性的国际合作协议，对全球各国如何合作应对气候变化进行了规定，也有一些设想和方案特别聚焦于减缓气候变化的国际规则。按照上述研究方法，以参与主体、行动范围和行动力度作为维度，以强制、自愿和部分强制作为权威集中程度，可以将既有的和设想的减缓气候变化的国际规则概括如表4.2所示。

表 4.2 既有的和设想的减缓责任分担模式

模　式	参与主体	行动范围	行动力度
《联合国气候变化框架公约》	强制	自愿	自愿
《京都议定书》	部分强制	强制	强制
《巴厘岛行动计划》	强制	部分强制	部分强制
《坎昆协议》	强制	部分强制	自愿
《巴黎协定》	强制	部分强制	自愿
"国家计划"方案	强制	部分强制	部分强制
"光谱式承诺"方案	强制	强制	自愿
"减排俱乐部"方案	自愿	强制	强制
"机遇共享"方案	强制	强制	部分强制
"责任分担"方案	强制	强制	强制

《公约》在减缓气候变化方面基本上是一种基于自愿行动的模式。除了参与主体方面，可以被看作是对所有缔约方具有强制性外，《公约》在各参与主体的减缓行动范围和行动力度上，都没有进行规定。尽管《公约》第四条第二款b项规定了附件一缔约方应当"个别地或共同地使二氧化碳和《蒙特利尔议定书》未予管制的其他温室气体的人为排放回复到1990年的水平"，但这一条规定并未转化为行为主体的行动，因此也不具有强制力。

《京都议定书》通常被看作是"自上而下"减缓模式的代表，也是迄今为止权威集中程度最高的减缓模式。《京都议定书》虽然只对《公约》附件一缔约方具有强制力，即只有部分强制性，但对于这部分缔约方，《京都议定书》通过附件A规定了其减缓行动所涵盖的温室气体和排放部门范围，通过附件B规定了每个附件一缔约方减缓行动的力度，因此在行动范围和行动力度上具有完全强制性。

《巴厘岛行动计划》[28]构建了一种"双轨制"的减缓模式:一部分附件一缔约方在《京都议定书》下继续承担强制范围和力度的减缓承诺,这些减缓承诺在 2012 年的多哈会议上得到确认;其余附件一缔约方和所有的非附件一缔约方《公约》下承担国家适当减缓承诺或行动,减缓承诺或行动的范围和力度都由缔约方自行决定。因此,《巴厘岛行动计划》是一种在参与主体方面具有完全强制性,但是在减缓行动的范围和力度上只具有部分强制性的减缓模式。

自下而上的减排方式最早是在哥本哈根气候大会上提出的。但是由于《哥本哈根协议》不具有法律约束力,所以《坎昆协议》[29]通常被看作是"自下而上"减缓模式的代表。《坎昆协议》与《巴厘岛行动计划》有部分交叉,即在《京都议定书》下承担减缓承诺(commitments)的那部分缔约方,同时也承担在《坎昆协议》下的减缓许诺(pledges)。然而这些国家在《京都议定书》下强制减缓承诺,并不自然形成这些国家在《坎昆协议》下的减缓许诺,二者虽然在数值上一样,但其内涵和核算方式完全不同。[30]在《坎昆协议》模式下,《公约》的所有缔约方都具有强制参与的义务。对于附件一缔约方,《坎昆协议》规定其减缓许诺应当是覆盖所有种类温室气体的全经济范围量化减排目标(quantified economy-wide emission reduction targets),但没有对其减缓行动的力度进行规定;而对于非附件一缔约方的减缓行动则采取了国家适当减缓行动的方式,其范围、力度等都由这些国家自主决定。因此,《坎昆协议》是一种在参与主体上完全强制,在减缓行动范围上部分强制,而在减缓力度上完全自愿的模式。《坎昆协议》虽然保留了对发达国家和发展中国家二分的结构,但是缔约方的减排力度则均由各国自行确定,这与《京都议定书》已经有了本质上的区别。

在达成《巴黎协定》的过程中,缔约方也在该协定中设计减缓责任分担规则,实现发达国家与发展中国家共同但有区别地承担减缓义务。2013 年在华沙召开的《公约》第 19 次缔约方大会上,各国同意启动"国家自主贡献意向"(intended nationally determined contributions,以下简称"贡献意向")的准备工作[31],基本确认了各国自下而上自主提出应对气候变化目标的新规则,这种规则实际上是支持一种"各尽所能、自我区别"的减缓责任分担模式。《巴黎协定》则把这种自下而上通过国家自主贡献（nationally determined contributions，以下简称"贡献"）[32] 落实减缓责任的规则以具有法律约束力的国际协议的方式规定下来，使"共同但有区别的责任"原则得到动态的解读与适用。需要说明的是，无论贡献意向还是贡献，其内容都不仅仅包括减缓。按照《巴黎协定》，贡献包括减缓、适应、资金、技术、能力建设和透明度，但实际上从各国目前提出的贡献意向看，其内容包括什么不包括什么，同样是由各国自主决定。

除了上述已经在谈判中达成并且得到实践的模式外，各方还提出了一些其他的减缓气候变化的国际规则方案，其中比较典型的是澳大利亚政府提出的"国家计划"方案，欧盟在"德班平台"谈判中提出的并得到美国响应的"光谱式承诺"方案，以及一些学者研究提出的"减排俱乐部"方案、"责任分担"方案和"机遇共享"方案。

"国家计划"（national schedule）方案是澳大利亚为在 2009 年哥本哈根气候大会达成新的全球协议而提出的方案。[33] 该方案中减缓气候变化的国际合作部分要求《公约》所有缔约方强制性参与。方案对减缓行动的范围作了部分强制性要求，即要求发达国家作出全经济范围量化减排承诺，而发展中国家可视其责任与能力开展国家适当减缓承诺或行动。方案虽未对各缔约方提出如同《京都议定书》一般明确的减缓行动力度要求，但强制性地提出所有缔约方的减缓行动力度只能提高，不能降低。因此，"国家计划"是一种在参与主体方面具有完全强制性，但是在减缓行动的范围和力度上只具有部分强制性的减缓模式。

"光谱式承诺"（spectrum of commitments）方案是欧盟[34] 在 2012 年首次提出，并在 2013 年得到美国[35] 响应的减缓气候变化国际合作模式。该方案要求《公约》所有缔约方强制性参与。在减缓行动的范围上，该方案要求覆盖 100％ 的温室气体排放，即对所有参与主体的减缓行动范围进行了强制性规定。但是在减缓行动的力度上，尽管这一方案也将 2020 年前全球达到温室气体排放峰值和 2050 年全球排放比 1990 年下降 50％ 以上作为全球总的行动力度目标，但正如《公约》第四条第二款 b 项一样，仅仅是这样的力度目标，不会对任何参与主体构成强制性约束。因此，"光谱式承诺"是一种在参与主体和减缓行动的范围方面具有完全强制性，但是在减缓行动的力度上属于完全自愿的减缓模式。

"减排俱乐部"方案是学术界对既有的一些全球减缓气候变化合作行动的归纳,主要是指一些国家(往往是温室气体排放大国或者能源消费大国)自愿建立一种旨在强化减排行动的小型多边机制或者诸边进程(plurilateral approaches)。[36]在这种机制中,由于参与主体相对较少,各方容易通过协商达成协议。"减排俱乐部"的成员遵循同样的规则。尽管其强制性和约束力取决于方案的具体设计,但建立这种机制或者进程的目的是强化减排行动,因此强制性和约束力应该是这种机制的必要属性。在实践中,也有一些国家希望在全球谈判的同时,建立减缓气候变化的国际合作诸边机制。[37]这种"减排俱乐部"在国内温室气体减排领域已经有了先例。美国芝加哥碳排放交易体系就建立了企业自愿加入的强制减排模式,一旦加入体系,参与主体就将接受强制性的减排行动范围和力度。因此,"减排俱乐部"是一种在参与主体方面具有完全自愿性,但在减缓行动的范围和力度上属于完全强制性的减缓模式。

"机遇共享"(opportunity-sharing)方案是中国学者张永生等提出的一种新方案。[38]这种方案将减缓气候变化与经济发展模式向绿色增长转型关联起来,认为减缓气候变化为绿色增长提供了机遇。该方案要求《公约》所有缔约方强制性参与。在减缓行动的范围和力度上,要求全球通过谈判确立一个力度不太高、容易达成共识的共同减缓目标,并按照一定的方法学将其分配给各国;在此基础上,再通过建立"绿色增长俱乐部",设定俱乐部成员利益来鼓励各国自愿参与,按照俱乐部的要求采取更有力度的减缓行动。因此,"机遇共享"方案是一种在参与主体和减缓行动范围方面具有完全强制性,但在减缓行动的力度上属于部分强制的减缓模式。

"责任分担"(burden-sharing)方案其实就是《京都议定书》的基本思想,最早见于巴西为制定《京都议定书》于 1997 年提出的"巴西案文"(Brazilian Proposal)。[39]"巴西案文"基于各国历史排放对气候变化的影响,将各方具有广泛共识的"2010 年附件一缔约方整体比 1990 年减排20%的目标",分解为各附件一缔约方的减排责任。在此之后,各国学者对如何进行责任分担开展了许多研究,并结合科学发现给出的排放空间量,进行了各种目标分解。尽管"巴西案文"只针对附件一缔约方,但后续的研究通常都设定所有国家强制性参与。在减缓行动的范围和力度上，也是设定所有国家强制性接受。因此，这些责任分担方案基本上都是具有参与主体、减缓行动范围和行动力度全部强制的模式。这种模式也是国内减缓气候变化行动常用的模式，例如欧盟在其所有成员国之间的减排责任分担，中国向其所有省进行的节能目标和碳排放控制目标分解等。

由上述分析可以看出，《公约》虽然是全球参与度最高的应对气候变化国际合作机制，但《公约》在减缓方面的权威集中程度相当低。而在参与主体、减缓行动范围和行动力度三个维度都具有完全强制性的机制，目前仅存在于科学研究中，尚未在国际谈判中成为谈判的基础。权威集中程度最高的实践是《京都议定书》。

《巴厘岛行动计划》与"国家计划"方案的指标表征相同，都强制性要求所有缔约方参与，对一部分参与者强制性地规定了减缓行动范围，但这两种模式在减缓行动力度上的"部分强制"具有不同的含义。《巴厘岛行动计划》是通过《京都议定书》第二承诺期，对一部分参与者的行动力度进行了强制规定，而"国家计划"的"部分强制"并不是体现在针对不同参与者的规定上，而是体现在这种模式强制性地规定了所有参与方一旦作出减缓行动承诺，就只能调高力度，而不能调低。后来的实践表明，这种规定具有非常重要的现实意义：日本 2011 年初在《坎昆协议》下作出的全经济范围量化减排承诺是 2020 年比 1990 年减排 25％，但是在 2013 年正式将其减缓承诺的力度调低到比 2005 年减排3.8％。[40] 这种倒退是任何一种减缓气候变化的国际合作模式都不希望看到的。对于完全强制性地规定减缓行动力度的模式，任何一个参与方要调整行动力度，都需要根据一定的规则（例如《京都议定书》的缔约方大会和修正案生效程序）来批准，而对于完全自愿地确定减缓行动力度的方式，如果没有"防倒退"机制就会使原本就难以保障的行动力度难上加难。

二、减缓责任分担规则的演进方向

从上文的分析基本可以得出以下四个结论。

第一，减缓责任分担规则需要在参与主体方面体现强制性，以提高参与主体的覆盖面。气候变化具有全球性的自然属性,其经济学归因则是温室气体排放的外部性问题。这两个因素使得减缓气候变化必须依托全球所有排放实体、全球所有国家的共同努力。从《京都议定书》的既有实践来看,也正是因为在参与主体上的不完整,使其在环境有效性、成本有效性两大方面都广受诟病。《京都议定书》之后的各种模式,除了"减排俱乐部"方案外,都强制性地要求所有国家参与。

第二,减缓责任分担规则需要在参与主体的全面性与减缓行动的力度之间进行取舍。除了"责任分担"方案外,其余的任何一种模式都没有兼顾参与主体的强制性与行动力度的强制性,而是各有取舍。无论是戴(Dai,音译)[41]指出的全球气候变化机制需要平衡法律约束度和参与度,还是奥姆斯特德(Olmstead)和斯塔文斯(Stavins)[42]指出的需要平衡公平性和有效性,其最终目的都是要做到既吸引各国广泛参与,又保证国际减缓气候变化合作的力度。如果法律约束性太强,而既定减缓行动的力度又太高,就会有国家选择不参与或者退出,例如加拿大在2012年正式退出了《京都议定书》,就是因为其无法承担完不成量化减排承诺的法律后果;而如果参与度得到了保证,但没有法律约束力保障力度,就会成为当前《坎昆协议》面临的难题,即各国自主提出的没有国际法律约束力的减缓许诺,距离科学要求的减排力度差太多。从历史责任的角度看,《京都议定书》只为发达国家设定量化减排指标是公平的,这吸引了所有发展中国家对《京都议定书》的支持,但是这却无法保证全球减缓行动的力度,而与发展中国家相反的是美国认为这种模式不公平,因此不参加《京都议定书》,可以想象的是如果当时要求所有国家都承担减排义务,无论在环境有效性和成本有效性上可能都可以提高减缓行动力度,但必然会有大量的发展中国家拒绝参加。

第三,减缓气候变化国际规则的力度难以通过强制力保障。由上述两点可知,参与度与行动力度不可兼得,而减缓气候变化的国际合作的参与度是必须保障的,那么行动力度就必然无法在模式设计时得到保障。这也是为什么"责任分担"方案是最科学的减缓气候变化方案,但各国在谈判中都没有正式将其提出的原因:因为这根本不可能通过谈判实现。[43]然而科学又对全球合作控制温室气体排放提出了具体要求,如何在"责任分担"模式之外,寻求一种能够满足科学要求,又能吸引各国广泛参与的机制,就成为学术界和谈判代表们都在不断研究和尝试的问题。"机遇共享"模式试图解决这一问题,然而在这一模式中,作为基础的全球强制性减排目标如何分解到各国这个问题并没有解决,仍然存在参与度与力度的取舍问题。尽管"机遇共享"模式希望通过"力度不太高、容易达成共识的共同减缓目标"来解决,但什么程度的力度可谓不太高,能够为各方接受尚不明确。而通过减排利益安排来吸引参与度的设想,有助于提高减排力度,但是也面临与《巴厘岛行动计划》《坎昆协议》以及"国家计划""光谱式承诺"等方案同样的问题:无法保障最终的全球整体减缓行动力度能够达到科学要求。

第四,行动的范围在减缓责任分担规则中对强制性的要求不那么显著。从《公约》没有规定减缓行动的范围,到《巴厘岛行动计划》《坎昆协议》和"国家计划"对减缓行动的范围进行了部分强制性规定,再到其余模式强制规定参与主体采取的减缓行动必须覆盖所有经济部门和全部温室气体排放,一方面显示出不同的模式对减缓行动覆盖范围的要求并不严格,说明国际社会对此问题的关注度不是很高,这可能是因为各方在导致温室气体排放的主要来源及其控制政策和措施方面有共识,即无论模式是否强制性地规定,各方都有理由互信彼此一旦作出减缓行动承诺,必然会覆盖主要的排放来源;另一方面,如果观察近年来提出和发展的模式,例如"责任分担""机遇共享""光谱式承诺"等,以及各国在谈判中提出的提案,可以发现各方在减缓行动覆盖范围方面已经基本没有分歧,一致要求逐步覆盖所有的温室气体排放。

第四节 减缓责任分担规则的新发展: 国家自主贡献

一、国家自主贡献的内容

在 2013 年华沙会议上,各国基本确认了自下而上自主提出应对气候变化目标的新规则。从科学的角度看,这一规则不利于实现政府间气候变化专门委员会最新评估报告对全球减缓提出的要求,但从政治上看,这一规则有利于吸引全球各国的广泛、平等参与。[44]根据这一要求,欧盟、美国、中国等《公约》的主要缔约方陆续在2015年提出了国家自主贡献意向(INDC)。

由于各缔约方没有就贡献意向应该包括的内容达成一致,因此缔约方大会决议并未就此作出规定,这导致已经提交的这些贡献意向包括的内容各异。总的来说,发达国家的贡献意向只包括了减缓的内容,而发展中国家普遍还包括了适应、资金、技术与能力建设支持需求等信息。

在减缓领域,各国贡献意向的形式不同。发达国家都采用了绝对量减排目标的形式,而墨西哥和加蓬则采用了相对"照常发展情景"(BAU)减排的形式,墨西哥还确定了峰值年、碳强度等目标,如表4.3所示。从与《京都议定书》核算规则衔接的角度看,瑞士明确提出了2021—2030年时间段的减排目标,这与《京都议定书》的规定类似,新西兰、挪威也在贡献中提出将进一步制定2021—2030年时间段的排放控制目标,而根据欧盟排放目标的内部落实执行机制,欧盟也将制定类似的时间段目标。

多数国家采用了2030年作为贡献意向的目标年,但由于美国采用了2025年作为目标年,并且这一信号已经在2014年被放出,因此一些国家也采取了灵活的方式设定减排目标,例如瑞士以2030年作为减排目标年的同时,也提出了2025年减排预期。一些国家还提出了2050年的远期目标,例如欧盟提出2050年比1990年减排80%—95%,美国提出2050年减排80%或者更多,瑞士提出2050年比1990年减排70%—85%,挪威提出2050年实现碳中性,墨西哥提出2050年比2000年减排50%等。

在目标涵盖部门方面,几乎所有国家的减缓目标均涵盖所有经济部门。在目标涵盖的温室气体种类方面,发达国家的减排目标都包括了《京都议定书》原本规定的6种温室气体[二氧化碳(CO_2)、甲烷(CH_4)、氧化亚氮(N_2O)、氢氟碳化物(HFCs)、全氟化碳(PFCs)、六氟化硫(SF_6)],有的也包括《京都议定书多哈修正案》新增的三氟化氮(NF_3)。

表 4.3　部分国家或集团提出的国家自主贡献意向（INDC）内容

国家	《公约》缔约方属性	减缓目标形式	覆盖范围①	温室气体②	基准年/线	目标年/时间段	减排目标	国际碳单位	林业和土地部门排放核算	其他要素①
加拿大	附件一	绝对量减排	所有部门	七种	2005年	2030年	30%	计入	"净净法"和基于木材产品的方式	无
欧盟	附件一	绝对量减排	所有部门	七种	1990年	2030年	至少40%	不计入	待国际谈判确定，但不晚于2020年	无
冰岛	附件一	绝对量减排	所有部门	七种	1990年	2021—2030年	40%	计入欧盟碳市场单位	待国际谈判确定	无
列支敦士登	附件一	绝对量减排	所有清单部门	七种	1990年	2021—2030年	40%	计入	政府间气候变化专门委员会方法	无
新西兰	附件一	绝对量减排	所有清单部门	七种	2005年	2021—2030年	30%	待定	待定	无
挪威	附件一	绝对量减排	所有部门	七种	1990年	2021—2030年	至少40%	联合欧盟就则，否则不计入计入	待国际谈判确定	援引其第六次国家信息通报，谈及适应问题
俄罗斯	附件一	绝对量减排	所有部门	七种	1990年	2020—2030年	25%—30%	不计入	政府间气候变化专门委员会方法	无

续表

国家	《公约》缔约方属性	减缓目标形式	覆盖范围①	温室气体②	基准年/线	目标年/时间段	减排目标	国际碳单位	林业和土地部门排放核算	其他要素③
瑞士	附件一	绝对量减排	所有清单部门	七种	1990年	2025年 2030年 2021—2030年	预期35% 50% 年均35%	计入	政府间气候变化专门委员会方法	无
美国	附件一	绝对量减排	所有清单部门	七种	2005年	2025年	26%—28%，且尽力多减至28%	不计入	"净净法"和基于木材产品的方式	无
日本	附件一	绝对量减排	所有部门	七种	2013年 2005年	2021—2030年	26% 25.4%	计入	待国际谈判确定	无
澳大利亚	附件一	绝对量减排	所有部门	七种	2005年	2030年	26%—28%	可能计入	政府间气候变化专门委员会方法	无
安道尔	非附件一	相对于照常发展情景(BAU)	能源和废弃物	三种十六氟化硫(SF$_6$)	BAU	2030年	37%	不计入	政府间气候变化专门委员会方法	
中国	非附件一	碳强度 峰值	不明	二氧化碳	2005年 —	2030年左右，尽可能更早达峰	60%—65% —	不明	不明	包括适应内容

续表

国家	《公约》缔约方属性	减缓目标形式	覆盖范围①	温室气体②	基准年/线	目标年/时间段	减排目标	国际碳单位	林业和土地部门排放核算	其他要素③
南非	非附件一	峰值	所有清单部门	六种	—	2020—2025 年达峰; 2025—2030 年排放量为 3.98 亿—6.14 亿吨	—	不明	政府间气候变化专门委员会清单方法	包括适应和实施方式的内容,并列出部分减缓行动的增量成本
埃塞俄比亚	非附件一	相对于 BAU	所有清单部门	三种	BAU	2030 年	64%	计入	待国际谈判确定	包括适应和实施方式的内容,目标需要得到国际支持
加蓬	非附件一	相对于 BAU	所有清单部门	三种	2000 年/BAU	2025 年	50%	不计入	政府间气候变化专门委员会清单方法	包括适应内容
韩国	非附件一	相对于 BAU	所有清单部门 LULUCF 特定	六种	BAU	2030 年	37%	计入	待定	包括适应内容
墨西哥	非附件一	相对于 BAU 碳强度 峰值年	所有清单部门	六种+黑碳	2013 年/BAU 2013 年 —	2030 年 2026 年	25%④ 40% —	无条件目标不计入; 有条件目标计入	政府间气候变化专门委员会清单方法	包括适应,能力建设和技术转让和资金内容

续表

国　家	《公约》缔约方属性	减缓目标形式	覆盖范围①	温室气体②	基准年/线	目标年/时间段	减排目标	国际碳单位	林业和土地部门排放核算	其他要素③
摩洛哥	非附件一	相对于BAU	所有清单部门	三种	BAU	2030年	32%，有条件 13%，无条件	计入	政府间气候变化专门委员会方法	有条件目标需要得到国际支持（约需350亿美元）
塞尔维亚	非附件一	绝对量减排	所有清单部门	六种	1990年	2021—2030年	9.8%	不明	不明	包括适应，损失损害等内容
新加坡	非附件一	碳强度 峰值年	所有清单部门	六种	2005年 —	2030年 2030年左右	36% —	不计入，但有可能	量少可忽略	包括适应内容
马绍尔群岛	非附件一	绝对量减排	能源、废弃物，其余可忽略	三种，其余可忽略	2010年	2025年 2030年 2050年，可能的话更早	32% 45% 净零排放	不计入	量少可忽略	包括适应内容，未提及目标是不是有条件的，但指出部门提出的目标需要得到国际支持
肯尼亚	非附件一	相对于BAU	所有清单部门	三种	BAU	2030年	30%，有条件	有，可能计入	政府间气候变化专门委员会方法，BAU待研究	包括适应内容，有条件目标需要得到国际支持

续表

国家	《公约》缔约方属性	减缓目标形式	覆盖范围①	温室气体②	基准年/线	目标年/时间段	减排目标	国际碳单位	林业和土地部门排放核算	其他要素③
摩纳哥	非附件一	绝对量减排	所有部门	七种	1990年	2030年	50%	可能活不计入，但不排除	绿地都记作公园和花园，不计入林业	包括适应内容
马其顿	非附件一	相对于BAU	能源部门	二氧化碳	BAU	2030年	30%，无条件 36%，有条件	可能计入	不包括	有条件目标需要得到国际支持到国际投资3亿美元（额外投资3亿美元）
特立尼达和多巴哥共和国	非附件一	相对于BAU	电力、交通、工业 公共交通	三种	BAU 2013年	2030年 2030年	15%，有条件 30%，无条件	不计入	尚不包括	完成目标的资金需求约20亿美金，部分需要得到国际支持
贝宁	非附件一	相对于BAU的减排数量目标	能源、土地利用、林业	三种	BAU	2020—2030年	累计减排1.2亿—1.6亿吨	不计入	政府间气候变化专门委员会方法	包括适应内容、需要资金、技术和能力建设等支持，约3 000万美元

续表

国家	《公约》缔约方属性	减缓目标形式	覆盖范围①	温室气体②	基准年/线	目标年/时间段	减排目标	国际碳单位	林业和土地部门排放核算	其他要素③
吉布提	非附件一	相对于BAU	能源、农业、废弃物、工业	三种	BAU	2030年	40%,无条件 60%,有条件	不计入	不明	包括适应内容,有条件目标需要得到国际支持
刚果民主共和国	非附件一	相对于BAU	能源、农业、土地利用、土地利用变化和林业(LULUCF)	三种	2000年	2021—2030年	17%,有条件	可能计入	政府间气候变化专门委员会清单方法	包括适应内容,有条件目标需约需125.4亿美元的国际支持
多米尼加	非附件一	绝对量减排	所有清单部门	三种	2010年	2030年	25%,有条件	可能计入	政府间气候变化专门委员会清单方法	包括适应、损失损害、资金、技术、能力建设内容,有条件目标需要得到国际支持
阿尔及利亚	非附件一	相对于BAU	所有清单部门	三种	BAU	2030年	7%,无条件 22%,有条件	不明	政府间气候变化专门委员会清单方法	有条件目标需要得到国际支持

续表

国家	《公约》缔约方属性	减缓目标形式	覆盖范围①	温室气体②	基准年/线	目标年/时间段	减排目标	国际碳单位	林业和土地部门排放核算	其他要素③
哥伦比亚	非附件一	相对于BAU	所有清单部门	六种	BAU	2030年	20%,无条件 30%,有条件	计入	政府间气候变化专门委员会清单方法	有条件目标需要得到国际支持
科摩罗	非附件一	相对于BAU	能源、农业、UTCAF、废弃物	三种	BAU	2030年	84%	不明	政府间气候变化专门委员会清单方法	包括适应内容,有条件目标需要充分的国际支持
约旦	非附件一	相对于BAU	所有清单部门	六种	BAU	2030年	1.5%,无条件 14%,有条件	计入	政府间气候变化专门委员会清单方法	包括适应内容,有条件目标需约51.6亿美元的国际支持
孟加拉国	非附件一	相对于BAU	电力、交通、工业,其余部门非量化	六种	BAU	2030年	5%,无条件 15%,有条件	可能计入	不含LULUCF	包含适应、资金内容,有条件目标需得到国际支持

续表

国家	《公约》缔约方属性	减缓目标形式	覆盖范围①	温室气体②	基准年/线	目标年/时间段	减排目标	国际碳单位	林业和土地部门排放核算	其他要素③
马达加斯加	非附件一	相对于BAU	所有清单部门	三种	BAU	2030年	14%,有条件	不计	政府间气候变化专门委员会清单方法	包含适应,实施方式等内容;有条件目标需约60亿美元的国际支持
蒙古国	非附件一	相对于BAU	能源,工业,农业,废弃物	三种	BAU	2030年	14%	不明	不含LULUCF	包含适应,实施方式等内容
印度尼西亚	非附件一	相对于BAU	所有清单部门	三种	BAU	2030年	29%,无条件 41%,有条件	不计 可能计入	政府间气候变化专门委员会清单方法	有条件目标约需得到科技开发及转让,资金等国际支持

注：① 各国的贡献覆盖范围有两种表达，一种是按经济部门，一是按温室气体单编制部门。表中"所有部门"是指两种表述都有体现。

② 三种是指二氧化碳、甲烷和氧化亚氮，六种是指前三种加上氢氟碳化物、全氟碳化物、六氟化硫、七种是指前六种加上三氟化氮。

③ 根据《公约》缔约方大会第1/CP.17号决议确定的"德班平台"谈判要素，除了减缓要素，还有适应、资金、技术开发与转让、能力建设和透明度。

④ 此为无条件目标，具体内涵是温室气体减排22%，黑碳减排51%；墨西哥可还提出有条件减排承诺40%，包括温室气体减排36%，黑碳减排70%；条件见下文。

资料来源：各国提交的国家自主贡献意向。UNFCCC, INDCs as communicated by Parties, 2015, http://www4.unfccc.int/submissions/indc/Submission%20Pages/submissions.aspx.

发展中国家涵盖的温室气体种类有所差异，如中国的量化承诺目标中仅涉及二氧化碳；加蓬、摩洛哥、埃塞俄比亚和肯尼亚承诺了三种温室气体（二氧化碳、甲烷、氧化亚氮）的减排目标；墨西哥则不仅涉及了除三氟化氮之外的 6 种受控温室气体，而且还提出了黑碳这一短寿命气候污染物的减排目标。

二、国家自主贡献意向减缓目标的核算规则

核算是建立在测量、报告、核实基础上的对目标是否完成的技术性评估。核算针对的对象是承诺的行动目标，并且可用于各种可量化目标的评估，如减缓和资金承诺。

温室气体清单总量的变化，可以表征减缓行动的成果，但是否能够充分反映减缓目标的实现与否，还需要结合减缓承诺所覆盖的范围，即将哪些活动计入所承诺的减缓目标，例如在海外通过国际碳市场机制进行的减排活动、土地利用和林业部门人为活动所导致的排放净变化量等。减缓目标核算与温室气体清单的关系如下面公式所示。

$$f = G_t - \Delta C + L + x - G_T$$

式中，f 是核算函数；G_t 是目标年（或承诺期）温室气体实际总净排放量；G_T 是承诺目标年（或承诺期）温室气体总净排放量，G_T 的数值取决于对减排目标的政治承诺和核算规则（accounting rules），可从不同类型的减排目标和承诺数值折算而来；ΔC 是净买入国际碳市场机制单位，即买入减排量减去卖出减排量；L 是土地利用和林业部门人为活动所导致的排放净变化量；x 是其他被允许计入核算的活动所导致的排放量净变化。如果核算规则确定可以使用国际碳市场单位，可以计入土地利用和林业部门人为活动所导致的排放净变化量，可以计入其他活动 x，则这三项计入核算公式，否则就不计入。核算结果如果 $f > 0$，则减缓目标没有实现，$f \leqslant 0$，则减缓目标实现。

在《京都议定书》下，所有的附件 B 缔约方都采用统一核算规则，即都采用《京都议定书》第三条第七款规定的目标设定方式[45]，都采用第五条规定的政府间气候变化专门委员会清单编制方法，都计入通过《京都议定书》第六、十二、十七条所认可的联合履行机制（JI）、清洁发

展机制（CDM）和排放交易机制（ET）净买入的国际碳市场机制单位，并按照《京都议定书》第三条第三款和第四款计入土地利用和林业部门人为活动所导致的排放净变化量。

在《巴黎协定》中，尽管并未如《京都议定书》一样建立统一核算规则，而且从贡献意向关于减缓承诺目标的设定，以及各国在贡献意向中提出的与碳市场、土地利用和林业部门人为活动相关的信息看，《巴黎协定》也不可能统一核算规则。这为衡量各国减缓目标的力度、减缓目标的实现进展都带来了很大的困难，更难以汇总得出全球的减缓目标和进展。

贡献意向中目标设定方式的不统一，已在前文进行了分析。各国拟采用的清单编制方法大同小异，即发达国家均采用《2006年IPCC国家温室气体清单指南》及最新修订的优良做法指南，以及政府间气候变化专门委员会第四次评估报告中的全球增温潜势值（GWP）；包括中国在内的发展中国家则采用政府间气候变化专门委员会第二次评估报告中的全球增温潜势值和《修订的1996年IPCC国家温室气体清单指南》，或采取与发达国家一样的指南和全球增温潜势值。这两份指南的基本思路和算法是一致的，区别在于对排放源与吸收汇的部门分类，以及对部门细类、计算公式、默认参考值的更新等。在土地利用和林业部门活动核算这一块，各方难以形成共识。欧盟计划在2020年前最终确定这一部门的核算方法学，美国和加拿大在其贡献意向中澄清了土地利用部门排放的具体核算方法，新西兰则指出最终确定的土地利用部门核算方法学应考虑土地利用的多重目标等因素。针对是否利用国际碳交易市场来实现减排目标，欧盟以及美国、俄罗斯和加蓬等国明确表示不打算利用国际碳市场交易机制实现其自主承诺的减排目标，挪威提出除开展国内减排行动之外，将仅利用欧盟排放贸易机制（EU-ETS）。同时，也有瑞士、加拿大等国表示希望利用国际碳减排额度来实现其贡献意向所提出的减排目标。

三、国家自主贡献减缓目标的法律效力

对于《巴黎协定》以及各国国家自主贡献，减缓目标的法律效力具

有重要意义。为了实现《公约》目标,法律形式及其效力应当确保所有的缔约方明确承担其减排目标,并且确保这一目标能够兑现。法律形式及其效力的安排还应当为各个缔约方所接受,一定的灵活性将有助于在今后不断提升各国减排贡献的力度。

按照《巴黎协定》规定,协定的缔约方有义务提出国家自主贡献,这项义务具有国际法律约束力,但是各国贡献的具体内容,则属于国家自主行为,《巴黎协定》没有确定其法律属性。就已经提交的贡献意向看,其减缓目标的法律属性有所不同,所依据的法律法规也有很大差异,如表 4.4 所示。

表 4.4　已提交国家自主贡献意向中减缓目标的性质

国家或集团	《公约》缔约方属性	法律属性	法　律　依　据
加拿大	附件一	行政目标	《加拿大环境保护法 1999》(Canadian Environmental Protection Act,1999)
欧盟	附件一	待定	(1) 贡献意向称"欧盟及其成员国承诺采取有约束力的目标"; (2) 欧盟 2020 年法定目标记载于 Decision No 406/2009/EC 和 Directive 2009/29/EC①
冰岛	附件一	待定	(1) 贡献意向称"冰岛旨在与欧洲国家一道实现目标"; (2) 冰岛 2020 年法定目标记载于 Act No. 70/2012 on Climate Change
列支敦士登	附件一	法定目标	2015/2016 年将修订对各行业起指引作用的国家气候战略;2016/2017 年将会修订二氧化碳相关法案,此外,欧盟目标也对国家的长期能源目标产生影响
新西兰	附件一	法定目标	2002 年颁布《气候变化响应法案》且于 2008 年修订
挪威	附件一	法定目标	贡献目标,以及与欧盟联合实施减排目标的方案,将得到挪威议会的批准
俄罗斯	附件一	法定目标	基于俄罗斯的气候法则和能源战略,俄罗斯将会在已有的全经济范围和各行业控制温室气体相关法案的基础上进一步推出法律法规
瑞士	附件一	法定目标	瑞士自 2000 年颁布了二氧化碳法案,会在未来数年且得到议会批准的情况下将贡献目标修订为 2021 年至 2030 年的减排目标

国家或集团	《公约》缔约方属性	法律属性	法律依据
美国	附件一	行政目标	美国政府将会在相关法案（主要是《清洁空气法案》，以及《能源政策法案》和《能源独立和安全法案》）的基础上，推出包括新老电厂碳减排法规、重型骑车燃油经济性标准等行政措施
日本	附件一	法定目标	日本预防全球暖化总部负责制定和提出国家贡献，且将会在《全球气候变暖对策基本法》的基础上制定对策方案措施
中国	非附件一	不明确	将研究制定国家长期低碳发展战略和路线图，并根据主体功能区划完善应对气候变化的区域战略
埃塞俄比亚	非附件一	不明确	所提出的贡献与国家发展计划相协调，植根于埃塞俄比亚的气候韧性绿色经济愿景和战略
韩国	非附件一	行政目标	韩国首相办公室牵头建立了多个相关部委参与的专门的工作组来准备其国家自主贡献，并由不同的多个利益相关方（企业、公民社会组织等）参与，也得到国家相关授权程序的批准
墨西哥	非附件一	不明确	2012年颁布《气候变化法》并生效，制定了2050年相对于2000年减排50%的目标，贡献意向的提出目标符合这一减排路径；2013年制定的国家气候变化战略，制定了墨西哥在未来10年、20年和40年内应对气候变化的愿景
新加坡	非附件一	不明确	新加坡跨部门的气候变化委员会负责制定减缓措施与目标，也反映在国家的整体战略中，如《国家气候变化战略2012》《新加坡的可持续蓝图2015》等，同时还对相关法律法规持续开展评估并更新相应的进展与目标
肯尼亚	非附件一	不明确	肯尼亚制定了《国家气候变化响应战略2010》《国家气候变化行动方案2013》，同时正在制定《国家适应方案》，并即将推出《国家应对气候变化框架政策和法案》，每五年对上述文件进行评估，在准备贡献的过程中也考虑对《气候变化法2014》进行评估

国家或集团	《公约》缔约方属性	法律属性	法 律 依 据
印度尼西亚	非附件一	行政目标	印度尼西亚政府非常重视应对气候变化的体制建设,也推出众多与环境保护、空间规划、可再生能源发展、沿海和导语管理相关的法律,印度尼西亚政府还专门制定了减缓气候变化的法规,以及国家气候变化适应行动方案
南非	非附件一	不明确	南非的国家自主贡献基于其国家气候政策和国家发展规划,并将通过能源、工业和其他相关的规划和立法来实施
蒙古国	非附件一	法定目标	蒙古国目前已有多项与应对气候变化相关且具有国内法律约束力的法律措施,蒙古国拟于 2016—2020 期间对这些法律进行评估和修订,使其在 2021—2030 年间能够保障国家自主贡献得到落实,并对其实施进行年度评估

注:① The European Parliament and the Council of the European Union,"Decision No 406/2009/EC of The European Parliament and of the Council of 23 April 2009 on the Effort of Member States to Reduce Their Greenhouse Gas Emissions to Meet the Community's Greenhouse Gas Emission Reduction Commitments up to 2020," 2009,http://eur-lex.europa.eu/legal-content/EN/TXT/?uri=CELEX:32009D0406;The European Parliament and the Council of the European Union,"Directive 2009/29/EC of The European Parliament and of the Council of 23 April 2009 amending Directive 2003/87/EC so as to Improve and Extend the Greenhouse Gas Emission Allowance Trading Scheme of the Community," 2009,http://eur-lex.europa.eu/legal-content/EN/TXT/?uri=CELEX:32009L0029.

资料来源:各国提交的国家自主贡献。UNFCCC,INDCs as communicated by Parties,2015. http://www4.unfccc.int/submissions/indc/Submission%20Pages/submissions.aspx.

　　由于各国贡献意向中减缓目标的法律属性不同,各国是否能够有效执行这一减缓承诺也具有不确定性。一般而言,法定目标具有较强的保障力,而行政目标有可能随着政府执政党的更迭、一段时期内国家发展优先事项的变化等而改变。当然这也并不绝对,立法也可以被修改甚至推翻,行政目标也有可能得到严格执行。

　　但贡献的不同法律属性给整个《巴黎协定》减缓行动的法律属性带来严重影响是必然的。由于有些国家无法将本国的减缓目标法定化,更无法将其在国际层面法定化,这也决定了《巴黎协定》不可能对减缓行动的具体目标进行法律约束,这在很大程度上削弱了《巴黎协定》作为《公约》进一步实施机制的效力。

四、国家自主贡献对减缓责任分担规则的影响

国家自主贡献对减缓责任分担规则的影响无疑是深远的,尤其体现在对于国家承诺与行动的性质改变上。纵观各国所提交的贡献意向的内容,具有多样性的、主要根据自身对于其责任与能力判断而自主提出的减缓行动目标,实际上已经打破了发达国家和发展中国家在《公约》及其《京都议定书》框架下关于各国责任、与责任相对应的减缓承诺和行动的"二分法"规则。贡献意向内容本身所涉及的范围、力度、实施保障等,对于达成全面、平衡、可持续实施和有力度的全球气候治理制度也形成众多挑战。

第一,国家承诺与行动的本质变化。"共同但有区别的责任"原则和公平原则是全球气候治理机制的核心原则。将发达国家历史上的排放责任和应尽义务,与发展中国家未来的发展诉求与排放空间需要协调起来,将发达国家的技术、资金优势,与发展中国家亟待提高的能力以及全球应对气候变化的整体需要联系起来,最终以附件一与非附件一区别发达国家与发展中国家共同但有区别地承担应对气候变化的承诺与行动,是《公约》体系下"不对称承诺"的典型规则,也符合"共区原则"和公平原则。[46]

《公约》及其《京都议定书》,以及在《巴厘岛行动计划》谈判时期的全球气候治理机制,要求发达国家缔约方率先采取行动,作出量化减排承诺或行动,并且《公约》附件二的发达国家还需要向发展中国家提供其开展行动所需的支持(资金、技术和能力建设等);发展中国家缔约方在得到发达国家支持的情况下,采取适当的减缓行动;发达国家和发展中国家所需作出的承诺和开展的行动,本身还具有不同的法律性质和约束力。

对于以国家自主贡献为代表的自下而上模式而言,2009年的《哥本哈根协议》虽然不具有法律效力,但最先提出了发达国家和发展中国

家共同作出减缓许诺的规定,并在 2010 年达成的《坎昆协议》中得到了确认。"二分法"下发达国家和发展中国家"有所区别的责任"及其相对应的不对称承诺和行动,已经趋同为在自下而上模式下,发达国家与发展中国家自主地、共同地、不分先后地,甚至是在不论是否得到理应获得支持的情况下,在同一个机制中作出承诺,极大地削弱了与"共区原则"相对应的"不对称承诺"。

第二,减排目标的形成机制发生了改变。《公约》及其《京都议定书》,包括《京都议定书》第二承诺期以及与之平行的《公约》下长期合作行动的"双轨谈判",主要都是以自上而下模式推进减缓责任在缔约方之间的分担。《公约》及其《京都议定书》的核心,在于确立和实践了"共同但有区别的责任"原则和公平原则。根据这两个原则,《公约》缔约方及其所应承担的责任被划分为两类:发达国家需要率先承担减排义务,并在《京都议定书》中明确为量化减排承诺目标;发展中国家根据自身国情,并在得到发达国家相关支持的情况下采取积极行动。这种主要以自上而下模式确定相关缔约方权利义务的方法,界定了发达国家在气候变化问题上的历史责任,以及发展中国家在气候变化背景之下的发展权利。这一模式贯穿于整个国际气候治理制度构建的早期,在2007 年根据巴厘岛气候大会授权而进行"双轨谈判",也是该模式的进一步延续,一直持续到 2012 年多哈气候大会才正式终结,不再作为最主要的气候制度推进模式。

然而自 2009 年的哥本哈根气候大会以来,尤其是随着 2013 年华沙气候大会启动了各国国家自主贡献意向的准备进程,"德班平台"的谈判迈出了关键性一步,确定了《巴黎协定》的减缓责任分担将以自下而上模式出现。这是全球气候治理机制建设的新趋势。

在国家自主贡献中,各国之间"共同但有区别的责任"以及与责任相称的各种应当开展的承诺与行动,在事实上均以"差异各表"的方式来体现,这与"二分法"的规则形成了很大的反差。贡献在实质上变更了各国所应采取的气候行动的法律基础,从各国对于气候责任的承担,转向了对于国家自身能力和应对气候变化行动意愿的体现,模糊了《公约》的"共区原则",容易成为众多的尤其是以附件一缔约方为主的发达国家逃避自身责任与义务的平台。

第三,贡献内容本身的全面与平衡存在问题。《公约》及其《京都议定书》是全球气候治理制度早期构建过程中,缔约方妥协和平衡的框架性结果,界定了发达国家和发展中国家所需开展气候行动的类型与性质。气候制度随后的发展历程也是以全面且平衡的方式展开的,逐步确立起减缓、适应、资金、技术、能力建设,以及行动与支持的透明度等核心要素。

然而,作为发达国家应对气候变化行动的重要组成部分,发达国家需要向发展中国家提供资金、技术转让和能力建设等众多一揽子支持,但这些并未在发达国家提交的贡献意向中得到体现。适应问题一方面与资金、技术和能力建设等实施方式挂钩,另一方面发达国家声称适应是国内行动而不必在国际承诺中提出,因此也几乎没有在发达国家的贡献意向中体现。发达国家以减缓为基本内容的国家自主贡献,本质上是对其在《公约》下所需承担义务的规避,实质上打破了各国自主提出应对气候变化贡献的全面性与平衡性,也偏离了《公约》对于缔约方权利、义务、责任的划分。这一趋势不利于《公约》的可持续实施和构建国际气候制度的公平正义,也很难真正提升全球应对气候变化的行动力度。

第四,减缓力度难以得到保障。应对气候变化的行动力度事关《公约》最终目标能否实现,即能否将大气中温室气体的浓度稳定在防止气候系统受到危险的人为干扰的水平上。2010 年,各国进一步将这一长期目标解读为"与工业化前水平相比的全球平均气温上升幅度维持在2 ℃以下",甚至要求审评考虑加强该目标至控制在 1.5 ℃以内。[47]这一目标也在《巴黎协定》中得到了确认。

实现《公约》目标意味着需要大幅度削减全球温室气体排放量。根据联合国环境署(UNEP)的《排放差距报告 2014》(The Emissions Gap Report 2014)[48],以及政府间气候变化专门委员会第五次评估报告的相关情景结论,要实现温升控制在 2 ℃之内的目标,全球的二氧化碳需要在 2055—2070 年间实现净零排放,且在 2080—2100 年间实现全球温室气体的净零排放。与此同时,如果能够在近期内,尤其是 2020 年前有力地控制住排放,也相应能够缓解未来采取极端减排措施以实现2 ℃目标的压力。与这一情景路径相对应的是,2050 年全球需要比

2010 年减排约 55%，且全球排放必须在 2030 年前达到排放峰值，至 2030 年时需要比 2010 年减排 10% 以上，如表 4.5 所示。

表 4.5　将全球平均温升幅度控制在 2℃ 之内所可能需要的全球减排力度

年份	排放中值（亿吨二氧化碳当量）	相对 1990 年的排放水平	相对 2010 年的排放水平	排放范围（亿吨二氧化碳当量）	相对 1990 年的排放水平	相对 2010 年的排放水平
2025	470	+27%	−4%	400—480	+8%—+30%	−2%——18%
2030	420	+14%	−14%	300 至 440	−19—+19%	−10—−39%
2050	220	−40%	−55%	180—250	−32——51%	−49——63%

资料来源：UNEP，"The Emissions Gap Report 2014," Nairobi：United Nations Environment Programme（UNEP）.

《排放差距报告 2014》根据各国按照《坎昆协议》作出的 2020 年减排承诺进行外推，预测 2030 年全球减排努力与科学所要求减排力度的差距约为 140 亿吨至 170 亿吨二氧化碳当量。

第五，减排努力难以得到国际法律约束力的保障。国家自主贡献进程自 2013 年开启之始就非常强调不预判"巴黎气候协议"的法律属性和约束效力，而是给出了《京都议定书》、另一法律文书或某种有法律约束力的议定结果这三种形式。"德班平台"谈判进程中关于贡献的地位和法律性质也存在不同争论。从各国所提交的贡献意向来看，各国承诺采取的应对气候变化行动的法律属性和约束效力有所不同，所依据的法律法规也呈现较大差异。

由于关键国家尤其是美国国内政治因素极大地影响到其所能够作出的国际承诺所可能具有的国际约束力，因此在谈判过程中，各国就意识到不大可能以具有严格法律约束力的方式将各国的贡献列入"巴黎气候协议"的核心文件并要求各国签署以生效。相对应地，"巴黎气候协议"以及国际气候制度的一个重要发展方向，是将各国减排努力的进程法律化，即各国需要根据特定的时间阶段和提交方式提出其应对气候变化的贡献与目标；而贡献与目标的具体内容则不属于"巴黎气候协议"的约束范围，从而以妥协的方式解决关键缔约方国内国情与各国自主贡献及其法律约束力的平衡，也为以后持续性地谈判和提升各国行动和支持的力度埋下伏笔。

第五节 《巴黎协定》确定的减缓责任分担规则

《巴黎协定》确立了通常所谓的"承诺＋审评"减缓责任分担规则，即各国自主提出减缓贡献，再通过每五年一度的全球盘点，识别全球减缓合作努力与科学认知要求的差距，之后各国根据盘点结果，自愿考虑是否提高减缓力度。《巴黎协定》还要求，发达国家继续带头开展全经济范围绝对量化减排，其他国家逐渐采取这一减缓行动模式。《巴黎协定》建立的减缓责任分担规则是一种自上而下和自下而上相结合的模式。在参与主体方面，要求所有缔约方都采取减缓行动，具有强制性；在行动范围方面，对发达国家具有强制性，要求进行全经济范围减排，而对其他国家只提出了这一方向性要求，因此属于半强制性；在行动力度方面，各国将自主提出减缓贡献，并且基于全球盘点的结果，自愿考虑是否调整行动力度，因此不具有强制性。

一、《巴黎协定》的减缓规则：内容、特征与影响

《巴黎协定》第三条要求："作为全球应对气候变化的国家自主贡献，所有缔约方将保证并通报第四条、第七条、第九条、第十条、第十一条和第十三条所界定的有力度的努力，以实现本协定第二条所述的目的。所有缔约方的努力将随着时间的推移而逐渐增加，同时认识到需要支持发展中国家缔约方，以有效执行本协定。"第四条第三款规定："各缔约方下一次的国家自主贡献将按不同的国情，逐步增加缔约方当前的国家自主贡献，并反映其尽可能大的力度，同时反映其共同但有区别的责任和各自能力。"第四款要求："发达国家缔约方应当继续带头，努力实现全经济绝对减排目标。发展中国家缔约方应当继续加强它们的减缓努力，应鼓励它们根据不同的国情，逐渐实现全经济绝对减排或限排目标。"第五款规定："所有缔约方的努力将随着时间的推移而逐渐增加，同时认识到需要支持发展中国家缔约方，以有效执行本协定。"此外，第四条第十九款规定："所有缔约方应努力拟定并通报长期温室气体低排放发展战略，同时注意第二条，根据不同国情，考虑它们共同但

有区别的责任和各自能力。"可以看出,《巴黎协定》在减缓责任的分担方面,尽管建立了自下而上的模式,但仍在一定程度上体现了"共同但有区别的责任"原则。

《巴黎协定》第四条规定:"各缔约方应编制、通报并保持它打算实现的下一次国家自主贡献。缔约方应采取国内减缓措施,以实现这种贡献的目标";"各缔约方下一次的国家自主贡献将按不同的国情,逐步增加缔约方当前的国家自主贡献,并反映其尽可能大的力度,同时反映其共同但有区别的责任和各自能力"。这种新的减缓规则意味着,虽然所有缔约方都应该共同作出国家自主贡献,但各国应根据自己的国情,自己的发展阶段和能力来决定自己应对气候变化的行动和公平的减排贡献。这实际上是一种"自我区别"的方式。这种新的区分模式有很大的包容性,可以动员所有的国家采取行动,从而增强参与的广泛性与普遍性,也有助于各缔约方切实有效地履行它们的减排承诺。

从规则体系上来看,《巴黎协定》是一种处于自上而下的以规则为基础的体系和自下而上的承诺体系之间的混合物。这一规则体系从总体上以一种发展中国家可以接受的动态方式坚持了"共同但有区别的责任"原则。从法律形式上看,《巴黎协定》对履约程序方面的规定是具有法律约束力的,但是对更具实质内容的因素,包括国家自主贡献的具体目标以及实现与否,则不具有法律约束力,缔约方通报的贡献只是记录在秘书处维护的一个公共登记簿上。

《巴黎协定》在参与主体的全面性与减缓行动的力度之间进行取舍时,也选了前者,而牺牲了后者。这与《坎昆协议》建立的模式十分相似,但与《坎昆协议》完全牺牲了后者所不同的是,《巴黎协定》试图在确保减缓行动的力度方面作出一定的努力,为此建立了全球盘点机制,鼓励各国自愿提高减缓力度,并通过透明度规则和遵约机制的安排,以开放性、促进性的多边评议和委员会评审手段,试图通过舆论的影响力向各国施加一定的压力,促使其提高减缓行动力度。

可以肯定的是,在自主提出减缓行动贡献的模式下,各国不会主动提出有力度的行动目标。一方面,由于减缓行动对经济发展的影响不明,各国将倾向于保守决策。尽管如张永生等提出的,国际社会应该将减缓行动看作机遇,这样的话就会争先恐后去积极减缓[49],但问题在于,发达国家当今的发展阶段和产业结构都与发展中国家存在很大的差距,发展中国家仍处在需要快速发展,改善民生的阶段,在这种阶段如何做到经济增长、社会发展与环境保护、低碳排放的协调?无论是高比例可再生能源的应用,还是大规模碳捕集与封存技术的发展,发达国家没有经验可以提供,任何国家都没有成功的范例可供效仿,而且发展中国家普遍面临缺乏资金、缺乏技术、缺乏人力资源的现状。因此,"机遇共享"的"机遇"存在太大的不确定性。各国仍然只会将减缓行动看作责任和负担。另一方面,在国际合作和谈判的过程中,一旦各国有预期,当自行提出的减缓行动有可能调整,尤其是向提高力度的方向调整时,就会作出保守决策,先提出力度较低的目标,以便留有余地来应对其他参与方的挑战和压力。

尽管《巴黎协定》建立了全球盘点、透明度和遵约机制,试图鼓励各国提高减缓行动力度,但这仍然不能得到保障。欧盟曾经在谈判中表示,除了现在《巴黎协定》中建立的全球盘点机制外,还应该有一个统一的机制评估各国的减缓行动是否有力度、是否公平,并要让审评结果使得各国提高其减缓行动的力度。[50]但欧盟并没有提出如何将审评结果与提高力度挂钩的机制安排。相比之下,巴西曾经在谈判中提出要建立"防倒退"机制,由缔约方大会定期以各国对全球温升的贡献度作为准绳,来判断各国的减缓行动力度是否足够,并通过缔约方大会决定的形式提出相应的力度调整建议。[51]巴西的方案实际上是将"责任分担"的模式融入了进来,并且指定以各国对全球温升的贡献度作为责任分担的依据。如同前文所述,巴西这种提议是基于科学认知的要求作出的安排,但在谈判中无法实现。最终的《巴黎协定》也证实了这一点。

二、《巴黎协定》减缓责任分担规则展望

《巴黎协定》是自 2011 年年底启动"德班平台"谈判以来,各国数年谈判的结果。从减缓气候变化的国际合作模式看,也可以将这种"承诺+审评"的模式理解为哥本哈根气候大会提出的减缓合作模式的法律化和增强版。而各国对这种模式也积极响应,《巴黎协定》已经于2016 年 11 月 4 日生效,成为最快生效的国际条约之一。可以预见,

《巴黎协定》建立的这种国家自主贡献的模式,可以在最大程度上实现参与主体的全面性。

而如同前文所述,尽管减缓行动的范围在应对气候变化的国际合作中对强制性的要求不显著,但《巴黎协定》仍强制性地规定了发达国家必须采取全经济范围绝对量化减排的行动,并鼓励其他国家逐步采取这样的行动,因此对于减缓行动和合作的范围,可以说有了可预期强制性规定。

尽管《巴黎协定》并未建立起强制性提高各国和国际减缓合作力度的机制,但协定确定的全球实现温室气体低排放和气候适应型发展的明确目标,为全球各国和国际减缓合作指明了确切的方向,也为科学研究界和商业界给出了明确而坚定的信号。

然而《巴黎协定》并未解决落实减缓行动与合作所必需的实施手段。减缓行动取得实效的根本是依托低碳技术的研发和推广应用,落实低碳发展路线图。对于发达国家而言,除了更新规划、推进技术研发与应用外,尤其需要进一步巩固和发展低碳理念,尤其是应带头实现可持续的生活方式、消费和生产模式。而对于发展中国家而言,在传统的生活方式中吸取有利于应对气候变化和可持续发展的理念和经验,加强研究制定合理的产业政策规划、国土空间规划,研发适合本国的减缓技术,是避免重蹈发达国家覆辙的必要途径,而所有的这些行动都有赖于资金、技术和能力。显而易见的是,仅靠发展中国家自身是无法完成这些行动的。《巴黎协定》虽然基于已有经验、机制、机构建立和强化了资金、技术、能力建设合作机制,尤其是向发展中国家提供支持,但如何有效发挥这些机制、机构的作用,真正促进规划方法、技术手段向发展中国家的转移,帮助这些国家实现温室气体低排放发展,是需要后续研究和落实的关键问题。

与此同时,国际社会或许应该着眼于通过对科学、技术进步的进一步解读,以及通过"全球盘点"对各国减缓行动和国际合作的进一步认识,设定一个中长期可量化的减缓合作目标。因为对于减缓气候变化而言,存在的不确定性既来自科学本身,这表明以一个固定的数字来限定各国的排放轨迹并不科学;也来自发展路径,因为发展经济学至今无法给出既能少消费化石能源、少排放温室气体,又能支撑经济增长、产业发展、产品丰富、就业充分、社会繁荣的道路;不确定性还来自技术发展的前景,尤其是目前制约可再生能源发展的大规模储能技术和电网技术一旦突破,就可能大幅度扭转当前的排放格局,不断取得突破的节能和能源高效利用技术也将改变人们的生产和生活,3D制造、信息化融合等技术也将改变产业的格局。这些不确定性在中远期的体现比近期更大,因为从近期看,很明确的是,发展经济学和技术方面都无法给出解决方案。因此,如果说共同的量化目标有助于各国、产业界、科研机构等坚定低碳发展道路的信心的话,那么不妨将其设定在稍远一点的2050年。这样既能给出明确的政策信号,甚至价格信号,也能使近期的发展规划有更大的弹性空间,也可以在此过程中,根据技术发展的进度进行调整。

第六节 中国与减缓责任分担规则的变迁

中国对《巴黎协定》中减缓责任分担规则的制定发挥了重要的作用。这是与中国在全球气候谈判与国内气候治理中日益提高的合作意愿和合作能力分不开的。

一、中国参与《巴黎协定》减缓规则的谈判意愿与能力

中国在减缓规则的制定中,虽然与其他缔约方存在分歧,但保持了较强的合作意愿,通过谈判、沟通与磋商,积极寻求双边共识。

自2011年以来,在减缓责任的分担规则方面,中国与欧美对于发展中大国是否应该在新协议中承担与《公约》附件一缔约方相类似的减排责任存在明显分歧,其关键点是减缓责任的分担规则是否应该受到"共区原则"的指导。欧盟认为,所有的缔约方应该在2015年协议中作出雄心勃勃的、具有法律约束力和时限性的减排承诺。[52]这当然是旨在使新兴国家和美国的减排承诺与欧盟具有可比性。尽管欧盟强调"《公约》的原则应该成为一个具有包容性和平等的(新的)气候机制的基础",但它强调不同缔约方的"责任和能力虽然是不同的,但它们会随着时间的流逝而发生变化。2015年协议应该通过动态地确立承诺范围,

来反映这些变化了的事实"[53]。所以,欧盟支持为所有的缔约方确立具有法律约束力的承诺,以切实反映变化了的温室气体排放形势,并且号召讨论如何架构这些承诺。[54]欧盟也强调应该建立统一的国际核算体系,并使 2015 年协议[55]包括一定的程序,以定期地讨论并使缔约方提高自身减排承诺的力度。[56]对于 2015 年气候协议的减缓规则,美国提出的主要因素包括:要求新协议的缔约方遵循同一种进度表,以反映该国对全球减缓温室气体排放行动的贡献;每个缔约方应该提供帮助理解进度表的相同类型的信息,并依照统一的、有一定灵活性的体系定期报告执行其时间表的进展;协议应该规定审查缔约方执行进度表的情况,审查应该以单一的体系为基础,并以能力和国情为基础进行恰当的区分等。[57]可以看出,在减缓规则这个核心问题上,美国实际上主张中国等发展中大国遵守与发达国家一致的、共同的规则,强调所有国家的自主减排贡献应该是可以量化的、清晰的和可核算的;在审查方面虽然有所区别,但所有国家应该依循统一的体系。这实际上是强化共同责任,淡化有区别的责任。

　　相比之下,中国坚持认为,制定发达国家与发展中国家减缓责任分担的新规则时应该遵守"共同但有区别的责任原则"。在 2013 年的华沙气候大会上,中国和其他发展中国家强调,减排承诺必须根据"共同但有区别的责任原则"加以区别。[58]中国同意使用"承诺"这个术语,但是要求这个术语的用法应当与《公约》第四条的使用方式一致,即清楚地区分发达国家与发展中国家的承诺。中国进一步表明,发达国家和发展中国家都应该提高它们的减排贡献,但是这应该通过采取不同减缓承诺或者行动的方式进行,并且取决于它们在气候变化问题上的不同责任。[59]中国于 2015 年指出,在减缓方面,中国认同"2015 年协议应明确各缔约方按照《公约》要求,制定和实施 2020—2030 年减少或控制温室气体排放的计划和措施,推动减缓领域的国际合作"。但是中国强调发达国家与发展中国家的减排承诺必须根据"共同但有区别的责任原则"加以区别:"发达国家根据其历史责任,承诺到 2030 年有力度的全经济范围绝对量减排目标。发展中国家在可持续发展框架下,在发达国家资金、技术和能力建设支持下,采取多样化的强化减缓行动。"[60]

　　在这样的情况下,中国积极开展双边气候外交,为国际多边进程提供推动力。中国充分发挥大国影响力,加强与各方沟通协调,不断调动和累积有利因素,为推动如期达成《巴黎协定》发挥关键作用。[61] 其中,中美之间的双边协调与合作表明了双方合作推动达成协议的巨大意愿。在双方 2014 年 11 月 12 日于北京达成的《中美气候变化联合声明》中,中美两国元首宣布了两国各自 2020 年后应对气候变化行动:"美国计划于 2025 年实现在 2005 年基础上减排 26%—28% 的全经济范围减排目标并将努力减排 28%。中国计划 2030 年左右二氧化碳排放达到峰值且将努力早日达峰,并计划到 2030 年非化石能源占一次能源消费比重提高到 20% 左右。双方均计划继续努力并随时间而提高力度。"[62] 同时,中美两国希望,上述目标"能够为全球气候谈判注入动力,并带动其他国家也一道尽快并最好是 2015 年第一季度提出有力度的行动目标。两国元首决定来年紧密合作,解决妨碍巴黎会议达成一项成功的全球气候协议的重大问题"。这是中国自 20 世纪 90 年代初参与全球气候治理以来第一次承诺二氧化碳排放达到峰值的时间表,标志着中国接受了发展中国家实现温室气体绝对排放量减排的理念。尽管这对中国来说也是一个巨大的挑战,但它显示了中国在参与全球温室气体减缓行动方面强烈的合作意愿,对《巴黎协定》的最终达成释放了有力的政治信号。

中法之间 2015 年 11 月 2 日于北京达成的《中法元首气候变化联合声明》则标志着双方在减缓规则问题上取得了共识。声明指出:"双方强调发达国家需要继续通过承担有力度的全经济范围绝对量化减排目标来发挥领导力,同时强调发展中国家在可持续发展框架下持续加强多样化减缓行动的重要性,包括视国情逐步转向全经济范围可量化减限排目标,通过恰当的激励和支持来实现相关目标。"[63] 法国是巴黎气候大会的主席国,中国是举足轻重的缔约方,中法之间在这个问题上的共识对于推动多边进程的规则制定发挥了积极的作用。比较《巴黎协定》相关段落在减缓问题上的表述,体现了《中法元首气候变化联合声明》的相关内容。

2015 年 6 月 30 日,中国政府向《公约》秘书处提交应对气候变化国家自主贡献文件《强化应对气候变化行动——中国国家自主贡献》,明确提出于 2030 年左右二氧化碳排放达到峰值,到 2030 年非化石能源占一次能源消费比重提高到 20％左右,2030 年单位国内生产总值二氧化碳排放比 2005 年下降 60％—65％,森林蓄积量比 2005 年增加 45 亿立方米左右,全面提高适应气候变化能力等强化行动目标。同时系统阐释实现上述目标的路径和政策措施。这充分体现了中国强化行动的透明度,为增强各方对多边进程的信心、推动巴黎会议如期达成有力度的成果作出了积极贡献。

二、中国推进自身温室气体减排的意愿和能力

中国减缓温室气体排放的意愿和能力不断提高。

减缓温室气体排放、应对气候变化,既是新时期中国树立负责任国家形象,为保护全球气候环境作出积极贡献的现实选择,也是实现可持续发展的必由之路。2013 年中国反复、多次出现大范围持续性雾霾天气,引起了全社会高度关注,进一步凸显出粗放发展模式已经难以为继,切实转变经济发展方式、推进绿色低碳发展任务日益紧迫。[64]

中国国民经济和社会发展第十二个五年规划纲要(2011—2015 年)的制定和履行集中而明确地体现了中国减缓温室气体排放的意愿和能力。该计划明确了"十二五"时期中国经济社会发展的目标任务和总体部署,首次以"绿色发展"为主题,专篇论述"建设资源节约型、环境友好型社会",明确提出:"面对日趋强化的资源环境约束,必须增强危机意识,树立绿色、低碳发展理念,以节能减排为重点,健全激励与约束机制,加快构建资源节约、环境友好的生产方式和消费模式,增强可持续发展能力,提高生态文明水平。"绿色发展战略也形成了六大支柱,为此规划分为六章专门论述:积极应对全球气候变化;加强资源节约和管理;大力发展循环经济;加大环境保护力量;促进生态保护和修复;加强水利和防灾减灾体系建设。"十二五"规划更加凸显了绿色发展指标。绿色发展指标的比重大幅度上升,不包括人口指标,资源环境指标由"十一五"规划的 7 个提高到"十二五"的 8 个,占总数比重由 27.2％提高至 33.3％。[65] 总之,"十二五"规划成为真正意义上的"绿色发展规划",这标志着中国进入"绿色发展时代"。[66]

在上述大背景下,"十二五"规划把应对气候变化作为重要内容正

式纳入国民经济和社会发展中长期规划。"十二五"规划纲要将单位国内生产总值能源消耗降低16％、单位国内生产总值二氧化碳排放降低17％、非化石能源占一次能源消费比重达到11.4％作为约束性指标，以及增加森林覆盖率、林木蓄积量、新增森林面积的直接增强固碳能力的量化指标，明确了2011—2015年这五年中国应对气候变化的目标任务和政策导向，提出了控制温室气体排放、适应气候变化影响、加强应对气候变化国际合作等重点任务，充分反映了中国特色的控制温室气体排放、增强适应气候变化能力的特点，是中国加强应对气候变化的具体行动方案，标志着应对气候变化在国民经济社会发展中的战略地位显著提升。

在2011—2015年期间，中国紧紧围绕"十二五"应对气候变化目标任务，通过调整产业结构、优化能源结构、节能提高能效、控制非能源活动温室气体排放、增加碳汇等，在减缓气候变化方面取得了积极成效。

首先，"十二五"期间，中国产业结构优化取得明显进展，2015年工业比重比2010年下降5.7个百分点，服务业比重提高6.1个百分点，产业结构调整对碳强度下降目标完成发挥了重要作用。这主要是通过加快淘汰落后产能、推动传统产业改造升级、扶持战略性新兴产业发展、加快发展服务业实现的。在加快淘汰落后产能方面，"十二五"期间全国累计淘汰炼铁产能9 089万吨、炼钢9 486万吨、电解铝205万吨、水泥（熟料及粉磨能力）6.57亿吨、平板玻璃1.69亿重量箱。[67]为了推动传统产业改造升级，国家发展和改革委员会于2011年发布《产业结构调整指导目录（2011年本）》，并于2013年再次进行修订，通过结构优化升级实现节能减排。2015年，国务院公布《中国制造2025》，对传统产业提出提高创新设计能力、提升能效、绿色改造升级、化解过剩产能等战略任务。为了扶持战略性新兴产业发展，国务院于2012年印发《"十二五"国家战略性新兴产业发展规划》，明确了七个战略性新兴产业的重点领域，并陆续发布七大战略性新兴产业专项规划；于2013年发布了《关于加快发展节能环保产业的意见》，提出要促进节能环保产业技术水平显著提升。为加快发展服务业，2012年以来，国务院先后发布了《服务业发展"十二五"规划》和《关于加快发展生产性服务业促进产业结构调整升级的指导意见》，营造有利于服务业发展的政策和体制环境。《中国制造 2025》明确提出发展服务型制造、加快生产性服务业发展和强化服务功能区和公共服务平台建设三大重点任务。[68]

其次,中国通过优化能源结构、通过节能提高能效来推动减缓气候变化。一是严格控制煤炭消费。2014 年,国务院印发《能源发展战略行动计划(2014—2020 年)》,实施煤炭消费减量替代,降低煤炭消费比重,京津冀鲁、长三角和珠三角等要削减区域煤炭消费总量。中国"十二五"期间煤炭消费年均增速 2.6%,较"十一五"年均增速低 4.9 个百分点。2015 年煤炭消费量 39.6 亿吨,同比下降 3.7%。二是推进化石能源清洁化利用。中国发布《关于促进煤炭安全绿色开发和清洁高效利用的意见》《煤炭清洁高效利用行动计划(2015—2020 年)》,积极推进煤炭发展方式转变,提高煤炭资源综合开发利用水平,促进煤炭清洁高效利用。"十二五"期间全国 6 000 千瓦及以上火电机组每千瓦时平均供电标准煤耗累计下降 18 克,淘汰落后火电机组约 2 800 万千瓦,淘汰落后煤矿超过 1 000 处、产能超过 7 000 万吨,限制劣质商品煤使用。不断提升天然气利用规模和水平,2015 年天然气在能源消费总量中的比重接近 6%。三是推动非化石能源发展。财政部、国家发展和改革委员会、国家能源局共同制定并发布了《可再生能源发展基金征收使用管理暂行办法》《可再生能源电价附加补助资金管理暂行办法》,国家发展和改革委员会发布了《可再生能源发电全额保障性收购管理办法》,为可再生能源费用补偿提供政策支撑,保障可再生能源优先发展。2015 年,水电、核电、风电、太阳能发电等非化石能源发电量占全国发电总量的 27.0%。[69]

与此同时,中国加强节能目标责任考核和管理。2011 年,国务院印发了《"十二五"节能减排综合性工作方案》,向各地分解下达"十二五"节能目标,实施目标考核评价制度,并按季度发布各地区节能目标完成情况。"十二五"期间国家发展和改革委员会会同有关部门组织对省级人民政府进行节能目标责任评价考核,将考核结果作为对地方领导班子和领导干部综合考核评价的参考内容,纳入政府绩效管理。[70]

总之,中国国内减缓气候变化意愿和能力的提高,推动了其在该领域取得显著成效,为中国向《公约》秘书处提交应对气候变化国家自主贡献自主减排承诺奠定了坚实基础,提升了其履行减排承诺的可信度。

中国与其他发达国家通过密切磋商和沟通，针对《巴黎协定》的减缓规则达成了共识，实现了自下而上由国家提出自主减排承诺的合作方式，进而推动了该协定的通过。

注释

1. IPCC：《气候变化 2013：自然科学基础——政府间气候变化专门委员会第五次评估报告第一工作组报告：决策者摘要》(中文版)，Stocker，T.F.，秦大河，G.-K.Plattner，M.Tignor，S.K.Allen，J.Boschung，A.Nauels，Y.Xia，V.Bex 和 P.M. Midgley 编，剑桥大学出版社 2013 年版，第 2 页。

2. 竺可桢：《中国近五千年来气候变迁的初步研究》，载《考古学报》1972 年第 1 期。

3. 刘昭民：《中国历史上气候之变迁》，台湾商务印书馆 1982 年版；满志敏：《中国历史时期气候变化研究》，山东教育出版社 2009 年版；葛全胜等：《中国历朝气候变化》，科学出版社 2010 年版。

4. 竺可桢：《历史时代世界气候的波动》，载《气象学报》，1962 年第 4 期，第 275—288 页；许靖华：《气候创造历史》，甘锡安（译），生活·读书·新知三联书店 2014 年版。

5. IPCC：《气候变化 2013：自然科学基础——政府间气候变化专门委员会第五次评估报告第一工作组报告：决策者摘要》(中文版)，第 11、15 页。

6. N. Stern, *The Economics of Climate Change：The Stern Review*, Cambridge University Press, 2007.

7. IPCC：《政府间气候变化专门委员会综述》，日内瓦：政府间气候变化专门委员会，1990 年。

8. IPCC：《IPCC 第二次评估：气候变化 1995——政府间气候变化专业委员会报告》(中文版)，日内瓦：政府间气候变化专业委员会，1995 年。

9. IPCC：《气候变化 2001：综合报告——政府间气候变化专业委员会的评估》(中文版)，日内瓦：政府间气候变化专业委员会，2001 年。

10. IPCC：《气候变化 2007：综合报告——政府间气候变化专门委员会的报告》(中文版)，日内瓦：政府间气候变化专门委员会，2008 年。

11. IPCC, *Climate Change 2007：Mitigation. Contribution of Working Group III to the Fourth Assessment Report of the Intergovernmental Panel on Climate Change*〔B. Metz, O.R.Davidson, P.R.Bosch, R.Dave, L.A.Meyer(eds.)〕, Cambridge University Press，2008. p.776.

12. IPCC：《气候变化 2013：自然科学基础——政府间气候变化专门委员会第五次评估报告第一工作组报告：决策者摘要》。

13. IPCC, "Summary for Policymakers," *Climate Change 2014, Mitigation of Climate Change. Contribution of Working Group III to the Fifth Assessment Report of the Intergovernmental Panel on Climate Change*〔Edenhofer, O., R. Pichs-Madruga, Y.Sokona, E.Farahani, S.Kadner, K.Seyboth, A.Adler, I.Baum, S.Brunner, P.Eicke-meier, B.Kriemann, J.Savolainen, S.Schlömer, C.von Stechow, T.Zwickel and J.C.Minx (eds.)〕, Cambridge University Press, 2014. p.13.

14. W.Nitze, "A Proposed Structure for an International Convention on Climate Change," *Science*, 1990, 249 (4969), pp.607—608.

15. D. Victor, J. House, S. Joy, "A Madisonian Approach to Climate Policy,"

Science，2005，309，pp.1820—1821；X. Dai，"Global Regime and National Change，" *Climate Policy*，2010，10，pp.622—637；N. K. Dubash，Rajamani L. Beyond Copenhagen，"Next Steps，" *Climate Policy*，2010，10，pp.593—599；W. Hare，C. Stockwell，C. Flachsland，et al.，"The Architecture of the Global Climate Regime：A Top-down Perspective，" *Climate Policy*，2010，10，pp.600—614；S. Rayner，"How to Eat an Elephant：A Bottom-up Approach to Climate Policy，" *Climate Policy*，2010，10，pp.615—621.

16. R. Stavins，J. Zou，T. Brewer，et al.(eds.)，"International Cooperation：Agreements and Instruments，" in *Climate Change 2014：Mitigation of Climate Change*，Geneva，Switzerland：IPCC，2014：pp.21—24.

17. Ibid.，p.24.

18. W. Nitze，"A Proposed Structure for an International Convention on Climate Change，" pp.607—608.

19. E. Aldy Joseph，Scott Barrett，and Robert N. Stavins，"Thirteen Plus One：A Comparison of Global Climate Policy Architectures，" *Climate Policy*，2003，3，pp.373—397.

20. D. Zenghelis，and N. Stern，"Principles for a Global Deal for Limiting the Risks from Climate Change，" *Environmental and Resource Economics*，209，43，pp.307—311.

21. H. Winkler，and J. Beaumont，"Fair and Effective Multilateralism in the Post-Copenhagen Climate Negotiations，" *Climate Policy*，2010，10，pp.638—654.

22. William Nordhaus，"The Architecture of Climate Economics：Designing a Global Agreement on Global Warming，" *Bulletin of the Atomic Scientists*，2011，67(1)，pp.9—18.

23. Sheila Olmstead，and Robert Stavins，"Three Key Elements of a Post-2012 International Climate Policy Architecture，" *Review of Environmental Economics and Policy*，2012，6(1)，pp.65—85.

24. R. Stavins，J. Zou，T. Brewer，et al.(eds.)，"International Cooperation：Agreements and Instruments，" pp.37—38.

25. EU，"EU Submission on Mitigation in the 2015 Agreement"[EB/OL]，2014[2015-12-14]. http://unfccc.int/files/bodies/awg/application/pdf/el-05-28-adp_ws1_submission.pdf；USA：U. S. Submission on the 2015 Agreement[EB/OL]，2013[2015-12-14]. http://unfccc.int/files/documentation/submissions_from_parties/adp/application/pdf/adp_usa_workstream_1_20131017.pdf.

26. 地球工程(geo-engineering)也被认为是一种减缓气候变化的可能的技术手段,但由于其潜在的巨大风险难以识别,因此尚未被政策所考虑和接受。

27. R. Keohane，D. Victor，"The Regime Complex for Climate Change，" *Perspectives on Politics*，2011，9(1)，pp.7—23.

28. UNFCCC，Decision 1/CP.13：The Bali Road Map，2013，http://unfccc.int.

29. UNFCCC，Decision 1/CP.16：The Cancun Agreements：Outcome of the Work of the Ad hoc Working Group on Long-term Cooperative Action under the Convention，2010，http://unfccc.int.

30. 高翔、王文涛:《〈京都议定书〉第二承诺期与第一承诺期的差异辨析》,载《国际展望》2013 年第 4 期,第 27—41 页。

31. UNFCCC，Decision 1/CP.19：Further Advancing the Durban Platform. 2013，http://unfccc.int.

32. 在《巴黎协定》之前，谈判中各国采用 INDC 的说法，2015 年各国提交的也被称为 INDC，随后《巴黎协定》将这种规则确定为 NDC。

33. Australia, FCCC/CP/2009/5: draft protocol to the Convention prepared by the Government of Australia for adoption at the fifteenth session of the Conference of the Parties. 2009, http://unfccc.int.

34. EU, "Establishment of an Ad hoc Working Group on the Durban Platform for Enhanced Action Views on the Work plan of the Ad hoc Working Group on the Durban Platform for Enhanced Action, Including, Inter Alia, on Mitigation, Adaptation, Finance, Technology Development and Transfer, Transparency of Action, and Support and Capacity-building," 2012, http://unfccc.int/resource/docs/2012/adp1/eng/misc03.pdf; EU: Implementation of all the elements of decision 1/CP.17, (a) Matters related to paragraphs 2 to 6 (ADP), 2013, http://unfccc.int/files/documentation/submissions_from_parties/adp/application/pdf/adp_eu_workstream_2_20130301_.pdf.

35. U.S.A., U.S. Submission on the 2015 Agreement. 2013, http://unfccc.int/files/documentation/submissions_from_parties/adp/application/pdf/adp_usa_workstream_1_20131017.pdf.

36. R. Keohane, D. Victor, "The Regime Complex for Climate Change," *Perspectives on Politics*, 2011, 9(1), pp.7—23; K.Oye, "Explaining Cooperation under Anarchy: Hypotheses and Strategies," *World Politics*. 1985, 38, pp.1—24; R.Moncel, P.Joffe, K.McCall, et al., *Building the Climate Change Regime: Survey and Analysis of Approaches*, World Resources Institute, United Nations Environment Programme, 2011, http://pdf.wri.org/working_papers/building_the_climate_change_regime.pdf; L. Weischer, J. Morgan, and M.Patel, "Climate Clubs: Can Small Groups of Countries Make a Big Difference in Addressing Climate Change?" *Review of European Community & International Environmental Law*. 2012, 21, pp.177—192;高翔、王文涛、戴彦德：《气候公约外多边机制对气候公约的影响》，载《世界经济与政治》2012 年第 41 期，第 59—71 页。

37. Major Economies Forum on Energy and Climate, *Chair's Summary: Eighth Meeting of the Leaders' Representatives of the Major Economies Forum on Energy and Climate*, 2010, http://www.majoreconomiesforum.org/past-meetings/eighth-meeting-of-the-leaders-representatives.html.

38. Y.Zhang, H.Shi, "From Burden-sharing to Opportunity-sharing: Unlocking the Climate Negotiations," *Climate Policy*. 2014, 14(1), pp.63—81.

39. Brazil, "Proposed Elements of a Protocol to the United Nations Framework Convention on Climate Change," presented by Brazil in response to the Berlin mandate, 1997, http://unfccc.int/resource/docs/1997/agbm/misc01a03.pdf.

40. Japan, "Submission by the Government of Japan Regarding Its Quantified Economy-wide Emission Reduction Target for 2020," 2013, http://unfccc.int/files/focus/mitigation/application/pdf/submission_by_the_government_of_japan.pdf.

41. X.Dai, "Global Regime and National Change," *Climate Policy*, 2010, 10, pp.622—637.

42. Sheila Olmstead, and Robert Stavins, "Three Key Elements of a Post-2012 International Climate Policy Architecture," *Review of Environmental Economics and Policy*, 2012, 6(1), pp.65—85.

43. A.M.Slaughter, *"The Paris Approach to Global Governance,"* 2015, http://

www. project-syndicate. org/commentary/paris-agreement-model-for-global-governance-by-anne-marie-slaughter-2015-12.

44. 高翔:《联合国气候谈判中的减缓问题谈判进展》,载王伟光、郑国光主编:《应对气候变化报告(2014):科学认知与政治交锋》,社会科学文献出版社 2014 年版,第 20—31 页。

45.《京都议定书》第四条专门规定了按照第三条第一款采取共同履行承诺的国家集团(如欧盟)的额外核算要求。

46. 薄燕、高翔:《原则与规则:全球气候变化治理机制的变迁》,载《世界经济与政治》2014 年第 2 期,第 48—65 页。

47. UNFCCC,"The Cancun Agreements: Outcome of the work of the Ad Hoc Working Group on Long-term Cooperative Action under the Convention," Decision 1/CP.16,2010.

48. UNEP,"The Emissions Gap Report 2014: United Nations Environment Programme (UNEP)," Nairobi, viewed on Sep 1, 2015, at: http://www.unep.org/publications/ebooks/emissionsgapreport2014/.

49. Y.Zhang, H.Shi,"From Burden-sharing to Opportunity-sharing: Unlocking the Climate Negotiations."

50. EU,"The Ad Hoc Working Group on the Durban Platform for Enhanced Action (ADP): The 2015 Agreement," 2014, http://www4.unfccc.int/submissions/Lists/OSPSubmissionUpload/106 _ 99 _ 130577580473315361-IT-10-14-EU% 20ADP% 20WS1% 20submission.pdf.

51. Brazil,"Views of Brazil on the Elements of the New Agreement under the Convention Applicable to All Parties," 2014, http://www4.unfccc.int/submissions/Lists/OSPSubmissionUpload/73_99_130602104651393682-BRAZIL%20ADP%20Elements.pdf.

52. IISD,"Summary of the Bonn Climate Change Conference: 20—25 October 2014," Earth Negotiations Bulletin, 28 October 2014, http://www.iisd.ca/climate/adp/adp2-6. Accessed on October 29, 2014.

53. IISD,"Doha Highlights," Earth Negotiations Bulletin 12(561), December 1, 2012. http://www.iisd.ca/vol12/enb12561e.html.

54. IISD,"Summary of the Bonn Climate Change Conference: 29 April—3 May 2013," Earth Negotiations Bulletin, 12(568), May 6, 2013. http://www.iisd.ca/vol12/enb12568e.html.

55. 即后来达成的《巴黎协定》。

56. EU,"Submission by Lithuania and the European Commission on behalf of the European Union and its Member States: The scope, design and structure of the 2015 agreement," 2013, http://unfccc.int/files/documentation/submissions _ from _ Parties/adp/application/pdf/adp_eu_workstream_1_design_of_2015_agreement_20130916.pdf.

57. U.S.,"Submission on Elements of the 2015 Agreement," http://unfccc.int/bodies/awg/items/7398.php.

58. IISD,"Summary of the Warsaw Climate Change Conference," Earth Negotiations Bulletin, 12(594), November 26, 2013, http://www.iisd.ca/vol12/enb12594e.html.

59. China,"China's Submission on the Work of the Ad Hoc Working Group on Durban Platform for Enhanced Action," 2014, http://unfccc.int/files/bodies/application/pdf/20140306-submission_on_adp_by_china_without_cover_page.pdf.

60. 中国:《强化应对气候变化行动——中国国家自主贡献》,http://qhs.ndrc.gov.

cn/gzdt/201507/t20150701_710232.html，2015。

61. 解振华：《巴黎气候大会中国代表团发挥积极建设性作用》，央视网，2015 年 12 月 23 日，http://news.cntv.cn/2015/12/23/ARTI1450849129229111.shtml。

62.《中美气候变化联合声明》，新华网，2014 年 11 月 12 日，http://news.xinhuanet. com/2014-11/12/c_1113221744.htm。

63.《中法元首气候变化联合声明》，新华网，2015 年 11 月 2 日，http://news.xinhua- net.com/world/2015-11/02/c_128386121.htm。

64. 国家发展和改革委员会：《中国应对气候变化的政策与行动 2014 年度报告》，2014 年 11 月。

65. 胡鞍钢、梁佼晨：《"十二五"规划如何体现绿色发展》，中国天气网，http://www. weather.com.cn/climate/qhbhyw/03/1282135.shtml。

66. 同上。

67. 国家发展和改革委员会：《中国应对气候变化的政策与行动 2016 年度报告》，2016 年 11 月。

68. 同上。

69. 同上。

70. 同上。

第五章
中国与气候变化透明度规则[1]

《公约》下的透明度规则体系是通过不断发展演变的过程逐步建立的,总的趋势是透明度规则不断得到强化,并且随着发展中国家在《公约》下承担义务的增加和其能力的不断提高,其在透明度的义务方面逐渐向发达国家靠拢。《巴黎协定》基于《公约》框架下20余年来的实践,在为发展中国家提供必要灵活性、向发展中国家提供相应能力建设支持的基础上,进一步建立了强化的应对气候变化行动与支持透明度的框架。

第一节 气候变化透明度国际规则的变迁

透明度是应对气候变化国际合作的重要内容,是确保各方履行在《公约》及其《京都议定书》和《巴黎协定》下义务的重要保障措施,也是各方增进了解、建立互信的基础。从《公约》本身到最新建立的《巴黎协定》特设工作组,都将透明度相关内容摆在了重要位置。

一、透明度的含义

透明度是借用自物理学的一个概念,意指个体或群体行为的可见性、开放性、交流性与可说明性。学术界长期以来缺乏对透明度的定义。施耐肯伯格(Schnackenberg)和汤姆林森(Tomlinson)在总结前人研究的基础上,尝试提出了一个简明的"透明度"定义,认为透明度是指信息发布者所刻意发布信息的被感知质量。[2]这一定义基本上呼应了《公约》下气候变化透明度的实践。《公约》要求其缔约方提供与履约相关的信息。最早的一份信息报告指南就指出,这些信息要符合"透明、

181

一致、可比、完整、准确"的要求,也就是《公约》体系下常说的 TACCC 原则(transparent, consistent, comparable, complete and accurate)[3]。

然而在《公约》下的实践中,人们常说的"透明度框架"并没有标准的界定。与透明度这个概念不同,透明度框架指的是用于指导缔约方提供信息并保证信息质量的一系列机制安排。从既有的实践看,《公约》体系下使用过不同的术语和工具来落实透明度相关安排,例如《公约》本身使用的是"通报"(communication)和"考虑"(consideration),《公约》缔约方大会决定所制定的指南常用"报告"(reporting)和"审评"(review),第 13 次缔约方大会(COP13)引入了"测量、报告、核实"(measuring, reporting and verification, MRV)的提法,第 16 次缔约方大会又使用了"国际评估与审评"(international assessment and review, IAR)和"国际磋商与分析"(international consultation and analysis, ICA),第 17 次缔约方大会又使用了"报告、监测、评价"(reporting, monitoring and evaluation, RME),《巴黎协定》则使用了"信息提供、审评与考虑"(providing information, review and consideration)。

大致说来,上述各种术语和工具可以分为四大类:一是获得信息,无论是通过直接监测还是数学测算;二是将信息报告给国际社会;三是核实信息的质量;四是基于这些信息开展各种评估。透明度框架涵盖了上述四大类的内容。

需要指出的是,透明度与其他一些术语也有关联,例如核算(accounting)、负责性(accountability)等,也与《巴黎协定》特设工作组下的其他谈判议题联系密切,例如国家自主贡献的信息报告与核算、遵约机制、全球盘点等。简言之,透明度机制为一切核算、遵约、全球盘点提供了必需的信息基础,但光靠透明度无法实现核算、遵约、全球盘点等目标,后面这些机制必然还需要其他的具体机制安排,例如遵约机制必须在透明度机制所提供的信息基础上,依赖于一定的标准、审查机制、促进或惩罚机制才能实现。[4]考虑到本章聚焦于透明度规则的发展,因此暂不讨论与透明度相关联的其他这些机制变迁的问题。

二、气候变化透明度研究进展

多数关于气候变化领域透明度的研究都聚焦于《公约》下的机制安

排及其谈判进展。测量、报告、核实(MRV)作为透明度的主要手段,虽然在《公约》中就有类似的概念,但 MRV 作为谈判议题引起关注,始于2007 年《巴厘岛行动计划》。多数研究认为《公约》下的 MRV 体系应当得到强化[5],但是对于如何强化则有许多分歧。有人主张应当建立自上而下的统一透明度体系,包括统一的 MRV 和核算规则[6];也有人主张应当建立一种具有更大灵活性的、包罗万象的强化的透明度体系[7]。而当2010 年第 16 次缔约方大会达成的《坎昆协议》建立起了发达国家和发展中国家二分的 MRV 体系后,研究更多地开始考虑如何细化这一体系的内容,例如国际评估与审评和国际磋商与分析的范围、频率、输入、输出等。[8]

由于透明度的机制安排应当服务于国家承诺的行动,因此当 2013年第 19 次缔约方大会决定采用国家自主贡献(nationally determined contribution, NDC)的形式来规定新气候协议中各国的行动之后,对透明度机制的研究也从二分模式转变为自我区分模式,以匹配国家自主贡献的要求。一些研究强调在新气候协议下,国家承诺应当可测量、可报告、可核实,并讨论了基于《公约》下和《公约》外经验强化透明度体系的各种途径。[9]也有研究更加关注建立一个全面完整的透明度体系,包括清单、减缓行动、适应行动、气候变化支持等,并指出了当前《公约》下透明度体系的不足,提出了新气候协议中强化透明度规则的不同模式,例如渐进趋同、并行提高、基于承诺模式强化等。[10]

各国国内 MRV 体系建设也是《公约》下透明度机制的重要内容,许多研究也对此进行了探讨,尤其是对发展中国家如何加强国内 MRV 体系建设进行研究。有的研究认为,应当通过提高报告的频率和透明度来促进国内 MRV 体系的强化[11],也有研究认为应当就此进行综合考虑,将其与国家主流利益相结合[12]。在《坎昆协议》达成后,许多研究侧重于讨论 MRV与发展中国家的"国家适当减缓行动"(nationally appropriate mitigation actions, NAMAs)以及低排放发展战略(low-emission development strategy, LEDS)的关系[13],包括按照"国家适当减缓行动"和低排放发展战略的需求,研究提出国内 MRV 体系建设指南[14]。还有研究讨论了个别领域和部门的透明度问题,例如林业部门的 MRV[15]和气候资金支持的透明度[16]等。

有一些研究对既有的 MRV 体系进行了评述,例如建立指标体系对既有的透明度实践进行评价[17],对国家层面和次国家区域层面的 MRV

实践开展详细评论[18]等。有的研究发现一国的政治体系和国内利益对于其气候变化领域的透明度体系设计与运行起到了决定性作用。[19]

三、气候变化透明度国际规则的发展

《公约》下的气候变化透明度国际规则是一个不断发展演变的过程。从最早《公约》的原则性规定，到通过历次缔约方大会决定建立、修订的报告和审评指南，到《京都议定书》《坎昆协议》和《巴黎协定》系统性建立透明度框架，总的趋势是透明度国际规则不断得到强化，并且随着发展中国家在《公约》和《巴黎协定》下承担义务的增加和其能力的不断提高，透明度国际规则从早期在发达国家和发展中国家之间有着显著不同，逐渐演变为发展中国家向发达国家靠拢。

1.《公约》下的透明度规则

《公约》第四条和第十二条对缔约方提出了报告履行信息的原则性要求，第十条建立了附属履行机构（SBI）对附件一缔约方报告的信息进行审评，如表 5.1 所示。

表 5.1　《公约》本身对透明度的规定

	所有国家	发达国家	发展中国家
通报（报告）	Art.12.1＋4.1(j)： ● 清单 ● 实施《公约》的步骤 ● 其他信息	Art.12.2＋12.3＋4.2(b)： ● 政策措施 ● 政策效果 ● 向发展中国家提供的支持	Art.12.4： ● "可以"通报：所需的需求 Art.12.7： ● 通报活动应得到支持
考虑（审评）	Art.10.2(a)： ● 整体效果评估 （注：实践中，这一条款从未被作为授权被正式引用过）	Art.10.2(b)： ● 与上述 12.2 条相关的信息 Art.4.2(b—d)： ● 与 4.2(b)条相关的信息； ● 清单 ● 行动的充分性	没有要求

说明：(1)表中的 Art. 指《公约》条款；(2)《公约》本身用的词汇是通报和考虑，但实践中大家往往通用报告和审评，以及其他说法，例如分析、评估、磋商等。

自《公约》第 1 次缔约方大会以来近 20 年间,缔约方陆续通过的一系列会议决议,尤其是在《巴厘岛行动计划》谈判授权下,确立了《公约》体系下测量、报告、核实的具体规则,如表 5.2 所示。

表 5.2　过去 20 年制定的透明度国际规则指南

		《公约》下		《京都议定书》下 发达国家
		发达国家	发展中国家	
报告	清　单	3/CP.5,18/CP.8,<u>24/CP.19</u>	无	议定书 7.1 条下的补充信息:<u>15/CMP.1</u>
	国家信息通报	A/AC.237/55,3/CP.1,9/CP.2,<u>4/CP.5</u>	10/CP.2,<u>17/CP.8</u>(包括清单信息)	议定书 7.2 条下的补充信息:<u>15/CMP.1</u>
	坎昆工具	双年报告:1/CP.16,<u>2/CP.17</u>,19/CP.18	双年更新报告:1/CP.16,<u>2/CP.17</u>	不适用
审评	清　单	6/CP.5,19/CP.8,<u>13/CP.20</u>	无	关于议定书 7.1 条下的补充信息:<u>22/CMP.1</u>
	国家信息通报	2/CP.1,23/CP.19,<u>13/CP.20</u>	无	关于议定书 7.2 条下的补充信息:<u>22/CMP.1</u>
	坎昆工具	国际评估与审评:<u>2/CP.17</u>,<u>13/CP.20</u>	国际磋商与分析:<u>2/CP.17</u>	不适用

说明:加下划线的为截至 2016 年年底适用的指南。

发达国家方面,这些规则规定了其温室气体清单的编制、报告和审评,规定了双年报告、国家信息通报的报告和审评,建立了国际评估与审评机制。

与此同时,《京都议定书》第五、七、八条进一步规定了附件一缔约方在议定书体系下承担的 MRV 义务,并通过议定书的缔约方大会确立了相应的规则。这些规则对于作为议定书缔约方的发达国家持续有效。其中重点是,这些国家要按照议定书下的 MRV 要求开展报告与审评,尤其是针对《京都议定书》所规定的补充信息,并接受遵约委员会审核和承担不遵约后果。

发展中国家方面,这些规则规定了双年更新报告、国家信息通报的报告要求,建立了国际磋商与分析机制。发展中国家的排放清单在双年更新报告和国家信息通报中合并报告,不必单独提交。此外,根据《公约》第四条和第十二条规定,发展中国家履行上述义务,应当以获得发达国家提供的资金和技术支持为前提。

2.《巴黎协定》的透明度规则

《巴黎协定》建立的强化透明度框架,其主要内容表现在四个方面:一是所有缔约方都需要定期报告全面的行动与支持信息;二是所有缔约方都要接受国际专家组审评,并参与国际多边信息交流;三是专家组将对各缔约方如何改进信息报告提出建议,同时分析提出发展中国家的能力建设需求;四是透明度框架要为全球盘点提供信息参考。

与《公约》下中国目前所适用的透明度规则相比,如果中国向其他国家提供应对气候变化支持,则按《巴黎协定》要求,中国应当报告相关信息,但与发达国家所不同的是这并非强制性要求。

巴黎缔约方大会决定中有关透明度的内容主要包括三方面。一是建立了《透明度能力建设倡议》(Capacity-building Initiative for Transparency,CBIT),为发展中国家提供透明度相关能力建设支持,并要求全球环境基金(GEF)作为其经营实体。二是明确了发展中国家在报告的范围、频率、详细程度以及审评的范围、形式方面具有灵活性。三是授权《巴黎协定》特设工作组根据协定第十三条,拟定透明度模式、程序和指南的建议,包括如何考虑上述灵活性,供第24次缔约方大会(2018年)审议,以期转交《巴黎协定》第1次缔约方大会通过。

至于一些国家最关心的巴黎透明度体系是统一还是二分,是按照国家类别区分还是按照减缓贡献类型区分,无论是协定还是决议都没有明确,需要后续谈判予以确定。

第二节　发达国家与发展中国家透明度规则比较

发达国家和发展中国家都要按照《公约》体系下的规则进行测量、

报告与核实,其目的都是为了提高应对气候变化行动的透明度,促进缔约方履行《公约》义务。但由于两者对全球气候变化负有"共同但有区别的责任",并且在应对气候变化的能力上也有很大的差别,因此《公约》体系下的规则为两者建立起了反映"共同但有区别责任"原则的透明度规则要求。

一、发达国家和发展中国家气候变化透明度国际规则的比较

除了 MRV 的目的外,发达国家和发展中国家 MRV 在性质、形式与内容上的共同点主要包括:第一,国家信息通报都是履行《公约》的全面信息报告,其性质和报告的形式与频率相同,报告内容类似;第二,编制温室气体清单也是履行《公约》义务的重要内容,都要按照政府间气候变化专门委员会的方法学(IPCC 方法学)进行;第三,在国家信息通报之外,每两年都要提交一次履行《公约》义务的相关信息,并且在国际层面进行不同程度的公开审议或讨论。

发达国家和发展中国家透明度的区别反映在各个方面,如表 5.3 所示。概括起来,可以归纳为在性质、程度和后果上的不同。

第一,在透明度的性质上,发达国家更多地体现了履行《公约》义务的性质,而发展中国家则体现了加强能力建设的性质。尽管《公约》下没有遵约机制对发达国家进行约束,但 MRV 规则对发达国家透明、严格、有力、可比地履行《公约》义务提供了保障。而对于发展中国家而言,无论是编制温室气体清单,提交双年更新报告,还是进行国际磋商与分析,都以获得发达国家资金、技术和能力建设支持为前提,以帮助发展中国家提高清单编制和信息报告能力、发现履行《公约》的能力需求为目的,尊重发展中国家在可持续发展框架下自己选择的应对气候变化战略,不涉及对政策措施适当与否、充分与否的评判。

第二,在透明度的程度上,对发达国家在内容、频率和严格程度方面的要求都远高于发展中国家。在温室气体清单方面,发达国家每年要按照政府间气候变化专门委员会在 2006 年制定的指南进行测算、编制和报告,并接受国际专家组审评;而发展中国家仍普遍采用相对宽松

表 5.3 发达国家与发展中国家透明度体系的比较

国家温室气体清单

		发 达 国 家	发 展 中 国 家
测量	工具	IPCC 方法学(2006 年版)	IPCC 方法学(1996 年版)、2000 年好的做法指南,鼓励使用 2006 年版
报告	工具	国家清单报告+统一报告工具	在国家信息通报和双年更新报告中提交相应信息
	频率	年度	与国家信息通报(四年一次)和双年更新报告(两年一次)一致
	模式	案头/集中/到访审评	
审评	执行人	专家审评组(ERTs)	无
	频率	年度	

国家信息通报

		发 达 国 家	发 展 中 国 家
报告	模式		全 面 的 报 告
	频率	四年一次	四年一次,在获得及时支持的前提下
	内容		1. 国情 2. 温室气体清单信息 3. 减缓的政策措施 4. 脆弱性和适应 5. 研究和系统观测 6. 教育培训和公众意识

续表

国家信息通报

		发 达 国 家	发 展 中 国 家
报告	内容	7. 减缓政策的效果 8. 温室气体排放预测 9. 给发展中国家提供的资金、技术、能力建设	7. 能力建设 8. 收到的和需要的资金、技术、能力建设
审评	模式	到访/集中审评	无
	执行人	专家审评组(ERTs)	无
	频率	四年一次	无

发达国家双年报告与发展中国家双年更新报告

	发达国家:双年报告	发展中国家:双年更新报告
模式	完整报告或作为国家信息通报的附件,包括统一报表	独立报告或作为国家信息通报的摘要,没有统一报表
频率	两年一次	两年一次,在获得及时支持的前提下
内容	1. 温室气体清单信息 2. 减缓信息、成效和进展 3. 国际碳市场相关信息 4. 2020 年全经济范围减排目标(QEERTs) 5. 核算规则 6. 土地部门和林业活动预测 7. 温室气体排放预测 8. 给发展中国家提供的资金、技术、能力建设	4. 2020 年国家适当减缓行动(NAMAs) 5. 收到的和需要的资金、技术、能力建设

续表

发达国家国际评估与发展中国家国际磋商

		发达国家：国际评估与审评	发展中国家：国际磋商与分析
第一环节	频率	两年一次	两年一次，在及时提交双年更新报告的前提下
	名称	技术审评(Technical review)	技术分析(Technical analysis)
	执行人	审评专家组(ERT)	技术专家组(TTE)
	形式	到访/集中审评	集中分析
	输入	双年报告、国家信息通报、清单，以及ERT要求的信息	双年更新报告，以及该缔约方愿意提供的额外信息
	产出	审评报告	分析摘要报告
第二环节	名称	多边评估	促进性观点交流
	执行人	所有缔约方	
	形式	缔约方之间的提问、回应和讨论	
	输入	所有的减缓相关信息	双年更新报告
	产出	多边评估记录、SBI结论	促进性观点交流摘要报告

的 IPCC-1996 方法编制清单,并且只在四年一度的国家信息通报中报告概要信息;有意愿的国家可以在双年更新报告中提供信息,也可采用 IPCC-2006 方法。在两年一度的信息报告方面,发达国家须严格按照指南要求和统一报表进行报告,并接受审评;而相应规则只是对发展中国家在报告中可以更新的信息提出了建议,并邀请专家在技术层面提供咨询。从国际参与的程度看,发达国家报告的信息都要接受国际审评,并且通过专家组到这些国家的面对面交流,实现详细、充分的审核,指出报告中存在的问题,评估发达国家减排目标的实现进展;而对发展中国家分析与磋商的基础只是双年更新报告,通过专家组的集中分析,帮助这些国家发现提高透明度方面的能力建设需求。

第三,在 MRV 的后果上,发达国家,尤其是作为议定书缔约方的发达国家,将承担相应的后果,而对发展中国家没有相关规定。尽管《公约》下的规则并不会对发达国家在 MRV 过程中发现的问题提出强制性改正或进行处罚,但通过专家组审评和国际多边评估,发达国家在减排目标实现进展、向发展中国家提供支持的力度、减排努力的可比性方面存在的问题将被一一暴露,客观上对其履行《公约》义务形成了鞭策。而作为议定书缔约方的发达国家,议定书设定的遵约机制则更加严格地约束了这些国家的履约行为。

二、典型国家实施气候变化透明度国际规则比较

一般而言,发达国家已经形成了每年提交国家温室气体清单并接受国际审评,每两年提交双年报告并接受国际评估与审评,每四年提交国家信息通报并接受国际评估与审评的机制;而发展中国家提交国家信息通报的频率因各国获得支持的情况而有所差别,提交双年更新报告和参加国际磋商与分析的情况也因之不尽相同,如表 5.4 所示。

发达国家方面,从提交温室气体清单并接受审评,提交国家信息通报并接受审评,以及提交双年报告并接受国家评估与审评的整体情况看,发达国家履行这些气候变化透明度的国际要求也经历了一个探索完善的过程,程序和形式安排日趋规范,报告质量日渐提高。多数发达国家迄今为止已经提交了 6 次国家信息通报,每年提交的国家温室气

表 5.4　典型国家或集团落实气候变化透明度国际规则比较

国家或集团	清单①			国家信息通报		BR/BUR 提交年③	《坎昆协议》要求 IAR/ICA④
	提交年	信息年	审评	提交年②	审评		
美国	2000—2016年历年	1990—2014	9次集中,3次到访,1次案头	1994, 1997, 2002, 2007, 2010, 2014	6次到访	2014, 2016	已完成第一轮
欧盟	2000—2016年历年	1990—2014	10次集中,3次到访	1996, 1998, 2001, 2006, 2009, 2014	5次到访,1次集中(第四次)	2014, 2016	已完成第一轮
俄罗斯	2000, 2002, 2006, 2016年历年	1990—2014	6次集中,3次到访	1995, 1998, 2003, 2006, 2010, 2013	5次到访,1次集中(第四次)	2014, 2016	已完成第一轮
冰岛	2000—2016年历年	1990—2014	8次集中,3次到访,1次案头	1996, 1997, 2003, 2006, 2010, 2014	5次到访,1次集中(第四次)	2014, 2016	已完成第一轮
列支敦士登	2005—2016年历年	1990—2014	7次集中,2次到访	1995, 不明, 2002, 2006, 2010, 2013	3次集中	2014, 2016	已完成第一轮
巴西	2004, 2010, 2014, 2016	1990—2010	无	2004, 2010, 2016	无	2014	已完成第一轮
印度	2004, 2012, 2016	1994, 2000—2010	无	2004, 2012	无	2016	正进行第一轮
韩国	1998, 2003, 2012, 2014	1990—2012	无	1998, 2003, 2012	无	2014	已完成第一轮

续表

国家或集团	清单①			国家信息通报		BR/BUR 提交年③	IAR/ICA④《坎昆协议》要求
	提交年	信息年	审评	提交年②	审评		
墨西哥	1997, 2001, 2006, 2009, 2012, 2015	1990—2013	无	1997, 2001, 2006, 2009, 2012	无	2015	正进行第一轮
纳米比亚	2002, 2011, 2014, 2015	1994, 2000, 2010	无	2002, 2011, 2015	无	2014	已完成第一轮
新加坡	2000, 2010, 2014	1994, 2000, 2010	无	2000, 2010, 2014	无	2014	已完成第一轮
南非	2003, 2011, 2014	1994, 2000—2010	无	2003, 2011	无	2014	已完成第一轮
中国	2004, 2012, 2016	1994, 2005, 2012	无	2004, 2012	无	2016	正在进行

注:① 发展中国家的清单作为国家信息通报或双年更新报告的一部分,并非单独提交。
② 由于有些国家早期的国家报告仅提交了纸质版,因此无法获悉具体细节,包括提交时间。
③ BR=发达国家双年报告;BUR=发展中国家双年更新报告。
④ IAR=发达国家评估与审评;ICA=发展中国家国际磋商与分析。

资料来源:《联合国气候变化框架公约》网站,其中附件一缔约方信息来自 http://unfccc.int/national_reports/reporting_and_review_for_annex_i_parties/items/5689.php;非附件一缔约方信息来自 http://unfccc.int/national_reports/non-annex_i_natcom/items/2716.php;信息截至 2016 年 12 月底;中国的第一次发展中国家双年更新报告于 2016 年底准备完成,实际提交到《公约》秘书处的时间为 2017 年 1 月 12 日。

体清单已经涵盖从 1990 年以来所有年份的信息,2014 年提交的第一次双年报告已经完成了第一轮国际评估与审评,2016 年提交的第二次双年报告也已经开始国际评估与审评程序。对发达国家温室气体清单的审评以集中审评为主,除较晚成为《公约》附件一缔约方的塞浦路斯和马耳他外,其余各国都经历过至少 1 次到访审评,其中澳大利亚和希腊经历了 5 次到访审评,次数最多。对发达国家所提交国家信息通报的审评,一般以到访审评为主,但《公约》秘书处在组织第四次国家信息通报审评时,基本上都采用了集中审评的方法;而对于一些国家规模较小的缔约方,秘书处一般都组织对其开展集中审评。

发展中国家方面,各国提交国家信息通报和双年更新报告的时间不尽相同,报告的温室气体清单数据年也根据各国国情而有差别。发展中国家中,墨西哥分别在 1997 年、2001 年、2006 年、2009 年、2012 年提交了 5 次国家信息通报,次数为最多;加上 2015 年提交的双年更新报告,该国报告的温室气体清单信息涵盖了 1990—2013 年历年,在发展中国家中也是最多。韩国和巴西也分别建立了 1990—2012 年和 1990—2010 年的国家温室气体清单时间序列;南非和印度建立了 2000—2010 年的国家温室气体清单时间序列。在发展中国家中,新加坡作为小国,纳米比亚作为欠发达国家,都已经提交了 3 次国家信息通报和第一次双年更新报告。截至 2016 年 12 月底,共有 35 个发展中国家提交了第一次双年更新报告,并且已经或者陆续接受了国际磋商与分析。

相比之下,中国迄今为止仅在 2004 年和 2012 年提交了两次国家信息通报,报告的温室气体清单数据也仅限于 1994 年和 2005 年;中国于 2016 年完成了第一次双年更新报告的准备和编写,但于 2017 年 1 月才提交了这一报告。考虑到中国第一次双年更新报告中的清单信息年份是 2012 年,按照《公约》缔约方大会决议要求,双年更新报告中提供的温室气体清单信息年份应在报告提交年的 4 年以内,因此中国提交该报告的时间应当不晚于 2016 年[20],从这一点上说,中国并没有完成报告义务。由于报告刚刚提交,对中国的国际磋商与分析也就刚刚启动,中国在审评这方面还没有实践经验。总的来说,与其他一些主要发展中国家,甚至规模较小、发展程度较落后的发展中国家相比,中国履行《公约》下透明度义务的程度都欠佳。

第三节　中国与美欧对气候变化透明度
国际规则的分歧与共识

　　中国与美欧在气候变化透明度国际规则问题上的分歧与逐步形成的共识，源自国际规则的发展演进，尤其是国际规则对发展中国家要求的提高。如前文所述，《公约》并没有制定气候变化透明度的具体规则，只是规定了缔约方有提交履约信息的义务。1995 年召开的《公约》第 1次缔约方大会开始制定一些临时性的透明度具体规则，第 2 次缔约方大会修订了发达国家的国家信息通报报告和审评指南，制定了发展中国家的国家信息通报报告指南和后续考虑安排，之后的缔约方大会根据需要对透明度各项指南陆续进行了修订。在 2009 年哥本哈根会议之前，由于发展中国家需要履行的透明度义务相对较少，并且以获得资金支持为前提，因此一方面发展中国家在努力提高履行透明度义务的能力与实践，另一方面也并未就透明度规则提出异议，没有与发达国家产生分歧。发展中国家和发达国家在气候变化透明度国际规则方面的分歧起源于 2009 年。

一、哥本哈根气候大会提出的双年报告与审评模式增加了发展中国家的义务

　　《哥本哈根协议》虽然没有获得缔约方大会通过，不具有法律效力，但其中反映的气候变化透明度国际规则的变迁在后续的缔约方大会决议中得到了认可。

　　在欧盟主导的《哥本哈根协议丹麦案文》[21]（以下简称"丹麦案文"）中，所有国家的报告频率都被提高到了两年一次，都采用"强化的国家信息通报"进行报告，其中发达国家需要报告年度温室气体清单信息，而发展中国家可以报告隔年的清单信息；发达国家报告向发展中国家提供支持的信息，发展中国家报告收到支持的信息；缔约方大会将制定一套全面的统计报告方法学，用于各国报告行动和支持的信息。发展中国家利用国内资源开展的行动，需按照后续制定的指南开展国际磋

商;发达国家的所有信息和发展中国家的其余信息,都要提交国际审评。最不发达国家可以豁免。按照这种安排,无论在形式上还是程序上,《公约》下的透明度规则已经不存在发达国家和发展中国家的区别,内容上的区别也仅仅是因为不同缔约方本身所承担的减缓和提供支持的义务不同,所以在需要报告的内容上存在天然的差异。这种变迁将导致透明度规则与公平原则、"共区原则"的严重不协调。

在美国和"基础四国"[22]等其他大国介入后形成的《哥本哈根协议》[23]案文指出,《公约》附件一缔约方采取的减排行动和向发展中国家提供的支持,要按照既有的和未来强化的相应指南进行测量、报告与核实;非附件一缔约方采取的减缓行动,要按照后续制定的指南进行国际磋商与分析,其中受到国际支持的行动,要进行国际测量、报告与核实。相关的程序、频率、方法学等问题则留待后续谈判确定。尽管这种安排在内容和形式上仍保持了发达国家与发展中国家的区别,但是由于对发展中国家的透明度规则显著加强,与发达国家实施的规则趋同,因此实际上也是对《公约》原则的偏离。

透明度问题成为哥本哈根气候大会期间,以中国为代表的发展中国家和以欧盟、美国为代表的发达国家的核心分歧之一。从上述两份案文可以看出,无论是欧盟主导的"丹麦案文",还是美国介入的《哥本哈根协议》案文,都强调发展中国家要承担信息审评的义务,这是一个从无到有的重大变化;并且"丹麦案文"还强调了发展中国家需要与发达国家采用同样的方法学,实现同样的测量、报告与核实频率,这给发展中国家引入了巨大的负担。而在此之前,由于多数发展中国家只提交过一次国家信息通报,没有接受过任何形式的审评,因此对于如此大幅度地改变透明度规则,增加其所承担的义务,完全没有思想、技术和能力方面的准备。这导致以中国为代表的发展中国家普遍反对这样的机制安排,形成了与发达国家之间的严重分歧。

二、坎昆透明度规则照顾了发展中国家和发达国家双方的关切

坎昆气候大会的成果,实际上延续了《哥本哈根协议》的精神,在规

则设计上也以《哥本哈根协议》为基础,但也出现了一些新的变化。正是这些新的规则设计的变化,弥合了发展中国家与发达国家的分歧,最终促成了《坎昆协议》[24]的达成,开启了透明度规则的新时代。这些规则在 2011 年德班会议和 2012 年多哈会议时陆续细化成型,以下统称"坎昆透明度规则"。

按照坎昆透明度规则要求,发达国家缔约方在提交年度温室气体清单并接受年度国际审评,每四年一度提交国家信息通报并接受国际审评之外,新增了每两年提交双年报告并接受国际评估与审评的义务。发展中国家缔约方在收到必要资金、技术、能力建设支持的前提下,每四年一度提交国家信息通报,同时在同样的前提下,新增了每两年提交双年更新报告并接受国际磋商与分析的义务。

如前文所述,发达国家和发展中国家所适用的坎昆透明度规则,在目的、报告内容、清单编制与报告方法学、报告与审评的程序、每两年提交一次信息的频率等方面趋同,尤其是在双年报告提交之后的国际审评程序上,尽管发达国家接受国际评估与审评,发展中国家接受国际磋商与分析,二者在名称、组织方式、针对信息内容等方面都有所不同,但是其程序安排上都是三步走:第一,组织国际专家组进行审评或者分析;第二,各缔约方书面提交意见、问题和评论;第三,在《公约》秘书处组织的多边场合开展讨论和评议。这照顾了发达国家的关切,落实了"丹麦案文"和《哥本哈根协议》的部分主张。

而由于从整个《公约》下的透明度规则看,发展中国家仍不必提交年度温室气体清单,清单编制方法也不必采用 2006 年政府间气候变化专门委员会指南(IPCC 指南),每四年一度提交的国家信息通报不必接受审评,提交各种报告仍以获得相应的支持为前提,同时每两年一度的报告与审评程序,在名义上与发达国家形成了两条不同的轨道,制定了两套指南,强化了"二分"的区别,因此这也照顾了发展中国家的关切。

在这种情况下,坎昆透明度规则既满足了发达国家在增加发展中国家透明度义务方面的诉求,又满足了发展中国家保持与发达国家区别的诉求,从而得到了缔约方的一致通过。在这一套规则成型后,发达国家缔约方和一些发展中国家缔约方按照新的规则履行《公约》下的透明度义务,逐渐增加了报告与审评的经验,提高了履约透明度。

三、《巴黎协定》透明度规则在体现《公约》原则的同时强化了各方义务

《巴黎协定》在《公约》下的透明度规则基础上,结合各方在实践中获得的经验,强化了对各方提高透明度的规则安排。尽管《巴黎协定》透明度规则的细节还有待谈判进一步明确,但是至少有三个方面已经确定。第一,透明度规则将服务于缔约方所承诺履行的义务,即与各缔约方在《巴黎协定》下承诺的国家自主贡献相匹配;第二,这一套规则不会把既有的报告和审评工具推倒重来,而是根据新的要求进行强化;第三,规则将考虑到缔约方不同的国家自主贡献和国情,而不会一刀切。同时,《巴黎协定》透明度规则也有三点不确定。第一,如何在规则设计中反映"共区原则"? 第二,如何落实发展中国家依能力而需要的灵活性? 第三,如何帮助发展中国家提高与透明度相关的能力,以便其更好地履行透明度义务? 而这不确定的三点,正是以中国为代表的发展中国家和以美国、欧盟为代表的发达国家的分歧所在。

1. 如何反映"共区原则"

《公约》所确定的"共区原则"已经成为全球气候治理机制的核心[25],并且成为《公约》下各个领域规则制定的基本指导思想。然而就透明度领域而言,哪些规则应当共同,哪些规则应当有区别,各方意见分歧严重。

在《巴黎协定》达成之前的谈判,也就是"德班平台"的谈判中,包括欧盟、美国在内的发达国家和一些发展中国家支持建立一个统一的透明度框架,包括统一的指标、指南、程序等。[26] 与之相对立的是,包括中国、印度和非洲集团在内的许多发展中国家,则要求建立一个有区别的透明度框架[27],主张将《公约》下建立起来的透明度框架和各种报告、审评工具,直接移植到《巴黎协定》下,强化后适用,尤其要沿用具有显著"二分"性质的发达国家的双年报告、国际评估与审评,以及发展中国家的双年更新报告、国际磋商与分析体系。

无论是"统一"还是"二分"的主张,最终都没有被明确载入《巴黎协定》,相应地,为寻求折中妥协方案,《巴黎协定》采用了"强化的透明度

体系"这一模糊表述。《巴黎协定》达成后,按照缔约方大会授权,《巴黎协定》特设工作组(Ad-Hoc Working Group on the Paris Agreement,APA)建立,并开展关于《巴黎协定》具体实施规则的谈判。在《巴黎协定》特设工作组的谈判中,各方仍基本上坚持原有立场。主要的发展中国家和集团仍坚持未来这一"强化的透明度体系"要建立在既有的"二分"基础之上。[28]这使得是否以及如何反映区分,成为《巴黎协定》下透明度规则的关键问题,并且是政治性极强的关键问题。

2. 如何体现灵活性

《巴黎协定》创造性地提出了灵活性的概念,并将其赋予那些因能力而需要的发展中国家。缔约方大会决议还指出:"根据协定第十三条第二款,应为发展中国家缔约方实施该条的规定提供灵活性,包括报告范围、频率和详细程度方面的灵活性,以及审评范围方面的灵活性。"[29]然而对于如何设计和实施这样的灵活性,学界和谈判各方有多种意见。

第一种意见是采用可选择的层级方法来实现灵活性。这种方法借鉴了政府间气候变化专门委员会制定的国家温室气体清单编制指南思想。政府间气候变化专门委员会在清单指南中设定了不同难易程度的层级,缔约方可以自由选择不同的层级进行编制。相应地,这种意见认为在《巴黎协定》透明度的指标、程序和指南中,也可以设计不同的层级,供发展中国家选择使用,以此体现灵活性。[30]

第二种意见是允许在履行透明度义务时出现例外,以之作为灵活性。这种意见要求谈判确立统一的透明度安排,包括报告、审评、促进性多边评议等都制定出通用的规则,但对于符合条件的发展中国家缔约方,可以允许一些有限的例外情况[31],但是哪些例外是被允许的,目前尚未有相应的说法。

第三种意见是设定过渡期以体现灵活性。这种意见同样要求谈判确立统一的透明度安排,制定出通用的规则,但对于符合条件的发展中国家缔约方,允许《巴黎协定》在生效后的一段时间之内,逐步过渡到采用这一统一安排,包括对审评意见的采纳,也可以宽限较长的时间。[32]

第四种意见是设定系统性的灵活性,包括提交信息的内容、提交时间和频率、信息的审评模式等。[33]

同时,也有缔约方指出针对不同的要素,或许应当设计不同的灵活性。[34]正如一些研究指出的,在《巴黎协定》的透明度框架中,如何设计出恰当的灵活性,是整个"强化的透明度体系"的关键。[35]因为如果这一灵活性不足够大,不能适用于发展中国家缔约方各种各样的国情和能力,那么整个透明度体系就很难有效实施;而如果这一灵活性过大,又会导致各缔约方之间缺乏统一性、可比性,影响到后续的全球盘点和遵约机制的有效开展。因此,如何体现灵活性也是《巴黎协定》下透明度规则的关键问题,并且是技术性的关键问题。

3. 如何提高发展中国家的透明度相关能力

《巴黎协定》第十三条第十五款明确规定,要为发展中国家提高透明度相关能力提供持续性的支持,而缔约方大会决议也已经创造性地建立了透明度能力支持倡议(CBIT)。这一倡议将基于发展中国家提出的透明度相关能力建设需求,及时向发展中国家提供体制机制建设和必要的技术援助。[36]

在《巴黎协定》达成前后的谈判中,所有缔约方都认同能力建设对于发展中国家缔约方有效履行透明度义务的极端重要性,都支持建立CBIT,但是如何设计和实施CBIT,使其真正能够简便、快捷、有效地响应发展中国家透明度相关能力建设需求,能够体现发展中国家的需求导向和国家主导性,如何有效动员资金和技术力量投入CBIT,都是后续谈判,以及CBIT的执行机构必须妥善解决的问题。毕竟自《公约》创立以来,发展中国家在全球环境基金支持下提交国家信息通报的实践,由于基金赠款项目审批流程过长、资金到位过慢,已经广受发展中国家诟病。

四、《巴黎协定》透明度规则部分强化但部分偏离了《公约》原则

尽管《巴黎协定》透明度规则还有待谈判加以细化,但从协定第十三条的规定看,这些规则有三个重要倾向:第一,发达国家和发展中国

家将要履行的透明度义务趋同;第二,具体规则将考虑到发展中国家的能力,而给予其适当的灵活性;第三,将为发展中国家提供透明度相关的能力建设支持。

这三个倾向反映出《巴黎协定》透明度规则部分强化,但部分偏离了《公约》原则。强化的部分是指,这些规则强调了发展中国家的能力不足,不论是在规则设计上的灵活性,还是提供的能力建设支持,都着眼于这一问题,符合《公约》"各自能力"的原则,也体现了《公约》确定的"公平"原则。偏离的部分是指,发达国家和发展中国家趋同的现象,背离了《公约》"共同但有区别的责任"原则。

需要指出的是,《公约》第三条共有五个条款,规定了包括公平、共同但有区别的责任、各自能力、预防、可持续发展等在内的多项原则,然而逻辑上并非每一项义务都应当受到所有原则的指导。就透明度而言,提供履约信息是《公约》第四条第一款 j 项,以及第十二条第一款给每个缔约方规定的义务。这个义务从性质上说,并没有因为发达国家对造成全球气候变化肩负的历史责任更多,发展中国家的历史责任更少,而在两者之间有所区别;两者之间的区别在于履行义务的具体规则,而这一方面间接地与发达国家和发展中国家承担的减缓、适应、提供支持等义务相匹配,另一方面则更多地考虑到两者在能力方面的差距。因此,《巴黎协定》对透明度的规定,虽然看似削弱了发达国家和发展中国家的区别,但是从逻辑上来说,由于在透明度方面,二者的区别应当来自"各自能力"原则,而不是"共同但有区别的责任"原则,因此当《巴黎协定》强化了对发展中国家能力不足的考虑,创造了因发展中国家能力需要而设置的灵活性机制,并建立了《透明度能力建设倡议》后,实际上更加符合《公约》原则的要求。

第四节　中国与气候变化透明度国际规则

《公约》及其缔约方大会决定给不同类属的缔约方提出了不同的透明度履约要求。中国作为非附件一缔约方,在积极履行气候变化透明度国际义务的同时,也根据自身发展需求不断强化国内透明度机制安排,基本满足了《公约》对非附件一缔约方的要求,但仍暴露出一些问题,尤其是考虑到未来在《巴黎协定》中的透明度义务,可能将面临一定的挑战。

一、中国在《公约》下的国际透明度义务

作为非附件一缔约方,中国在《公约》下承担的气候变化透明度义务主要包括提交国家信息通报、提交双年更新报告、接受国际磋商与分析,同时应当建立完善国内 MRV 体系,并鼓励开展在减少森林退化和毁林领域的 MRV,如图 5.1 所示。

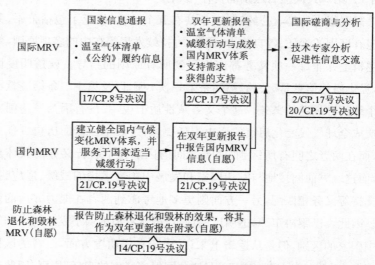

图 5.1　中国承担的气候变化透明度国际义务

提交国家信息通报是《公约》第十二条为所有缔约方规定的义务,但同时《公约》第四条第七款明确规定:"发展中国家缔约方能在多大程度上有效履行其在本《公约》下的承诺,将取决于发达国家缔约方对其在本《公约》下所承担的有关资金和技术转让的承诺的有效履行。"但《公约》本身并没有规定何时提交国家信息通报。2010 年《公约》缔约方坎昆气候大会决定,非附件一缔约方应按照《公约》第十二条第一款要求向缔约方大会提交国家信息通报,通报每四年提交一次,或按照缔约方大会在顾及有区别的时间表,并及时提供资金支付非附件一缔约方编写国家信息通报所发生全部议定费用的前提下就提交频度所作任

何决定予以提交。至此,非附件一缔约方有了明确的国家信息通报提交时间表。但与附件一缔约方的不同之处在于,这一时间表会根据非附件一各国之前的提交年份顺延,并且取决于非附件一缔约方获得支持的时间。

双年更新报告同样是 2010 年坎昆气候大会作出的决定。决议规定发展中国家应当在 2014 年年底以前提交第一次双年更新报告,之后每两年提交一次。

国际磋商与分析也是 2010 年坎昆气候大会决定建立的新机制。在此之前,发展中国家提交的国家信息通报及其内含的国家温室气体清单并不需要接受任何形式的审评。而在国际磋商与分析中,建立起了两步审评法,第一步是技术专家分析,类似于对发达国家的国际专家审评,第二步是多边的促进性信息交流。由于国际磋商与分析针对的对象是双年更新报告,因此其频率也是每两年一次。

《巴黎协定》在《公约》下既有透明度要求的基础上,强化了对发展中国家温室气体清单、自愿提供资金等支持的信息报告和审评要求,频率为每两年一次,其具体要求仍有待谈判确定。

二、中国的履约现状与面临的挑战

1. 中国履行国际透明度义务的总体情况

中国气候变化透明度工作始于第一次提交国家信息通报。按照《公约》第十二条要求,中国在全球环境基金(GEF)支持下开展了第一次国家温室气体清单和国家信息通报的编制,并于 2004 年提交了第一次国家信息通报,包括以 1994 为基准年编写的温室气体清单。随后,根据 2005 年《公约》缔约方蒙特利尔气候大会决议要求,同样在全球环境基金的支持下,中国开展了第二次国家温室气体清单和国家信息通报的编制,并于 2012 年年底提交了第二次国家信息通报,包括以 2005 为基准年编写的温室气体清单。在第二次国家信息通报内容基本就绪后,中国紧接着于 2012 年 3 月启动了第三次国家信息通报申请工作,在 2014 年 8 月项目建议书获得了全球环境基金的批准。然而这已经使得中国无法按照《坎昆协议》的要求,在 2014 年年底提交第一次双年更新报告。中国直到 2016 年年底前才完成了第一次双年更新报告的编写,并在 2017 年 1 月提交到《公约》秘书处。

对于气候变化透明度国际履约义务,中国在温室气体清单、行动目标、减缓行动方面已经基本建立起报告体系,虽然目前清单报告的频率和编制体系组织情况尚不能满足《公约》和《巴黎协定》的要求,但在既有体系上的增强提高,使得中国在这些方面面临的压力和挑战不算太大,所面临的挑战主要来自缺乏国际审评的经验。在适应行动信息方面,中国虽然不面临报告和审评压力,但是信息体系不健全将阻碍中国制定、实施和评估适应气候变化行动。中国面临的最大压力在于气候变化支持方面的透明度,无论是支持的需求、获得的支持,还是提供的气候变化南南合作支持,中国都缺乏信息统计、报告、核实经验,没有相应的信息和方法学体系,这使得中国在《巴黎协定》下将面临巨大挑战。

尽管中国目前尚未接受过国际技术专家分析和多边信息交流,但按照发达国家接受专家审评、发展中国家双年更新报告接受技术专家分析的模式对中国已经提交和正在准备的国家信息通报、内含国家温室气体清单、双年更新报告等,对照《公约》下的报告和审评要求,以及《巴黎协定》下的新要求进行分析,有助于识别中国在气候变化透明度方面履约的不足,如表 5.5 所示。

就当前和在《巴黎协定》下国际气候变化透明度机制对中国的要求而言,主要包括国家温室气体清单、国家应对气候变化行动目标、减缓行动、适应行动、获得气候变化支持和提供气候变化支持 6 个方面。

表 5.5　中国气候变化透明度现状与国际要求比较

主要内容版块			国家信息通报 (17/CP.8)	双年更新报告 (2/CP.17)	巴黎新规 (1/CP.21)	巴黎履约挑战①
国家温室气体清单	报告	要求	强制	自愿	强制	☺
		中国	提交	尚未提交	基本建立体系	
	频率	要求	每四年一次②	每两年一次	每两年一次	☹☹
		中国	八年一次③	未按期提交	难以满足	
	审评	要求	无	TEA+FSV	TER+FMC	☹☹☹
		中国	无	尚未参加	无相关经验	

续表

主要内容版块			国家信息通报（17/CP.8）	双年更新报告（2/CP.17）	巴黎新规（1/CP.21）	巴黎履约挑战①
行动目标	报告	要求	无	不明	强制	☺
		中国	无	尚未提交	已提出目标	
	核算规则	要求	无	无	强制	☹☹
		中国	无	无	无相关经验	
	频率	要求	无	每两年一次	不明	☺
		中国	无	未按期提交	—	
	审评	要求	无	TEA＋FSV	TER＋FMC	☹☹☹
		中国	无	尚未参加	无相关经验	
减缓	报告	要求	强制	强制	强制	☺
		中国	提交	尚未提交	已建立体系	
	进展评估	要求	无	强制	强制	☺
		中国	国内开展	尚未提交	已建立体系	
	频率	要求	每四年一次	每两年一次	每两年一次	☺
		中国	八年一次 / 国内每年一次	未按期提交	已建立体系	
	审评	要求	无	TEA＋FSV	TER＋FMC	☹☹
		中国	无	尚未参加	无相关经验	
适应	报告	要求	强制	无	自愿	☹
		中国	提交	无	未建立体系	
	频率	要求	每四年一次	无	每两年一次	☹
		中国	八年一次	无	未建立体系	
	审评	要求	无	无	无	☺
		中国	无	无	无	
支持需求和获得支持	报告	要求	自愿	自愿	自愿	☹
		中国	提交	尚未提交	未建立体系	
	频率	要求	每四年一次	每两年一次	每两年一次	☹☹
		中国	八年一次	未按期提交	未建立体系	
	审评	要求	无	每两年一次	无	☺
		中国	无	尚未参加	无	

主要内容版块			国家信息通报 (17/CP.8)	双年更新报告 (2/CP.17)	巴黎新规 (1/CP.21)	巴黎履约挑战[①]
提供支持	报告	要求	无	无	自愿	☹☹
		中国	无	无	未建立体系	
	频率	要求	无	无	每两年一次	☹☹
		中国	无	无	未建立体系	
	审评	要求	无	无	强制	☹☹☹
		中国	无	无	无相关经验	

说明：TEA＝技术专家分析，FSV＝促进性信息交流，TER＝技术专家审评，FMC＝促进性多边审议。

注：① ☺表示基本不困难，☹表示有挑战，☹☹表示挑战较大，☹☹☹表示挑战很大。

② 根据 1/CP.16 规定。

③ 中国 2004 年、2012 年提交过两次国家信息通报，相当于是八年一次。

2. 温室气体清单的测量、报告与审评

在温室气体清单方面，中国迄今为止提交了三次国家清单，分别是以 1994 年、2005 年和 2012 年为清单基准年。此外，中国在编制第一次国家信息通报时，也同时编写了 2000 年清单，但相应数据仅作为内部掌握；在编制第二次国家信息通报时，同时也编写了 2008 年清单。1994 年、2005 年、2008 年三个年份的清单报告已经公开出版。与国际透明度要求相比，中国官方在 2004 年和 2012 年提交了国家信息通报，相当于八年提交了一次，这与国际要求的每四年提交一次存在较大差距，但是从已经编制的 1994 年、2000 年、2005 年、2008 年、2012 年清单，以及第三次国家信息通报的编制进展看，中国目前有能力实现每四年一次的清单信息提交。对于中国而言，尽管《关于加强应对气候变化统计工作的意见》[37]已经要求国家建立温室气体清单统计体系，但目前清单编制的机制仍是基于项目的专家团队工作方式，没有稳定、系统的数据收集和编制渠道，针对《巴黎协定》提出的每两年一次提交清单信息，中国还存在较大困难。与此同时，由于中国之前编制的清单从未接

206

受过国际审评,缺乏相关经验,因此在清单审评方面面临很大挑战。

3. 国家应对气候变化行动目标的报告与审评

在国家应对气候变化行动目标方面,由于中国没有在《京都议定书》下承担量化减排目标,因此第一次提交国家信息通报时并不涉及这一内容。中国第二次提交国家信息通报是在 2010 年《坎昆协议》达成后。实际上在 2009 年哥本哈根气候大会之前,中国就提出了 2020 年控制温室气体排放行动目标,因此尽管在《公约》下的非附件一缔约方国家信息通报中,并不要求报告国家行动目标,但是中国的第二次国家信息通报在减缓气候变化的政策与行动部分,在第一章就报告了控制温室气体排放行动与目标。对于《巴黎协定》而言,中国也在 2015 年提出了到 2030 年的国家自主贡献。由于这一目标不存在经常变化的可能性,因此就报告行动目标而言,中国并不面临挑战,不过这还需进一步观察《巴黎协定》特设工作组谈判决定国家自主贡献将以何种形式、何种频率提交。

相比之下,在与行动目标,尤其是减缓目标密切相关的核算规则方面,中国面临较大的挑战。中国在第二次国家信息通报中表示:"2020年控制温室气体排放的行动目标:到 2020 年中国单位国内生产总值二氧化碳排放比 2005 年下降 40％—45％。"[38] 2015 年提交的国家自主决定贡献也表示:"中国确定了到 2030 年的自主行动目标:二氧化碳排放2030 年左右达到峰值并争取尽早达峰;单位国内生产总值二氧化碳排放比 2005 年下降 60％—65％。"[39] 然而中国并未明确这一目标的核算规则:既没有明确目标中所指的二氧化碳的覆盖范围,也没有表明实现这一目标是否计入林业碳汇和各种国际抵消机制。这使得中国在减缓目标的透明度方面面临较大的国际压力和挑战。同样,由于中国的这些目标从未接受过国际审评,因此在接受审评方面也面临很大压力。

4. 国家应对气候变化行动的报告与审评

在减缓行动方面,尽管中国迄今只提交过两次国家信息通报和一次双年更新报告,但由于自 2008 年以来,中国国内强化了应对气候变化透明度的要求,每年发布应对气候变化行动与进展报告,也有一定的定量信息,因此中国在报告减缓行动信息方面没有困难。同时,尽管中国的减缓信息也并未接受过国际审评,但是由于中国国内自"十二五"以来开展了省级温室气体排放控制目标评估考核,积累了一定的类似审评经验,因此与其他版块相比,在减缓行动信息的审评方面,中国也面临挑战,但是形势相对缓和。

在适应行动方面,由于《关于加强应对气候变化统计工作的意见》要求建立的适应信息报告体系刚刚起步,尚不能有效运行,但考虑到在《公约》下中国只需要每四年提交一次适应行动信息,而在《巴黎协定》下,提交适应行动信息并不是强制性内容,因此适应信息报告体系功能的不健全会对中国满足相关国际透明度要求造成一定的障碍,但是面临的挑战并不太大;并且,由于适应行动信息无论在《公约》下还是在《巴黎协定》下都不需要提交国际审评,因此在这方面中国并不面临困难。

5. 应对气候变化资金、技术、能力建设支持的报告与审评

在气候变化支持需求和获得支持方面,由于《公约》并未强制要求非附件一缔约方在国家信息通报中报告气候变化支持需求和获得支持的信息,因此中国在前两次提交的国家信息通报中都没有报告获得支持的信息,仅概括性地描述了气候变化支持的需求。双年更新报告的报告指南和《巴黎协定》则对报告气候变化支持需求和获得的支持提出了要求。虽然都仅仅是鼓励性要求,但考虑到中国并未建立起相应的气候变化支持需求和获得支持信息统计报告体系,《关于加强应对气候变化统计工作的意见》也并未提出相应的报告指标和内容,因此中国在这一信息的报告方面面临一定的挑战。尤其是考虑到《巴黎协定》下这一信息应当每两年报告一次,因此中国面临的挑战较大。但由于这一信息不提交审评,因此中国并不面临信息审评的挑战。

在提供气候变化支持方面,中国作为非附件一缔约方,在《公约》下并不承担向其他国家提供气候变化支持的义务。在《巴黎协定》之前,中国作为非附件一缔约方,尽管也开展了许多应对气候变化的南南合作,但这些信息并不需要在《公约》体系下进行报告,中国因此也并未建立起提供气候变化支持的信息统计和报告体系,《关于加强应对气候变化统计工作的意见》也并未提出相应的报告指标和内容。《巴黎协定》

第九条规定,发达国家缔约方以外的其他缔约方也可以自愿向其他国家提供气候变化支持。相应地,第十三条提出这样做的国家可以自愿报告相关信息,报告频率是两年一次;同时还规定,一旦这样的信息提交报告,就要接受国际审评。对于中国而言,可以预见未来应对气候变化的南南合作、南北合作的规模会越来越大;以中国的地位而言,必然也会提高透明度,改善国际形象。因此,中国尽管没有强制性的报告义务,但是应该会提交提供气候变化支持的信息,相应地,将接受国际审评。从目前缺乏信息统计和报告体系,缺乏报告方法学,从未接受审评的角度看,中国在报告提供气候变化支持的信息方面将面临较大挑战,而在接受信息审评方面,将面临很大的挑战。

此外,中国在地方和企业应对气候变化透明度体系建设方面,虽然已经发布了若干管理办法,逐步在建立信息统计和报告体系,但这些信息主要也是针对清单和减缓相关内容,未能充分考虑适应和气候变化支持的信息。对于履行在《公约》及其《巴黎协定》下的气候变化透明度国际义务而言,缺乏透明、完整、一致、可比、准确的地方和企业信息,会对报告与核实国家信息带来一定的挑战。但考虑到履行国际义务并不需要直接提供地方和企业层面的信息,因此中国并不因此面临国际挑战。

总的来说,中国在温室气体清单、行动目标、减缓行动方面已经基本建立起报告体系,虽然目前清单报告的频率和编制体系组织情况尚不能满足《公约》和《巴黎协定》下的要求,但在既有体系上的增强提高,使得中国在这些方面面临的压力和挑战不算太大,所面临的挑战主要来自缺乏国际审评的经验。在适应行动信息方面,中国虽然不面临报告和审评压力,但是自身信息体系的不健全将阻碍中国制定、实施和评估适应气候变化行动。中国面临的最大压力在于气候变化支持方面,无论是支持的需求、获得的支持,还是提供的气候变化南南合作支持,中国都缺乏信息统计、报告、核实经验和方法学。缺乏相应的国内透明度体系,将使中国在《巴黎协定》下面临巨大挑战。

三、中国履行透明度国际规则的努力

2009 年 11 月,中国国务院常务会议决定将碳强度下降目标作为约束性指标纳入国民经济和社会发展中长期规划,并制定相应的国内统计、监测、考核办法。在有效控制温室气体排放,积极应对气候变化的要求下,中国开始有意识、系统性地构建气候变化领域透明度体系,履行气候变化透明度规则。

1. 建立气候变化透明度机制的总要求

2011 年 3 月,全国人大通过的"十二五"规划纲要中明确要求建立完善温室气体排放统计核算制度,加强应对气候变化统计工作。国务院印发的《"十二五"控制温室气体排放工作方案》[40]进一步要求构建国家、地方、企业三级温室气体排放基础统计和核算工作体系,并加强对各省(自治区、直辖市)"十二五"二氧化碳排放强度下降目标完成情况的评估考核。这些国家层面的规定成为中国建立气候变化透明度机制的总要求。

2. 应对气候变化基础统计体系基本建立

国家发展和改革委员会会同国家统计局于 2013 年印发了《关于加强应对气候变化统计工作的意见》[41],针对应对气候变化工作的新形势,明确要求建立应对气候变化统计指标体系,建立健全覆盖能源活动、工业生产过程、农业、林业、废弃物处理等领域的温室气体基础统计和调查制度,不断提高应对气候变化统计能力。

一是应对气候变化统计指标体系初步构建。《关于加强应对气候变化统计工作的意见》提出了应对气候变化统计指标体系,包括气候变化及影响、适应气候变化、控制温室气体排放、应对气候变化的资金投入以及应对气候变化相关管理等 5 个大类,涵盖 19 个小类、36 项指标,如表5.6 所示。其中控制温室气体排放指标主要反映中国在控制温室气体排放方面的目标与行动,主要包括综合、温室气体排放、调整产业结构、节约能源与提高能效、发展非化石能源、增加森林碳汇、控制工业、农业等部门温室气体排放 7 个小类共 16 项指标,并在此基础上正式建立了应对气候变化统计报表制度。

二是温室气体排放基础统计制度初步建立。中国在现有统计制度的基础上,将温室气体排放基础统计指标纳入政府统计指标体系,建立健全了与温室气体清单编制相匹配的基础统计体系。进一步完善了能

表 5.6　中国应对气候变化统计指标体系

大　类	小　类	指　标	数　据　来　源
一、气候变化及影响（3 个小类，6 项指标）	1. 温室气体浓度	(1) 二氧化碳浓度	中国气象局
	2. 气候变化	(2) 各省（自治区、直辖市）年平均气温	中国气象局
		(3) 各省（自治区、直辖市）平均年降水量	中国气象局
		(4) 全国沿海各省海平面较上年变化	国家海洋局
	3. 气候变化影响	(5) 洪涝干旱农作物受灾面积	国家减灾委办公室、民政部、农业部、水利部
		(6) 气象灾害引发的直接经济损失	国家减灾委办公室、民政部、中国气象局
二、适应气候变化（4 个小类，6 项指标）	1. 农业	(1) 保护性耕作面积	农业部
		(2) 新增草原改良面积	农业部
	2. 林业	(3) 新增沙化土地治理面积	国家林业局
	3. 水资源	(4) 农业灌溉用水有效利用系数	水利部
		(5) 节水灌溉面积	水利部
	4. 海岸带	(6) 近岸及海岸湿地面积	国家海洋局

续表

大　类	小　类	指　标	数　据　来　源
三、控制温室气体排放（7个小类,16项指标）	1. 综合	(1) 单位国内生产总值二氧化碳排放降低率	国家发展和改革委员会
		(2) 温室气体排放总量	国家发展和改革委员会,国家统计局
		(3) 分领域温室气体排放量（能源活动,工业生产过程,农业,土地利用变化和林业,废弃物处理5个领域二氧化碳,甲烷,氧化亚氮,氢氟碳化物,全氟化碳,六氟化硫6种温室气体分别的排放量）	国家发展和改革委员会,国家统计局,工业和信息化部,环境保护部
	2. 温室气体排放	(4) 第三产业增加值占国内生产总值的比重	国家统计局
	3. 调整产业结构	(5) 战略性新兴产业增加值占国内生产总值的比重	国家统计局
	4. 节约能源与提高能效	(6) 单位国内生产总值能源消耗降低率	国家统计局
		(7) 规模以上单位工业增加值能源消耗降低率	国家统计局
		(8) 单位建筑面积能耗降低率	住房和城乡建设部
	5. 发展非化石能源	(9) 非化石能源占一次能源消费比重	国家统计局,国家能源局
	6. 增加森林碳汇	(10) 森林覆盖率	国家林业局
		(11) 森林蓄积量	国家林业局
		(12) 新增森林面积	国家林业局
	7. 控制工业、农业等部门温室气体排放	(13) 水泥原料配料中废物的替代比	工业和信息化部
		(14) 废钢入炉比	工业和信息化部
		(15) 测土配方施肥面积	农业部
		(16) 沼气产气量	农业部

212

续表

大　类	小　类	指　　标	数　据　来　源
四、应对气候变化的资金投入（4个小类，6项指标）	1. 科技	（1）应对气候变化科学研究投入	财政部、科技部
	2. 适应	（2）大江大河防洪工程建设投入	水利部、财政部
	3. 减缓	（3）节能投入	国家发展和改革委员会、财政部
		（4）发展非化石能源投入	国家能源局、财政部
		（5）增加森林碳汇投入	国家林业局、财政部
	4. 其他	（6）温室气体排放统计、核算和考核及其能力建设投入	国家发展和改革委员会、财政部
五、应对气候变化相关管理（1个小类，2项指标）	1. 计量、标准与认证	（1）碳排放标准数量	国家质检总局、国家发展和改革委员会、工业和信息化部
		（2）低碳产品认证数量	国家质检总局、国家发展和改革委员会、工业和信息化部、环境保护部

资料来源：国家发展和改革委员会、国家统计局：《关于加强应对气候变化统计工作的意见的通知》，2013年（发改气候〔2013〕937号）。

源统计制度。细化和增加了能源统计品种指标,主要是将原煤细分为烟煤、无烟煤、褐煤、其他煤炭,修改完善了能源平衡表,完善或修订了工业、服务业以及公共机构的能源统计制度,组织开展了交通运输企业能耗统计监测试点等。初步构建了工业、农业、土地利用变化与林业、废弃物处理等相关领域与温室气体排放紧密关联的活动量及排放特征参数的统计与调查制度。

三是应对气候变化统计工作机制基本形成。2014 年中国成立了由国家发展和改革委员会、统计局等 23 个部门组成的应对气候变化统计工作领导小组,建立了以政府综合统计为核心、相关部门分工协作的工作机制。2014 年以来,国家统计局印发了《应对气候变化统计指标体系》《应对气候变化部门统计报表制度(试行)》和《政府综合统计系统应对气候变化统计数据需求表》等文件,初步收集和审核了 2013 年应对气候变化统计数据。与此同时,国家发展和改革委员会通过中国清洁发展基金捐赠项目支持国家统计局及各地有关研究机构,通过组织开展"温室气体排放基础统计制度和能力建设"等项目,积极开展各地区统计部门从事应对气候变化统计人员的专业能力建设,统计部门还在 15 个省(自治区、直辖市)开展了应对气候变化统计工作试点,应对气候变化基础统计队伍能力得到加强。

3. 减缓气候变化透明度体系基本建立

按照《"十二五"控制温室气体排放工作方案》要求,中国逐步建立起减缓气候变化透明度体系。这一体系包括国家、地方、企业三个层次,以及定期编制和报告温室气体清单、对二氧化碳排放及碳强度下降率开展年度核算、对碳排放强度下降目标进行年度评估考核、对企业碳排放数据进行核查等内容,如表 5.7 所示。

一是国家层面清单编制逐步走向常态化。中国在三次全国范围的温室气体清单编制过程中,不断改进和完善清单编制方法。目前中国国家温室气体清单编制和报告的范围包括能源活动、工业生产过程、农业活动、土地利用变化和林业、废弃物处理等五大领域,涉及的温室气体包括二氧化碳、甲烷、氧化亚氮、氢氟碳化物、全氟碳化、六氟化硫 6种温室气体。初步形成了由国家应对气候变化战略研究和国际合作中心、国家发展和改革委员会能源研究所、清华大学、中国科学院大气物

表 5.7 中国减缓气候变化透明度体系

	国　家	地　方	企　业
统计体系	气候变化行动统计指标体系		—
	温室气体排放相关数据收集体系		—
	气候变化统计体系建设		—
测量与报告	编制温室气体清单		企业温室气体排放报告指南
	碳排放强度目标核算与进度管理		企业温室气体排放报告系统
核实与审评	参加《公约》下的国际磋商与分析进程	参加国家组织的清单审评	第三方碳盘查
		碳排放强度目标年度评估考核	

理研究所、中国农业科学院、中国林业科学院和中国环境科学研究院等单位为主体的国家温室气体清单编制工作架构。清单编制机构在参考《IPCC 国家温室气体清单编制指南》(1996 年修订版)、《IPCC 国家温室气体清单优良作法指南和不确定性管理》《2006 IPCC 国家温室气体清单编制指南》提出的清单编制方法的基础上,结合国家实际情况,包括关键排放源类型、活动水平以及排放因子数据的可获得性等,深入分析了政府间气候变化专门委员会的方法在中国的适用性,不断改进并完善各领域关键排放源的温室气体清单的估算方法,确保清单编制方法的科学性和规范化。

二是国家二氧化碳排放年度核算体系逐步走向常态化。为弥补国家温室气体清单编制滞后的欠缺,加强对年度二氧化碳排放核算及碳排放强度下降目标完成情况的跟踪分析及预测预警工作,确保完成"十二五"碳排放强度降低 17% 这一约束性目标,国家发展和改革委员会气候司委托国家气候战略中心及时开展了年度能源活动二氧化碳排放及碳强度下降指标的初步核算工作,并从 2013 年起,碳强度测算及形势分析工作频率已由年度逐渐调整为半年度和季度,以便更加及时把握二氧化碳排放状况,评估相关政策实施效果,同时对短期内下降趋势和目标完成情况进行预判。自 2015 年下半年起,根据国务院的有关要求,初步建立了月度分析碳强度目标降低情况及影响因素的测算方法,为有关部门及时采取相应政策和行动提供数据支撑，常态化测算及形势分析工作机制已经初步建立。

三是地方层面清单编制体系逐步走向规范化。地方温室气体清单编制方法得到规范。国家发展和改革委员会于 2011 年 3 月发布了《关于印发省级温室气体清单编制指南（试行）的通知》，加强了省级清单编制的科学性、规范性和可操作性，也为编制方法科学、数据透明、格式一致、结果可比的省级温室气体清单提供了具体指导。在此基础上，地方温室气体清单编制工作有序推进。辽宁、云南、浙江、陕西、天津、广东和湖北 7 个省级温室气体清单编制试点地区，在中央专家的指导下，依托地方相关清单编制团队开展了 2005 年本地区温室气体清单编制工作，率先于 2012 年完成了 2005 年清单报告。其他 24 个省（自治区、直辖市）和新疆生产建设兵团的清单编制工作也在清洁发展基金捐赠项目的大力支持下，于 2014 年底基本完成了 2005 年及 2010 年两年的清单报告。2015 年 1 月，国家发展和改革委员会办公厅又下发了《关于开展下一阶段省级温室气体清单编制工作的通知》，原则上要求各地区于 2015 年底完成 2012 年和 2014 年省级温室气体清单的编制工作。随着清单编制的推进，地方温室气体清单编制能力也不断加强。国家发展和改革委员会气候司通过组织开展国内外相关能力建设项目，全方位、多层次对全国地方政府部门负责清单编制的部门及清单编制机构人员进行了能力建设培训。2012 年至 2013 年，开展的华东、华南、华中、华北、西南、西北六大片区低碳发展及省级温室气体清单编制培训班，为地方分享清单编制经验、解决实际问题提供了交流平台。

四是省级温室气体清单评估格式表格及联审指标体系初步建立。为了提高省级温室气体清单质量，确保温室气体清单结果的可比性，国家发展和改革委员会气候司委托国家气候战略中心，参考《公约》秘书处组织开展的对国家温室气体清单评审的做法，组织编制了一套供各省填报的"省级温室气体清单通用报告格式"（CRF）表格，涵盖《省级温室气体清单编制指南》中涉及的能源活动、工业生产过程、农业活动、土地利用变化和林业以及废弃物处理等五个领域。格式表格采用 Excel 编制，共有 67 个表，内嵌计算公式，也定义了不同单元格之间的相互引用关系，便于验算和审核清单结果。同时，还设计了由 42 个指标构成的省级温室气体清单数据质量及结果可比性联审指标体系,建立了由47位来自国家和地方清单编制机构的专家以及第三方专家组成的联审专家组。2014年,国家发展和改革委员会气候司委托国家气候战略中心对各地2005年及2010年的清单报告以及CRF表格开展了评估。2015年,国家发展和改革委员会气候司组织联审专家组对各地报送的经评估修改后的2005年和2010年温室气体清单报告、CRF表格及其联审指标进行了审核,通过对省级温室气体清单的评估和联审,切实提高了省级清单质量和编制能力。

五是省级人民政府碳强度目标评价考核体系基本建立。2013年国家发展和改革委员会同有关部门研究制定了《"十二五"单位GDP二氧化碳排放降低目标考核体系实施方案》,围绕目标完成情况、任务与措施落实情况、基础工作与能力建设落实情况及体制机制开创性探索等其他项四个方面,提出了由12项基础指标构成的"十二五"省级人民政府控制温室气体排放目标责任评价考核指标体系,并在此基础上,结合节能目标责任评价考核工作,对省级人民政府2012年度控制温室气体排放目标责任进行了试评价考核。2014年,国家发展和改革委员会发布了《单位国内生产总值二氧化碳排放降低目标责任考核评估办法》,组织有关部门及专家对全国31个省(区、市)2013年度单位地区生产总值二氧化碳排放降低目标责任进行了考核评估。在认真总结两年考核评估工作的基础上,国家发展和改革委员会进一步修改了《单位国内生产总值二氧化碳排放降低目标责任考核评估办法》。通过考核评估,强化目标导向,形成上下联动、职责分明的压力传导机制,督促各地区目标落实、任务落实和工作落实。与国家二氧化碳排放核算与目标进展评估相结合,地方年度二氧化碳排放核算及目标跟踪分析与逐步推进。各省(区、市)结合年度考核自评估工作,跟踪分析本地区碳强度降低目标完成情况,逐步形成了地方二氧化碳排放及碳强度下降目标年度核算常态化工作机制。

六是企业层面温室气体排放核算和报告体系基本建成。重点行业企业温室气体排放核算方法与报告指南全部发布。国家发展和改革委员会分三批陆续发布了23个重点行业及1个工业其他行业企业温室气体排放核算方法与报告指南[42],并对全国31个省(自治区、直辖市)

及新疆生产建设兵团发改系统及技术支撑单位开展了能力建设培训，有助于企业准确核算温室气体排放量、挖掘企业控排潜力，也为国家发展和改革委员会建立并实施重点企业温室气体报告制度奠定了基础。重点行业企事业单位温室气体报告制度初步建立。国家发展和改革委员会于2014年1月发布了《关于组织开展重点企（事）业单位温室气体排放报告工作的通知》，明确规定开展重点单位温室气体排放报告的责任主体为：2010年温室气体排放达到13 000吨二氧化碳当量，或2010年综合能源消费总量达到5 000吨标准煤的法人企（事）业单位，或视同法人的独立核算单位，并要求重点单位温室气体排放的核算与报告应采用国家主管部门统一出台的重点企业温室气体排放核算与报告指南。重点企业温室气体核算报告平台建设及报送工作加快推进。国家发展和改革委员会通过清洁发展基金捐赠项目，委托国家气候战略中心会同南京擎天科技有限公司等单位，开展了重点企业温室气体排放数据直报系统的研究及建设。

七是重点行业企业温室气体排放核查体系初步形成。2014年1月国家发展和改革委员会下发的《关于组织开展重点企事业单位温室气体排放报告工作的通知》中，明确省级主管部门组织对企事业单位温室气体报告内容进行评估和核查，核查可采用抽查等各种形式，包括组织第三方机构对重点单位报告的数据信息进行核查。2014年12月，国家发展和改革委员会第17号令发布的《碳排放权交易管理暂行办法》进一步明确国务院碳交易主管部门会同有关部门，对核查机构进行管理，核查机构应按照国务院碳交易主管部门公布的核查指南开展碳排放核查工作，省级碳交易主管部门应当对符合特定条件的重点排放单位的排放报告与核查报告进行复查。

八是碳排放交易试点地区企业温室气体排放报告与核查有序开展。北京等7个碳排放权交易试点地区均发布了地方有关温室气体排放报告的规章制度，以及相应的核查指南或管理办法，其中北京和深圳还通过了人大立法，从法律层面确定了企业温室气体报告要求。各试点地区均已建立各自的温室气体排放报送平台，其中广东省围绕温室气体排放管理需求，先后建立了五大信息化平台，包括温室气体综合性数据库、碳排放信息报告与核查系统、配额登记系统、交易系统、重点企事业报告系统,这五大平台实现了政府监管、重点企业数据报送、配额登记与交易、核查机构核查等过程的信息化。北京市率先于 2013 年 11 月 20 日起开始施行的《北京市碳排放权交易核查机构管理办法(试行)》明确界定碳排放权交易核查机构是指对参与本市碳排放权交易的重点排放单位提交的二氧化碳排放报告进行真实性、准确性核实查证的服务机构,同时规定了核查机构备案申请表、核查员备案申请表、第三方核查程序指南、第三方核查报告编写指南等相关要求,初步形成了以地方政府监管为主导、第三方核查机构为主体的重点行业企业温室气体排放数据核查体系。

四、中国应提高气候变化透明度的能力

中国气候变化透明度机制从无到有,也经历了逐步建立完善的过程。尽管总的来说,中国目前气候变化透明度的机制安排仍有欠缺,面对《公约》,尤其是未来《巴黎协定》下的透明度国际要求仍有一定压力,但中国建立符合自身特征的气候变化透明度体制机制仍十分必要。

中国气候变化透明度机制的主要优势在于建立起了自上而下的信息报告体系,这是由中国的国情和行政体制决定的。这一体系从国家规章制度出发,以中央对地方、中央对部门的行政命令为主要手段,要求相应的机构统计和报告气候变化相关信息,同时中央自上而下开展相应的能力建设培训,对地方官员、信息统计报告员、地方技术支撑团队进行必要的知识和技能培训。中央还统一建立了统计报告的技术指南、标准、软件平台,尽可能确保报告的透明度、完整性、可比性、一致性与准确性。

与此同时,中国气候变化透明度机制的主要不足有两个方面,也都与自上而下的模式有关。第一个不足存在于"下"的层面,主要是基层信息统计、报告和核实的能力不足。中国目前建立了自上而下的气候变化透明度体系,也注意到要强化基层能力建设,但是目前基层能力存在很大的欠缺,需要较长的时间才能弥补。能源平衡表作为编制温室气体清单的最重要数据来源,中国长期以来只有国家、省和部分城市有常规统计与编制,绝大多数城市、县没有相应的数据统计,或是统计口径不全、不细,无法满足编制清单的要求。这不能说是中国政府不重视

基础信息统计和报告体系,因为在全国的市、县一级建立健全能源和温室气体信息统计体系,需要大量的财力、物力和人力资源投入,而在市、县统计部门根本就没有这样的资金和人员配置。与之类似的是,中国基层数据,尤其是企业层面温室气体排放数据的报告与核实缺乏第三方机构参与。目前的数据统计基本上还是以行政命令的方式,由政府要求企业报告。这一现状正在逐步得到改善,尤其是在已经实施碳排放权交易试点的地区,企业碳盘查和第三方核实已经基本为企业所接受。第二个不足存在于"上"的层面,国家在设计气候变化透明度体系时,还存在部门协作的不协调。从国际履约的需求看,当前的信息统计报告体系没有纳入气候变化支持的信息,这将极大阻碍中国履约。而适应行动,建筑、交通、工业等领域的减缓行动信息如何及时汇总,如何确保信息的透明、完整、一致、可比和准确,也是既有体系必须进一步完善的地方。

气候变化透明度对中国气候政策的影响主要体现在三个方面。

一是需要在所有气候政策实施过程中建立起信息统计、报告和核实制度。如前文分析,中国目前缺乏系统性的气候变化信息报告机制。从目前正在编制的第三次国家信息通报看,中国仍然没有建立起系统性的报告机制,主要表现在:第一,温室气体清单编制仍依靠专家进行个别式的信息数据收集和计算,没有建立起国家统一的活动水平数据报告系统与排放因子研究更新专门团队;第二,应对气候变化行动信息的报告仍依靠各部委临时提供,没有建立起常规性的信息收集和报告机制;第三,中国获得应对气候变化国际支持的信息,以及通过南南合作等方式向其他发展中国家提供支持的信息,散落在各部委、各地方、重点企业,国家层面没有汇总的信息。与此同时,中国缺乏应对气候变化资金、技术、能力建设支持的报告方法学。无论是获得国际支持还是向其他国家提供的应对气候变化支持,中国不仅没有建立起报告体系,也面临着报告方法学欠缺的困境。发达国家长期以来采用经济合作与发展组织发展援助委员会(OECD-DAC)开发的方法学进行报告,并且逐渐完善和采用"里约标记法"对与环境和气候变化有关的项目进行标记和统计。在《公约》下,发达国家也根据"双年报告"统一报表的要求,按照资金量、来源、性质、状态、提供渠道、受援国、使用领域等参数进行报告。虽然这些方法学也都还在不断完善的过程中,但毕竟为发达国家提高透明度提供了可使用的方法学。相比之下,中国南南合作和对外援助近年来虽然也开始重视信息报告,但与发达国家之间的差距还很大,尤其是对于如何报告气候变化南南合作信息,目前尚无可参照的方法学。而对于获得国际支持的信息报告,尤其是如何使用这些国际支持、产生了什么样的效果,发达国家也没有经验可循,迫切需要中国与其他发展中国家一道研究探索,这也是中国南南合作绩效评估的发展方向。

二是需要强化政策制定和实施中的可量化成分。中国在取消量化的经济计划后,政策风格走向了另一个极端,即对政策会有一个大致的方向性判断,但除了常规的国家统计信息项外,并不需要作量化成效评估。这导致政府在制定政策时不会考虑到后续的信息统计、报告、核实需求,也进一步使得在政策实施过程中难以系统性地获得并评估信息。同样以中国目前的气候变化政策为例,中国近年来加强了应对气候变化的南南合作行动,但是由于只确定了这一政策方向,没有相应透明度与绩效评估体系的要求,因此在政策实施前,政府并不进行项目调研与预选、预算评估、预期效果评估和制定信息报告与核实计划。这就导致政策在实施过程中缺乏相应的信息统计与报告,使得国家最终难以汇总和向民众与国际社会透明地提供相应信息。考虑到未来强化国际履约行动和改善国内治理的需求,中国需要在气候变化政策制定时,将强化信息统计、报告、核实,以及量化评估,作为政策实施一体化的组成部分进行顶层设计。

三是必须考虑政策实施各类主体在提高透明度领域的能力。中国当前提高气候变化领域透明度的能力障碍,既存在于基层和项目级别,也存在于中央政府的顶层设计。应对气候变化的政策关系到上至中央,下至企业和公民,涉及气候变化主管部门,也涉及经济社会的各个方面,因此,与气候变化透明度相关的政策设计也将需要不同领域、不同层面的实施主体参与。这就要求中国政府气候变化主管部门在制定政策前,与不同领域主管部门沟通协调,做好气候变化透明度体系的顶层设计,同时与不同层面的实施主体沟通协调,做好各个层面的能力建设,这样才能使国家获得及时、真实的数据信息。

提高透明度是现代管理的重要内容。随着中国政府治理现代化进程的推进,政府政策需要提升与民众意愿的契合度,因此,提高气候变化透明度不仅是中国履行缔约方国际义务的要求,也是国内发展自身的需求,有助于满足中国自身评估国家应对气候变化目标进展、识别差距和调整目标与政策的基本需求。

注释

1. 国家应对气候变化战略研究和国际合作中心王田参与了本章的撰写。

2. A. Schnackenberg, and E. Tomlinson, "Organizational Transparency: A New Perspective on Managing Trust in Organization-Stakeholder Relationships," *Journal of Management*, 2016, 42(7), pp.1784—1810.

3. UNFCCC, "Guidelines for the Preparation of National Communications by Parties Included in Annex I to the Convention," Part I: UNFCCC Reporting Guidelines on Annual Inventories. Decision 3/CP.5. Bonn: United Nations Framework Convention on Climate Change. 1999.

4. R. Grant, and R. Keohane, "Accountability and Abuses of Power in World Politics," *The American Political Science Review*. 2005, 99(1), pp.29—43; EU, "The Ad Hoc Working Group on the Durban Platform for Enhanced Action (ADP): The 2015 Agreement," Bonn: United Nations Framework Convention on Climate Change. 2014, http://www4. unfccc. int/submissions/Lists/OSPSubmissionUpload/106_99_13057758 0473315361-IT-10-14-EU%20ADP%20WS1%20submission.pdf; USA, "U.S. Submission: Certain Accountability Aspects of the Paris Agreement," Bonn: United Nations Framework Convention on Climate Change. 2014, http://www4.unfccc.int/submissions/ Lists/OSPSubmissionUpload/54_99_130618062605395814-Submission%20on%20post% 202020%20transparency%20system. docx; X. Kong, "Achieving Accountability in Climate Negotiations: Past Practices and Implications for the Post-2020 Agreement," *Chinese Journal of International Law*, 2015, 14(3), pp.545—565; C. Voigt, "The Compliance and Implementation Mechanism of the Paris Agreement, *Review of European Community & International Environmental Law*. 2016, 25(2), pp.161—173.

5. H. Winkler, "Measurable, Reportable and Verifiable: The Keys to Mitigation in the Copenhagen Deal," *Climate Policy*, 2008, 8, pp.534—547; T. Fransen, H. McMahon, S. Nakhooda, *Measuring the Way to a New Global Climate Agreement*, WRI Discussion paper, World Resources Institute, 2008.

6. W. Hare, C. Stockwell, C. Flachsland, S. Oberthur, "The Architecture of the Global Climate Regime: A Top-down Perspective," *Climate Policy*, 2010, 10, pp.600—614.

7. T. Fransen, *Enhancing Today's MRV Framework to Meet Tomorrow's Needs: The Role of National Communications and Inventories*, WRI Discussion paper. World Resources Institute, 2009; C. Breidenich, D. Bodansky, *Measurement, Reporting and Verification in a Post-2012 Climate Agreement*, Washington, Pew Center on Global Climate Change, 2009.

8. J. Ellis, G. Briner, Y. Dagnet, and N. Campbell, "Design Options for International Assessment and Review (IAR) and International Consultations and Analysis (ICA)," *OECD Climate Change Expert Group Paper*, 2011(4).

9. G. Briner and A. Prag, "Establishing and Understanding Post-2020 Climate Change

Mitigation Commitments," *OECD Climate Change Expert Group Paper*, 2013 (3); D.Bodansky, and E.Diringer, *Building Flexibility and Ambition into a 2015 Climate Agreement*, Center for Climate and Energy Solutions, 2014; C.Hood, G.Briner, and M. Rocha, "GHG or not GHG: Accounting for Diverse Mitigation Contributions in the Post-2020 Climate Framework," *OECD Climate Change Expert Group Paper*, 2014 (2); H.Asselt, H.Sælen, and P.Pauw, *Assessment and Review under a 2015 Climate Change Agreement*, Nordic Council of Ministers, 2015.

10. Y. Dagnet, F. Teng, C. Elliott, and Q. Yin, *Improving Transparency and Accountability in the Post-2020 Climate Regime: A Fair Way Forward*, WRI working paper, World Resources Institute, 2015; A. Deprez, M. Colombier, and T. Spencer, *Transparency and the Paris Agreement: Driving Ambitious Action in the New Climate Regime*, IDDRI Working Paper, Paris, France, 2015; J. Ellis, and S. Moarif, "Identifying and Addressing Gaps in the UNFCCC Reporting Framework," *OECD Climate Change Expert Group Paper*, 2015 (7).

11. H.McMahon, and R.Moncel, *Keeping Track: National Positions and Design Elements of an MRV Framework*, WRI Working paper, World Resources Institute, 2009.

12. S.Elsayed, *Knowledge Product: Institutional Arrangements for MRV*, International Partnership on Mitigation and MRV Project, 2014; A.A.Niederberger, and M. Kimble, "MRV under the UN Climate Regime: Paper Tiger or Catalyst for Continual Improvement?" *Greenhouse Gas Measurement and Management*, 2011, 1 (1), pp.47—54.

13. S.Winkelman, N.Helme, S.Davis, M.Houdashelt, C.Kooshia, D.Movius, and A.Vanamali, "MRV for NAMAs: Tracking Progress while Promoting Sustainable Development," Center for Clean Air Policy Discussion Draft (No.2011); Caroline. D. Vit, F.Roser, and H.Fekete, *Measuring, Reporting and Verifying Nationally Appropriate Mitigation Actions*, Reflecting experiences under the Mitigation Momentum Project, 2013.

14. M. L. Hinostroza, S. Lütken, E. Aalders, B. Pretlov, N. Peters, and K. Olsen, *Measuring, Reporting, Verifying. A Primer on MRV for Nationally Appropriate Mitigation Actions*, UNEP Risø Centre on Energy, Climate and Sustainable Development.Department of Management Engineering, Technical University of Denmark (DTU), 2012; S. Sharma, D. Desgain, K. Olsen, M. Hinostroza, S. Wienges, et al., "Linkages between LEDS-NAMA-MRV.NAMA Partnership Project Report," 2014.

15. B. N. Jha, and G. Paudel, "REDD Monitoring, Reporting and Verification Systems in Nepal: Gaps, Issues and Challenge," *Journal of Forest and Livelihood*, 2010, 9 (1); K. Korhonen-Kurki, M. Brockhaus, "Multiple Levels and Multiple Challenges for Measurement, Reporting and Verification of REDD+," *International Journal of the Commons*, 2013, (7), pp.344—366; P.Jagger, M.Brockhaus, A.E.Duchelle, et al., "Multi-Level Policy Dialogues, Processes, and Actions: Challenges and Opportunities for National REDD + Safeguards Measurement, Reporting, and Verification(MRV)," *Forests*, 2014, (5): 2136—2162.

16. B. Buchner, J. Brown, and J. Corfee-Morlot, "Monitoring and Tracking Long-Term Finance to Support Climate Action," *OECD Climate Change Expert Group Paper*, 2011(3).

17. A.Falconer, P. Hogan, V. Micale, et al., *Tracking Emissions and Mitigation*

Actions: Evaluation of MRV Systems in China, Germany, Italy, and the United States, CPI Working Paper, 2012.

18. K.Koakutsu, K.Usui, A.Watarai, and Y.Takagi, *Measurement, Reporting and Verification(MRV) for Low Carbon Development: Learning from Experience in Asia*, IGES Policy Report, 2012.

19. A.Boyd, S.Keen, and B.Rennkamp, *A Comparative Analysis of Emerging Institutional Arrangements for Domestic MRV in Developing Countries*, Energy Research Centre, University of Cape Town, 2014.

20. UNFCCC, *"Outcome of the Work of the Ad Hoc Working Group on Long-term Cooperative Action under the Convention,"* Decision 2/CP.17, 2011, Paragraph 41.

21. Denmark, "Adoption of the Copenhagen Agreement Under the United Nations Framework Convention on Climate Change," 2009, http://www.redd-monitor.org/wp-content/uploads/2009/12/Leaked-Danish-text.pdf.

22. "基础四国"指巴西、南非、印度和中国。

23. UNFCCC, *"Copenhagen Accord,"* Decision 2/CP.15, 2009.

24. UNFCCC, "The Cancun Agreements: Outcome of the Work of the Ad Hoc Working Group on Long-term Cooperative Action under the Convention," Decision 1/CP.16, 2010.

25. R.Stavins, J.Zou, T.Brewer, M.Conte Grand, M.den Elzen, M.Finus, J.Gupta, N.Höhne, M.K.Lee, A.Michaelowa, M.Paterson, K.Ramakrishna, G.Wen, J.Wiener, H.Winkler, "International Cooperation: Agreements and Instruments," IPCC *Climate Change 2014: Mitigation of Climate Change: Contribution of Working Group III to the Fifth Assessment Report of the Intergovernmental Panel on Climate Change*. [Edenhofer, O., Pichs-Madruga, R., Sokona, Y., Farahani, E., Kadner, S., Seyboth, K., Adler, A., Baum, I., Brunner, S., Eickemeier, P., Kriemann, B., Savolainen, J., Schlömer, S., von Stechow, C., Zwickel, T., and Minx, J.C.(eds.)]. Cambridge University Press, 2014, p.1008.

26. AOSIS, "AOSIS Proposed Amendments to the ADP Co-chairs Draft Tool on Article 9-Transparency of Action & Support," Bonn: United Nations Framework Convention on Climate Change, 2015, Retrieved from http://unfccc.int/bodies/awg/items/9230.php; EU, "The Ad Hoc Working Group on the Durban Platform for Enhanced Action(ADP): The 2015 Agreement," Bonn: United Nations Framework Convention on Climate Change, 2014, http://www4.unfccc.int/submissions/Lists/OSPSubmissionUpload/106_99_130577580473315361-IT-10-14-EU%20ADP%20WS1%20submission.pdf; EU, "EU Text Suggestions on Key Issues," Bonn: United Nations Framework Convention on Climate Change, 2015, http://unfccc.int/bodies/awg/items/9230.php; Norway, "Submission to the ADP," Bonn: United Nations Framework Convention on Climate Change, 2014, http://unfccc.int/files/bodies/application/pdf/norway_submission_adp_-_mitigation.pdf; Switzerland, "Surgical Changes Requested by Switzerland to the Co-chair's Text," Bonn: United Nations Framework Convention on Climate Change, 2015, http://unfccc.int/bodies/awg/items/9230.php; Umbrella Group, "Text Submission on Article 9 and Associated Draft Decision Text by New Zealand on Behalf of a Group of Umbrella Group Countries," Bonn: United Nations Framework Convention on Climate Change, 2015, http://unfccc.int/bodies/awg/items/9230.php; USA, "U.S. Submission: Certain Accountability Aspects of the Paris Agreement," Bonn: United Na-

tions Framework Convention on Climate Change, 2014, http://www4.unfccc.int/submissions/Lists/OSPSubmissionUpload/54_99_130618062605395814-Submission%20on%20post%202020%20transparency%20system.docx.

27. African Group, "AGN Transparency Insertions, 2015," http://unfccc.int/bodies/awg/items/9230.php; Algeria, "National Submission on Elements of the 2015 Outcome," Bonn: United Nations Framework Convention on Climate Change, 2014, http://unfccc.int/bodies/awg/items/7398.php; China, "China Textual Proposal on Transparency," Bonn: United Nations Framework Convention on Climate Change, 2015, http://unfccc.int/bodies/awg/items/9230.php; LMDC, "LMDC Textual Proposals for Insertion," Bonn: United Nations Framework Convention on Climate Change, 2015, http://unfccc.int/bodies/awg/items/9230.php.

28. African Group, "Submission by the Republic of Mali on Behalf of the African Group of Negotiators on Modalities, Procedures and Guidelines, as Appropriate, for the Transparency of Action and Support," FCCC/APA/2016/INF.3, Bonn: United Nations Framework Convention on Climate Change, 2016; China, "China's Submission on Modalities, Procedures and Guidelines for the Transparency Framework under the Paris Agreement," FCCC/APA/2016/INF.3, Bonn: United Nations Framework Convention on Climate Change, 2016; India, "India' Submission on APA Agenda Item 5—Modalities, Procedures and Guidelines of the Transparency Framework on Action and Support pursuant Article 13 of the Paris Agreement," FCCC/APA/2016/INF.3, Bonn: United Nations Framework Convention on Climate Change, 2016; LMDC, "Submission of the Like-Minded Developing Countries(LMDC) on the Work of the Ad-Hoc Working Group on the Paris Agreement(APA) under APA Agenda Item 5," FCCC/APA/2016/INF.3, Bonn: United Nations Framework Convention on Climate Change, 2016.

29. UNFCCC, "Adoption of the Paris Agreement," Decision 1/CP.21. FCCC/APA/2016/L.1. Bonn: United Nations Framework Convention on Climate Change, 2015, Paragraph 89.

30. G.Briner, and S.Moarif, "Unpacking Provisions Related to Transparency of Mitigation and Support In The Paris Agreement," Climate Change Expert Group Paper, 2016, (2), Organisation for Economic Co-operation and Development (OECD); Caribbean Community, "Saint Lucia on Behalf of the Caribbean Community Submission on APA Agenda Item 5—Modalities, Procedures and Guidelines for the Transparency Framework for Action and Support Referred to in Article 13 of the Paris Agreement," FCCC/APA/2016/INF.3, United Nations Framework Convention on Climate Change, 2016.

31. Canada, "Canada's Submission on APA Item 5—Modalities, Procedures and Guidelines for Transparency," FCCC/APA/2016/INF.3, Bonn: United Nations Framework Convention on Climate Change, 2016; Japan, Submission on Agenda Item 5 of APA by Japan "Modalities, Procedures and Guidelines for the Transparency Framework for Action and Support Referred to in Article 13 of the Paris Agreement," FCCC/APA/2016/INF.3, Bonn: United Nations Framework Convention on Climate Change, 2016.

32. AILAC, "Submission by Costa Rica on Behalf of the Independent Association for Latin America and the Caribbean on Item 5 Modalities, Procedures and Guidelines of the Transparency Framework on Action and Support Pursuant Article 13 of the Paris Agreement," FCCC/APA/2016/INF.3, Bonn: United Nations Framework Convention on Cli-

mate Change，2016.

33. India，"India's Submission on APA Agenda Item 5—Modalities，Procedures and Guidelines of the Transparency Framework on Action and Support pursuant Article 13 of the Paris Agreement，" FCCC/APA/2016/INF.3，Bonn：United Nations Framework Convention on Climate Change；LMDC，"Submission of the Like-Minded Developing Countries(LMDC) on the Work of the Ad-Hoc Working Group on the Paris Agreement（APA）under APA Agenda Item 5，" FCCC/APA/2016/INF.3，Bonn：United Nations Framework Convention on Climate Change.

34. EU，"Submission on Modalities，Procedures and Guidelines for the Transparency Framework for Action and Support Referred to in Article 13 of the Paris Agreement，" Bonn：United Nations Framework Convention on Climate Change，2016，http://www4.unfccc.int/Submissions/Lists/OSPSubmissionUpload/75_281_131203153 443541418-SK-10-07-EU%20submission%20on%20APA%205%20transparency.pdf；New Zealand，"Submission to the Ad Hoc Working Group on the Durban Platform for Enhanced Action Work Stream 1，" Bonn：United Nations Framework Convention on Climate Change，2015，Retrieved from http://unfccc.int/files/bodies/application/pdf/adp2—10_ws1_nz_31aug2015_ip.pdf；USA，"United States' Submission on Common Modalities，Procedures and Guidelines for the Enhanced Transparency Framework，" FCCC/APA/2016/INF.3，Bonn：United Nations Framework Convention on Climate Change，2016.

35. G.Briner，and S.Moarif，"Unpacking Provisions Related to Transparency of Mitigation and Support in The Paris Agreement."

36. UNFCCC，"Adoption of the Paris Agreement，" Decision 1/CP.21. FCCC/APA/2016/L.1，Bonn：United Nations Framework Convention on Climate Change，2015，Paragraph 84.

37. 国家发展和改革委员会、国家统计局：《关于加强应对气候变化统计工作的意见的通知》，2013年，http://www.sdpc.gov.cn/zcfb/zcfbtz/201312/t20131209_569536.html.

38. 国家发展和改革委员会应对气候变化司编著：《中华人民共和国气候变化第二次国家信息通报》，中国经济出版社2013年版。

39. 中国政府：《强化应对气候变化行动——中国国家自主贡献》，2015年，http://www4.unfccc.int/Submissions/INDC/Published%20Documents/China/1/China's%20INDC%20-%20on%2030%20June%202015.pdf。

40. 国务院：《"十二五"控制温室气体排放工作方案》，2012年，http://www.gov.cn/zwgk/2012-01/13/content_2043645.htm.

41. 国家发展和改革委员会、国家统计局：《关于加强应对气候变化统计工作的意见的通知》，2013年，http://www.sdpc.gov.cn/zcfb/zcfbtz/201312/t20131209_569536.html.

42. 国家发展改革委办公厅：《国家发展改革委办公厅关于印发首批10个行业企业温室气体排放核算方法与报告指南（试行）的通知》（发改办气候［2013］2526号），2013年，http://www.ndrc.gov.cn/zcfb/zcfbtz/201311/t20131101_565313.html；国家发展改革委办公厅：《国家发展改革委办公厅关于印发第二批4个行业企业温室气体排放核算方法与报告指南（试行）的通知》（发改办气候［2014］2920号），2014年，http://bgt.ndrc.gov.cn/zcfb/201502/t20150209_6636024.html；国家发展改革委办公厅：《国家发展改革委办公厅关于印发第三批10个行业企业温室气体核算方法与报告指南（试行）的通知》（发改办气候［2015］1722号），2015年，http://www.ndrc.gov.cn/zcfb/zcfbtz/201511/t20151111_758275.html.

第六章

中国与气候变化国际支持规则

第一节　全球气候治理机制的国际支持规则

气候变化的归因虽然更多地源自发达国家自工业革命以来累积的温室气体排放，然而气候变化对人类的影响是全球性的，应对气候变化也只能依靠全球各国的努力才能有效，这也包括了发展中国家的行动。然后，由于发展阶段的相对落后，发展中国家在资金、技术、人力资源等各个方面都面临巨大挑战，难以独自有效地开展应对气候变化的行动。为此，国际社会建立了气候变化国际支持的体系，帮助发展中国家应对气候变化。经过 20 多年的发展，气候变化国际支持规则主要包括三个方面，即资金支持、技术转移和能力建设支持，主要是指发达国家对发展中国家的支持，但近年来气候变化南南合作也逐渐受到重视。

一、气候变化国际资金支持

资金资源是开展各种应对气候变化行动的最基础资源之一。发展中国家由于发展阶段落后，能够动用的资金资源十分有限，急需获得资金支持才能有效规划、开展应对气候变化的行动。

1.《公约》对资金支持的规定

《公约》明确为列于附件二[1]的发达国家（集团）缔约方设定了向发展中国家提供资金支持的义务。这是国际社会开展气候变化国际资金支持行动的根本基础。

附件二所列的发达国家缔约方和其他发达缔约方应提供新的和额外的资金,以支付经议定的发展中国家缔约方为履行第十二条第一款规定的义务而招致的全部费用。它们还应提供发展中国家缔约方所需要的资金,包括用于技术转让的资金,以支付经议定的为执行本条第1款所述并经发展中国家缔约方同第十一条所述那个或那些国际实体依该条议定的措施的全部增加费用。这些承诺的履行应考虑到资金流量应充足和可以预测的必要性,以及发达国家缔约方间适当分摊负担的重要性。

——《公约》第四条第三款

附件二所列的发达国家缔约方和其他发达缔约方还应帮助特别易受气候变化不利影响的发展中国家缔约方支付适应这些不利影响的费用。

——《公约》第四条第四款

《公约》对气候变化国际资金支持提供方的规定十分明确,即列于《公约》附件二的缔约方,但是对于谁有资格获得资金支持却并不是那么清晰。根据上述条款,"发展中国家缔约方"有资格获得资金支持,但是《公约》并未在这里使用"非附件一缔约方"的表述,这为后续的资金支持造成了一定的困扰,因为谁是"发展中国家",这是一个仁者见仁智者见智的问题,国际上并没有一个公认的定义和标准。在后续的实践中,虽然国际社会默认非附件一缔约方就是"发展中国家",但是事实上,一些发达国家也对一些属于附件一缔约方的国家提供了气候变化国际资金支持。

2.《京都议定书》对资金支持的规定

《京都议定书》作为落实《公约》的第一个里程碑式的法律条约,侧重于发达国家缔约方如何落实履行其在《公约》下的法律义务,在为《公约》附件一缔约方设定量化减排规则的同时,也强调了其履行资金支持的义务。

在履行《公约》第四条第一款的范围内,根据《公约》第四条第三款和第十一条的规定,并通过受托经营《公约》资金机制的实体,《公约》附件二所列发达国家缔约方和其他发达缔约方应:

（a）提供新的和额外的资金，以支付经议定的发展中国家为促进履行第十条（a）项所述《公约》第四条第一款（a）项规定的现有承诺而招致的全部费用；

（b）并提供发展中国家缔约方所需要的资金，包括技术转让的资金，以支付经议定的为促进履行第十条所述依《公约》第四条第一款规定的现有承诺并经一发展中国家缔约方与《公约》第十一条所指那个或那些国际实体根据该条议定的全部增加费用。

这些现有承诺的履行应考虑到资金流量应充足和可以预测的必要性，以及发达国家缔约方间适当分摊负担的重要性。《公约》缔约方会议相关决定中对受托经营《公约》资金机制的实体所作的指导，包括本议定书通过之前议定的那些指导，应比照适用于本款的规定。

——《京都议定书》第十一条第二款

《京都议定书》对于资金支持的规定，基本上延续了《公约》相应条款的内容，对于资金支持的提供方、支持渠道、有资格获得支持的国家，都延续了《公约》的规定。与减缓所不同的是，虽然《京都议定书》为《公约》附件一缔约方规定了明确的减排目标和相应的核算规则，但是并没有就附件二缔约方需要提供多少数量的资金支持、什么形式的资金支持，以及提供资金支持的时间阶段等作出规定。

3.《巴黎协定》对资金支持的规定

《巴黎协定》是国际社会落实《公约》的又一个里程碑式的法律条约，侧重于推动所有国家合作应对气候变化，因此资金支持也必然是《巴黎协定》的重要内容。《巴黎协定》第九条共有 9 款，规定了各缔约方在协定下相应的资金支持权利和义务，其中最重要的是第一款和第二款：

发达国家缔约方应为协助发展中国家缔约方减缓和适应两方面提供资金，以便继续履行在《公约》下的现有义务。

——《巴黎协定》第九条第一款

鼓励其他缔约方自愿提供或继续提供这种支助。

——《巴黎协定》第九条第二款

《巴黎协定》在谁有资格获得资金支持方面,延续了《公约》和《京都议定书》的表述,即"发展中国家缔约方"应该得到资金支持,但是《巴黎协定》与《公约》和《京都议定书》存在两点显著区别。第一,《巴黎协定》"鼓励其他缔约方自愿提供或继续提供这种支助"。通俗来说,这一条款是扩展了气候变化国际资金支持的来源,尤其是将发展中国家的南南合作纳入了协定的考虑范畴。第二,《巴黎协定》将应提供资金支持的缔约方表述为"发达国家缔约方",而不是"附件二缔约方"。按照《公约》语境下的默认理解,"发达国家缔约方"通常指《公约》的附件一缔约方,《巴黎协定》的这种表述与《公约》不一致,将导致两种可能形成分歧的理解:一种是将提供资金支持的义务扩展到了俄罗斯、乌克兰等非附件二的附件一缔约方,这将对这些国家的履约造成影响;另一种理解是,可以认为谁是"发达国家"并没有定论,如同谁是"发展中国家"没有定论一样,这导致是否履行这一条义务,完全凭"发达国家"的自觉。无论如何,这一条款将为《巴黎协定》的履行造成法律解释上的困难。

与此同时,《巴黎协定》第二条还将从《公约》附件二缔约方向非附件一缔约方提供资金支持以应对气候变化,扩展为所有国家都要"使资金流动符合温室气体低排放和气候适应型发展的路径",将其作为与减缓、适应相并列的全球目标。虽然《巴黎协定》并未将其作为任何缔约方的义务进行表述,但这实际上已经体现了对《公约》所建立的气候资金机制的演变。

二、气候变化国际技术支持

应对气候变化,归根到底依靠减排温室气体和适应气候变化技术的研发创新与推广应用。各国要尽快实现低碳发展转型,就离不开节能和清洁能源技术,要适应气候变化带来的影响,就需要预报、防灾、公共健康等技术和管理体系的进步。发展中国家自身的技术研发与推广能力欠缺,因此向发展中国家转移必要的应对气候变化技术,帮助发展中国家提高本国的技术研发与推广应用能力,成为应对气候变化国际合作的重要内容。

1.《公约》对技术支持的规定

《公约》在其前言部分,就注意到应对气候变化的行动只有基于有关的科学、技术和经济方面的考虑,并根据这些领域的新发现不断加以重新评价,才能在环境、社会和经济方面最为有效。《公约》也为发达国家缔约方规定了技术转移的义务:

> 附件二所列的发达国家缔约方和其他发达缔约方应采取一切实际可行的步骤,酌情促进、便利和资助向其他缔约方特别是发展中国家缔约方转让或使它们有机会得到无害环境的技术和专有技术,以使它们能够履行本《公约》的各项规定。在此过程中,发达国家缔约方应支持开发和增强发展中国家缔约方的自生能力和技术。有能力这样做的其他缔约方和组织也可协助便利这类技术的转让。
>
> ——《公约》第四条第五款

与此同时,《公约》在为发达国家设定国际资金支持义务的同时,特别强调附件二缔约方为发展中国家提供的资金支持,"包括用于技术转让的资金",这为技术转移和支持发展中国家自身的技术研发提供了必要保障。

然而与提供资金支持的义务不同,《公约》除了规定附件二缔约方具有向发展中国家转移技术的义务外,也鼓励其他缔约方开展技术转让的活动,这就将技术转移的提供方扩展到了所有国家,尽管技术转移的强制性义务仍仅属于附件二缔约方。

2.《京都议定书》对技术支持的规定

《京都议定书》对于应对气候变化国际技术合作的侧重点与《公约》略有不同。所有缔约方应:

> 合作促进有效方式用以开发、应用和传播与气候变化有关的有益于环境的技术、专有技术、做法和过程,并采取一切实际步骤促进、便利和酌情资助将此类技术、专有技术、做法和过程特别转让给发展中国家或使它们有机会获得,包括制定政策和方案,以便利有效转让公有或公共支配的有益于环境的技术,并为私有部门创造有利环境以促进和增进转让和获得有益于环境的技术。
>
> ——《京都议定书》第十一条第 c 项

可以看出《京都议定书》对于国际技术合作的侧重点,在于推动全球各国开展技术合作、促进各国的技术开发,而不仅仅是强调发达国家对发展中国家的技术转移。而向发展中国家的技术转移,也被作为所有缔约方,而不仅仅是发达国家的义务,这与《公约》有所不同。

3.《巴黎协定》对技术支持的规定

《巴黎协定》第十条共有 6 款,规定了各缔约方在协定下相应的国际技术合作权利和义务,其中最重要的是第一款和第六款:

> 缔约方共有一个长期愿景,即必须充分落实技术开发和转让,以改善对气候变化的复原力和减少温室气体排放。

——《巴黎协定》第十条第一款

> 应向发展中国家缔约方提供支助,包括提供资金支助,以执行本条,包括在技术周期不同阶段的技术开发和转让方面加强合作行动,从而在支助减缓和适应之间实现平衡。第十四条提及的全球盘点应考虑为发展中国家缔约方的技术开发和转让提供支助方面的现有信息。

——《巴黎协定》第十条第六款

《巴黎协定》对于应对气候变化国际技术的规定,延续了从《公约》到《京都议定书》的逻辑,并进一步强化了《京都议定书》对于国际技术合作是所有缔约方义务的思想。但与《京都议定书》不同的是,《巴黎协定》第十条第一款实际上并没有为任何缔约方设定义务,而只是确认了全球的一个共同愿景;而《京都议定书》是将国际技术合作规定为所有缔约方的义务。同时,《巴黎协定》对技术转移支持这个义务的提供方的规定,也与《京都议定书》不同,更与《公约》不同。《巴黎协定》第十条第六款没有主语,也就是说这条义务的承担主体是不明确的,结果可以解读为所有缔约方都有这项义务,如同《京都议定书》的规定,也可以解读为谁都没有这个义务;但无论如何,这与《公约》明确将技术转移作为附件二缔约方的义务,并鼓励其他缔约方开展国际技术合作行动的规定是不同的。

三、气候变化能力建设国际支持

能力建设是所有国家在所有领域开展行动都需要的。在气候变化领域，发达国家也需要不断增强其减缓、适应、资金动员、技术研发与应用、实施人员个人素质、体制机制等能力；然而相对而言，由于发展中国家更缺乏这些能力，并且缺乏提高能力的资源，因此在气候变化领域的能力建设国际支持与合作，更多的是指向发展中国家提供能力建设的支持。

1.《公约》和《京都议定书》对能力建设支持的规定

《公约》在第九条规定附属科技咨询机构的职责时，指出其应支持发展中国家自身的能力建设：

在缔约方会议指导下和依靠现有主管国际机构，该机构应：

（a）……

（d）就有关气候变化的科学计划和研究与发展的国际合作，以及就支持发展中国家建立自生能力的途径与方法提供咨询……

——《公约》第九条第二款

但《公约》本身并没有提出"能力建设"的机构与内容框架，只在第五条"研究和系统观测"中提出了应帮助发展中国家增强相应能力。这与后续谈判和实施过程中的能力建设概念不同，其覆盖范围远远小于后来确定的能力建设主题。

《京都议定书》提出了"能力建设"的一些要点，但主要是指各国国内的能力建设，这虽然比《公约》的提法进了一步，但与后来强调的能力建设国际合作，尤其是能力建设支持，仍有很大的不同。

附件一所列缔约方应根据第七条提交依本议定书采取的行动，包括国家方案的信息；其他缔约方应努力酌情在它们的国家信息通报中列入载有缔约方认为有助于对付气候变化及其不利影响的措施，包括减缓温室气体排放的增加以及增强汇和汇的清除、能力建设和适应措施的方案的信息。

——《京都议定书》第十条 c（二）项

在国际一级合作并酌情利用现有机构，促进拟订和实施教育及培训方案,包括加强本国能力建设,特别是加强人才和机构能力、交流或调派人员培训这一领域的专家,尤其是培训发展中国家的专家,并在国家一级促进公众意识和促进公众获得有关气候变化的信息。应发展适当方式通过《公约》的相关机构实施这些活动,同时考虑到《公约》第六条。

——《京都议定书》第十条第 e 项

在《公约》和《京都议定书》的履约过程中,国际社会日益发现能力建设对发展中国家缔约方有效履约的重要性,因此通过缔约方大会决定,确定了关于能力建设国际合作,尤其是向发展中国家提供能力建设支持的内容。在第 5 次《公约》缔约方大会上,各方通过了关于"发展中国家(非附件一缔约方)能力建设"的决定。[2]决定指出:"缔约方会议申明,能力建设是发展中国家有效参加《公约》和《京都议定书》进程的关键所在";决定由《公约》资金机制向发展中国家提供履行《公约》所需的能力建设资金和技术支持,并欢迎双边和其他多边机制的酌情贡献,同时要求对现有的能力建设活动和方案作全面评估,以确定其有效性,找出既有工作的不足,制定一个符合具体国情的进程,进一步确定发展中国家的需求。

随后,在第 7 次《公约》缔约方大会上,各方通过缔约方大会决定,正式建立了"发展中国家能力建设框架"[3],并要求该框架立即生效,用以指导与执行《公约》及有效参与《京都议定书》进程有关的能力建设活动,以便帮助发展中国家有效履约,并对《公约》资金机构、双边和其他多边机构为这一框架提供支持、报告行动进展等提出了要求。决定指出,"能力建设没有标准公式。能力建设必须按国别进行,符合发展中国家的具体需要和条件,并反映它们的国家可持续发展战略、重点和计划",并指出"能力建设是一个连续、渐进、互动的进程,在执行中应以发展中国家的优先事项为依据"。该决定还识别出发展中国家能力建设方面的需要和领域的初步范围,这为后续的能力建设国际支持提供了重要指导。

（1）体制上的能力建设,包括酌情加强或建立国家气候变化秘书处或国家协调中心;

（2）增强和/或创造扶持型的环境；

（3）国家信息通报；

（4）国家气候变化方案；

（5）温室气体清单、排放数据库管理以及用来收集、管理和利用活动的数据和排放因素的系统；

（6）脆弱性和适应评估；

（7）执行适应措施方面的能力建设；

（8）缓解办法执行情况的评估；

（9）研究和系统观测，包括气象、水文和气候方面的服务；

（10）技术的开发与转让；

（11）提高决策能力，包括为参与国际谈判提供援助；

（12）清洁发展机制；

（13）因执行《公约》第四条第八款和第九款[4]而产生的需要；

（14）教育、培训和宣传；

（15）信息与联网，包括建立数据库。

——《公约》缔约方大会第 2/CP.7 号决定

2.《巴黎协定》对能力建设支持的规定

《巴黎协定》第十一条和第十二条的主题都是能力建设问题。

第十一条共有 5 款，规定了各缔约方在协定下相应的能力建设国际合作权利和义务。其中第一款明确界定了能力建设条款的适应对象和范围：

> 本协定下的能力建设应当加强发展中国家缔约方，特别是能力最弱的国家，如最不发达国家，以及特别易受气候变化不利影响的国家，如小岛屿发展中国家等的能力，以便采取有效的气候变化行动，其中包括，除其他外，执行适应和减缓行动，并应当便利技术开发、推广和部署、获得气候资金、教育、培训和公共意识的有关方面，以及透明、及时和准确的信息通报。

——《巴黎协定》第十一条第一款

这是国际条约首次明确界定国际合作中的气候变化能力建设主要是指加强发展中国家应对气候变化的能力，并且这一能力不仅是教育、研究领域的人员和机构机制的能力,而且涉及减缓、适应、资金、技术、教育、公众意识、透明度等应对气候变化各方面需要的能力。

第二款明确了能力建设的原则,核心是国家驱动原则,由发展中国家自主提出能力建设需求,能力建设国际合作依据并响应这些需求。第三款强调了所有缔约方应当加强能力建设的合作,尤其是发达国家应当为发展中国家能力建设行动提供支持;但第四款又将提供能力建设支持的国家泛化,指出所有缔约方都可以提供相应的支持,并且提供支持的缔约方都应定期报告相关信息,同时发展中国家也应当定期通报行动计划、实施和效果。第五款要求建立一个机构专门负责气候变化能力建设活动。基于此,巴黎气候大会通过的《公约》缔约方大会决定建立"巴黎能力建设委员会"[5]。

第二节　气候变化国际支持规则的体系与实践

《公约》为全球如何合作应对气候变化提供了国际法律基础和原则性指导,要求所有国家根据其共同但有区别的责任和各自的能力及其社会和经济条件,尽可能开展最广泛的合作,并参与有效和适当的国际应对行动,并且特别指出《公约》附件二所列的发达国家缔约方和其他发达缔约方要为发展中国家缔约方提供资金支持和技术转让。2001年《公约》缔约方大会又规定发达国家还应向发展中国家提供能力建设支持[6],因此气候变化国际支持主要是指在气候资金、气候友好技术、应对气候变化能力建设方面的支持。

由于国际上缺乏对于气候支持的明确定义和范围界定,发达国家在《公约》以及官方发展援助(Official Development Assistance, ODA)体系下开展的国际气候援助也缺乏统一的统计、报告、核实标准,因此导致各方对于国际气候支持的规模、内容、效果等理解不尽相同。缺乏全球公认的气候变化国际支持的定义和内涵,为确定国际气候支持的规模、跟踪气候支持的进展和评估成效带来了困难。

一、气候变化国际资金支持的体系与实践

经过 20 余年的发展,气候变化国际资金支持的体系逐渐形成。非

官方的国际资金支持是应对气候变化资金支持的重要内容,但本章主要考察国家间的气候变化国际资金支持。

1. 气候变化国际资金支持的体系

气候变化国际资金支持的体系涉及资金筹措、资金到位、资金管理和资金支配等问题,以支持应对气候变化的减缓和适应行动,伴随着《公约》20多年的发展,经历了从无到有,从简到繁,从完全被托管到开始走向独立的过程[7],如图6.1所示。

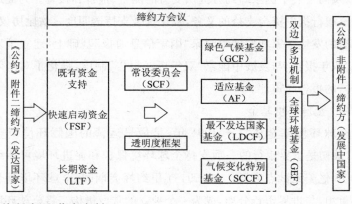

资料来源:作者自制。

图6.1 《公约》下气候变化国际资金支持体系

《公约》首先确定了一个"在赠予或转让基础上提供资金,包括用于技术转让的资金的机制"[8],并决定将该机制的经营委托给一个或多个现有的国际实体负责。此外,《公约》还规定发达国家缔约方还可通过双边、区域性和其他多边渠道提供并由发展中国家缔约方获取与履行《公约》有关的资金。1994年,全球环境基金被确立为气候变化国际资金支持机制的运营实体。1997年通过的《京都议定书》确立了清洁发展机制等三个灵活机制,其部分收益用于支持发展中国家应对气候变化的行动,创新了资金来源。2001年《公约》缔约方大会通过的《马拉喀什协定》成立了"气候变化特别基金"(Special Climate Change Fund,SCCF)和"最不发达国家基金"(Least Developed Countries Fund,LDCF)。2007年通过的"巴厘岛路线图"决定在《京都议定书》下成立适应基金

(Adaptation Fund，AF)。2009 年的《哥本哈根协议》虽然没有被缔约方大会通过，因而不具有法律效力，但它提出了快速启动资金（Fast-Start Finance，FSF）和长期资金（Long-Term Finance，LTF）机制，并提出成立绿色气候基金（Green Climate Fund，GCF）。绿色气候基金在随后的 2010 年缔约方大会《坎昆协议》中得以建立。与绿色气候基金同时建立的，还有资金常设委员会（Standing Committee on Finance，SCF），用以协助缔约方大会履行在《公约》资金机制方面的职能，包括改进气候变化融资的一致性和协调性，实现资金机制的合理化，调集资金，以及向发展中国家缔约方提供支持的测量、报告和核查。为促进发达国家履行提供资金支持的义务，强化资金支持透明度，《坎昆协议》还在既有的发达国家和发展中国家"国家信息通报"基础上，建立了发达国家"双年报告"与发展中国家"双年更新报告"制度，强化了对国际资金支持的报告与审评。[9]

（1）全球环境基金。

全球环境基金成立于 1991 年，是最早运营的国际环境资金机构[10]，最初是世界银行的一项支持全球环境保护和促进环境可持续发展的 10 亿美元试点项目。在 1994 年里约峰会期间，全球环境基金进行了重组，与世界银行分离，成为一个独立的常设机构。将全球环境基金改为独立机构的决定，提高了发展中国家参与决策和项目实施的力度。然而自 1994 年以来，世界银行一直是全球环境基金信托基金的托管机构，并为其提供管理服务。联合国开发计划署、联合国环境规划署和世界银行是全球环境基金计划的最初执行机构。

与绿色气候基金相比，全球环境基金虽然作为《公约》下气候变化国际资金支持机制的运营实体，但该基金并非专属于《公约》，而是同时服务于《生物多样性公约》《关于持久性有机污染物的斯德哥尔摩公约》《联合国防治荒漠化公约》《关于汞的水俣公约》等多个公约，同时还部分服务于《关于消耗臭氧层物质的蒙特利尔议定书》，因此全球环境基金与绿色气候基金处于不同的地位。这也成为全球环境基金的核心优势。同时，全球环境基金也负责运营《公约》体系下的气候变化特别基金和最不发达国家基金。

一般而言，将一个具有国家效益的项目转变为具有全球环境效益的项目,会产生增量成本,而全球环境基金的任务就是为弥补这一过程中产生的增量或附加成本,而提供新的和额外赠款和优惠资助。全球环境基金以提供赠款为主。提供气候资金是其自有资金的重要业务。

全球环境基金于2014年5月发布了《GEF2020全球环境基金发展战略》,确定了其未来主要的战略优先事项,主要包括:进一步关注环境退化的核心驱动因素,为环境退化提供综合性解决方案,增强复原和适应,确保气候资金的互补性和协调性以及选择适当的影响模式五个方面。

全球环境基金未来将进一步发挥其综合性基金的优势,与绿色气候基金错位发展。全球环境基金在第六个增资期将进一步推动覆盖多个环境保护目标的综合方法试点项目(The Integrated Approach Pilots, IAPs),主要目的是产生协同效应,实现范围更大的可持续影响,且将通过跨境、跨区域以及全球范围的行动,补充国家级规划。

(2)绿色气候基金。

绿色气候基金的提议最早出现在2009年哥本哈根气候大会上,在2010年的坎昆气候大会上最终确定。按照《哥本哈根协议》和《坎昆协议》的要求,发达国家要在2010年至2012年间出资300亿美元作为快速启动资金,在2013年至2020年间每年提供1 000亿美元的长期资金,用于帮助发展中国家应对气候变化。成立绿色气候基金的原意之一是专门管理这些发达国家依据《坎昆协议》承诺提供的资金,然而由于发达国家很难在既有的各种官方发展援助(Official Development Assistance, ODA)之外,再拿出额外的资金来帮助发展中国家,因此这300亿美元和每年1 000亿美元的资金,实际上无法按照最初设想的一样兑现并注入绿色气候基金。

根据《公约》缔约方大会决定[11],绿色气候基金成立理事会,共设24名理事,其中来自发达国家和发展中国家的理事各12名。来自发展中国家的这12名理事中,应包括联合国相应区域的代表,以及最不发达国家和小岛国的代表。现任理事分别来自安提瓜和巴布达、阿根廷、中国、哥斯达黎加、民主刚果、埃及、格鲁吉亚、印度、马拉维、沙特阿拉伯、萨摩亚和南非,以及澳大利亚、加拿大、丹麦、法国、德国、日本、意大利、挪威、瑞典、瑞士、英国和美国。[12]

根据《坎昆协议》，绿色气候基金的治理具有以下几个重要原则：第一，绿色气候基金在《公约》缔约方大会的指导下行使职能并向其负责，通过专项资金窗口向发展中国家的项目、方案、政策和其他活动提供支持；第二，绿色气候基金由一个发展中国家和发达国家缔约方代表数目相等的 24 人董事会管理；第三，邀请世界银行担任绿色气候基金的临时受托人，基金运行三年后进行复审；第四，绿色气候基金将由一个独立的秘书处提供支持；第五，绿色气候基金将由一个过渡委员会筹建，其成员大多数来自发展中国家，小岛屿发展中国家与最不发达国家各 2 名。

根据设计，绿色气候基金在 2020 年将成为《公约》框架下资金机制的主渠道。绿色气候基金的设计使其同时兼有资金操作实体和资金媒介的功能。从设计之初就在以引入发展中国家参与为基础的制度下进行合作设计，也能够与全球环境基金和适应基金指定的国内实体进行合作；且绿色气候基金建立了较为灵活的风险管理框架，设有"资本安全垫"（capital cushion），为投资者投资于风险相对较高的项目提供了激励。缓冲资本的水平需要根据基金的风险预测进行调整，且受到基金董事会风险管理委员会以及秘书处风险管理员的监督。

相比其他气候资金机制仅能从公共部门筹资，绿色气候基金最大的特色之一就是为专门处理私营部门资金的运作设立了私营部门机制（Private Sector Facility，PSF）。绿色气候基金将运用金融工具，对包括能力建设、制度建设在内的项目进行支持，从而吸引更多的国家以及利益相关者的参与。目前，绿色气候基金的国家项目部门（country programming division）已经开始支持对国家进程与制度能力进行前期投资的准备项目。

在金融工具方面，绿色气候基金理事会同意基金建立初期仅提供赠款和优惠贷款，其具体的期限和使用条件还没有最终确定，但绿色气候基金将授予指定中介机构将该基金的资助资金作为风险担保和股权投资的选择权。发展中国家则担心引入更多更加复杂的金融工具仍然是试图将基金发展成银行的业务结构，会影响其作为《公约》下资金机制实施实体的主要任务，认为应该将核心的业务放在通过优惠贷款为应对气候变化行动的额外成本提供支持。

在资金的分配方面,理事会有责任在减缓与适应领域平衡分配资金,但2011年通过的《公约》缔约方大会决定并没有就如何平衡资金配比作出清晰的界定,且在绿色气候基金的治理工具中也没有得到体现。最初,理事会决定在减缓、适应及私营部门机制三个主题之间进行分配。理事会第六次会议确定绿色气候基金的最终目标是在减缓与适应领域实现50∶50的配比,并保证将50％的适应资金提供给最不发达国家、小岛屿发展中国家及非洲国家。

2013年,按照绿色气候基金理事会决议,该基金与韩国政府签署协议,将其总部设立在韩国松岛。2014年在利马召开的气候金融部长会议之后,绿色气候基金获得的承诺捐赠额达到101.4亿美元。2015年5月21日,绿色气候基金认捐额超过了总额50％,标志着可以正式开展具体业务。

(3) 适应基金。

适应基金(AF)于2009年正式运营,其资金来源为《京都议定书》下清洁发展机制(CDM)项目产生的核证减排量(CER)的2％的收益,发达国家自愿捐资及少量投资收入。目前通过核证减排量项目获得资金1.9亿美元,截止到2014年12月,获得捐赠额为2.8亿美元。适应基金支持项目的平均规模为660万美元以上。国际碳价格走低使得适应基金的资金无法获得稳定保障,且在基金运营过程中,其资源分配在实际运营中基本遵循"先到先得"原则,对脆弱国家优先的初衷并没有在项目审批流程及项目融资标准中得到贯彻。

随着《京都议定书》步入第二承诺期时间段,但却并未生效,发达国家承诺的2020年减排目标没有了国际法律约束力,因此清洁发展机制项目失去了其帮助发达国家灵活实现减排承诺的意义。这导致适应基金的资金来源出现了问题。由于适应基金是在《京都议定书》下建立的机制,为了避免《京都议定书》后续承诺期生效与否对适应基金产生决定性影响,各方在2016年马拉喀什气候大会上,决定将适应基金问题纳入"巴黎协定特设工作组"谈判议题,以便使适应基金能够服务于《巴黎协定》的履约安排。

总的来说,《公约》下的国际资金支持具有明确的主体和流向,即由《公约》附件二缔约方提供,支持非附件一缔约方;具有明确的属性,即应当是赠款和优惠贷款;具有多种渠道,既包括《公约》下建立、受缔约方大会管辖的资金机制,也包括双边、其他多边渠道;监管和透明度体系逐渐增强。

2. 气候变化国际资金支持的实践

尽管自 1992 年《公约》达成以来,关于气候资金的界定一直没有得到广泛认可,但在《公约》框架内外,发展中国家确实得到了应对气候变化的资金支持,发达国家和一些国际机构也在自身实践过程中,对如何提高气候变化国际资金支持的透明度开展了有益的探索。

《公约》缔约方大会在 2011 年确定发达国家需要通过"双年报告"每两年报告一次向发展中国家提供气候资金的情况,并在 2012 年制定了统一的报表,在 2015 年修订了该报表。[13]虽然这一报表包含了资金量、资金来源、资金性质、资金用途、提供渠道、提供状态、受援国别等信息,但由于各国没有就气候资金的定义和范围界定达成一致,因此在实际操作中各国拥有很大的自主权,导致 2014 年各国按要求提交的资金支持信息差异巨大。资金常设委员会对全球气候资金的规模进行了统计,如表 6.1 所示。

表 6.1　全球年均气候资金规模(2010—2012 年)

资金类别	资金量(美元)	不确定性
《公约》下资金机制	6 亿	低
多边气候基金	15 亿	低
多边开发银行资金	150 亿—230 亿	低
气候变化相关官方发展援助资金	195 亿—230 亿	低
其他官方渠道资金	140 亿—150 亿	中
发达国家公共机构向发展中国家提供的资金	350 亿—500 亿	中
发达国家向发展中国家提供的所有气候资金(包括私人部门资金)	400 亿—1 750 亿	中
全球气候资金	3 400 亿—6 500 亿	高

资料来源:Standing Committee on Finance, "2014 Biennial Assessment and Overview of Climate Finance Flows Report", 2014.

资金常设委员会认为 2010—2012 年间全球年均气候资金规模达

到 3 400 亿—6 500 亿美元之间；其中发达国家提供的资金规模为 400 亿—1 750 亿美元，通过公共机构流向发展中国家的资金规模为 350 亿—500 亿美元。统计数据的全距均较大，精确度较差；而且这些通过公共机构的资金，例如官方发展援助、多边开发银行（Multilateral Development Banks，MDBs）、其他官方渠道（Other Official Flows，OOF）、多边气候基金（Multilateralclimate funds）、《公约》下的资金渠道等，还有很多重叠。[14] 而这其中有些资金是否应当被计入还存在分歧，例如美国将海外私人投资公司（OPIC）和美国进出口银行通过贷款、贷款担保和保险形式筹集的帮助发展中国家部署清洁技术的 17 亿美元，都计入了快速启动资金，而发展中国家对此并不予以承认。[15] 资金常设委员会的资金规模统计还无法区分每项资金在多大程度上用于气候变化的国际援助。

在《公约》外，经济合作与发展组织发展援助委员会（Development Assistance Committee of the Organization for Economic Co-operation and Development，OECD-DAC）开发了"里约标记法"（Rio-markers）[16]，用以统计和报告与"联合国环境《公约》"[17]相关的资金支持。这一做法为解决国际援助的气候变化针对性与气候资金统计精确性开创了好的思路，但由于目前判断项目是否与气候变化相关的指标和标准还需要细化，而且在处理显著相关项目的折算比例时仍存在较大的灵活度，因此这一方法还有待进一步完善。

联合国开发计划署（UNDP）在"气候公共支出与制度评估计划"（Climate Public Expenditure and Institutional Reviews，CPEIRs）项目下也开展了对于气候资金的探讨与实践，这一项目对于国际气候援助有两个显著贡献。一是从受援国的角度较为系统地统计和报告了收到的国际气候援助[18]；二是在"里约标记法"基础上，进一步开发出"气候相关性指数"（CPEIR Climate Relevance Index）[19]。这项工作也为全球更好地理解、统计、报告与核实国际气候援助起到了积极的促进作用。

总的来说，当前以气候资金为载体的国际气候援助在统计、报告与核实方面存在很大的困难，主要表现在：气候资金定义不明，因此难以界定哪些资金应该算作气候资金，哪些不算；资金提供主体复杂，既有发达国家公共财政的渠道，也有发展中国家公共财政的渠道，还有私人部门资金;《公约》和经济合作与发展组织定义的资金受体存在差异,例如《公约》非附件一缔约方中的安道尔、巴勒斯坦没有被经济合作与发展组织纳入对外援助的考虑,而经济合作与发展组织援助的国家中,又有土耳其、白俄罗斯、乌克兰这样的附件一国家,以及因加入欧盟而成为附件一缔约方的斯洛文尼亚、克罗地亚、塞浦路斯、马耳他等国,还包括了美属北马里亚纳群岛、英属维京群岛、法属波利尼西亚、荷属安地列斯群岛等发达国家的海外属地[20];资金性质既有赠款,也有优惠贷款、商业贷款和投资;资金用途难以界定所支持项目是不是或者在多大程度上与应对气候变化的行动相关,尤其是对于具有多重目标的项目;提供渠道既有直接向发展中国家和具体项目提供的,也有通过多边开发银行、各种基金、区域间合作组织间接提供的;受援国获得支持的信息也十分缺乏。这些问题导致当前国际气候援助资金的规模统计结果差异十分巨大,而且存在重复计算、漏算的情况。正如安德里亚·伊罗(Andrea Iro)[21]指出的,基于《公约》下和经济合作与发展组织发展援助委员会既有的工作经验,统一统计和报告术语、方法学和参数,提高数据信息的一致性,是确保国际气候援助资金可比性和可靠性的必要途径,这样才能让国际社会能够准确理解国际气候援助资金的来源、规模、用途,也才能用以评估发达国家在《公约》下向发展中国家提供气候资金支持的承诺是否落实。

而根据 2016 年资金常设委员会发布的第二次双年评估,2013—2014 年间,发达国家通过《公约》下资金机制向发展中国家提供的支持合计为 14 亿美元;通过各种其他多边渠道提供的支持为 30 亿美元;通过各种双边渠道提供的气候资金支持为 470 亿美元,其中赠款和优惠贷款合计 241 亿美元;2013—2014 年间全球年均气候资金规模达到7 140 亿美元,比 2010—2012 年间有所提升。[22]

二、气候变化国际技术支持的体系与实践

气候友好技术的开发和转让对于实现《公约》的最终目标非常重要。《公约》注意到所有缔约方应该在技术的开发和转让方面加以推动和合作,以减少温室气体排放。《公约》也为附件二缔约方设定了向其

他缔约方,尤其是发展中国家缔约方开展技术转让的义务,并表明发展中国家缔约方有效履行其承诺的程度将依赖于发达国家缔约方在《公约》下有效履行有关气候资金和技术转让承诺的程度。

1. 气候变化国际技术支持的体系

技术开发与转移是落实《公约》《京都议定书》与《巴黎协定》的重要手段。自《公约》达成并实施以来,国际社会陆续建立了以"技术需求评估"(Technology Needs Assessments,TNAs)、"技术执行委员会"(Technology Executive Committee,TEC)和"气候技术中心与网络"(Climate Technology Centre and Network,CTCN)为核心的机制和机构,协助《公约》缔约方大会执行有关技术转移支持问题。《巴黎协定》也明确提出要"建立一个技术框架,为技术机制在促进和便利技术开发和转让的强化行动方面的工作提供总体指导,以实现本条第一款所述的长期愿景,支持本协定的履行"[23]。但目前尚不清楚这一框架如何安排。

(1)技术需求分析项目。

技术需求评估(TNA)[24]是《公约》下的一个进程,始建于2001年《马拉喀什协定》的技术开发与转移决定[25],旨在分析和决定气候技术的优先级,以有效应对气候变化。自2001年以来,80多个发展中国家开展了应对气候变化的技术需求评估。2015年以来,许多国家在国家自主贡献(NDCs)中确定了气候技术需求。

技术需求评估的发展经历了两个阶段。2001年至2008年期间,第一轮技术需求评估的研究重点是支持发展中国家更清楚地了解其技术需求和减少温室气体和适应气候变化的优先级。全球环境基金为这些技术需求评估项目提供了资金支持,联合国环境规划署(UNEP)和联合国开发计划署(UNDP)负责执行各国项目。

第二轮技术需求评估项目开始于2009年,一直持续到现在。这一轮技术需求评估工作更加重视执行,支持各国将其确定的技术需求转化为可执行的项目和方案,它支持发展中国家开展以下三类工作:确定应对气候变化和加快国家发展的技术手段;增加国家可持续发展的能力建设;制定技术行动计划,以实现和展示技术的可行性。

第二轮技术需求评估的资金支持来源于全球环境基金的"波兹南

技术转让战略计划"。该计划资助了联合国环境规划署与丹麦技术大学(DTU)合作来实施技术需求评估的全球项目。自 2010 年以来,联合国环境规划署及丹麦技术大学联合为发展中国家提供了大量技术方法上的支持,以便开展技术需求评估。在 2010 年至 2013 年期间,丹麦技术大学支持 36 个发展中国家进行了技术需求评估分析。自 2014 年底以来,联合国环境规划署和丹麦技术大学开展了第二阶段的工作,为 26 个国家的技术需求评估分析提供财务和技术支持。各国计划在 2017 年提交其技术需求评估报告。2016 年,全球环境基金理事会批准了第三阶段的技术需求评估全球项目,以支持来自小岛屿发展中国家和最不发达国家的另外 20 个发展中国家。该项目估计将于 2017/2018 年启动。

除了全球环境基金的支持之外,绿色气候基金战略计划也将发展中国家的国家自主贡献和技术需求评估作为其项目规划的重要参考点。

(2) 技术执行委员会。

技术执行委员会(TEC)[26]由 20 位通过《公约》缔约方大会任命的专家组成,具体职能包括提供技术需求信息及政策问题分析,提供政策和优先项目建议,提出解决技术开发和转让障碍的行动建议以及推动拟定技术路线图或行动计划等。技术执行委员会每年至少举行两次会议,并举办与气候变化相关的技术活动,以支持解决与技术有关的政策问题。技术执行委员会每年向《公约》缔约方大会报告其业绩和活动。

具体来说,技术执行委员会主要分析与气候变化相关的技术问题,制定均衡的政策建议以支持各国加快气候变化行动。目前,技术执行委员会的重点领域是气候变化适应技术、气候技术融资、新出现的交叉问题、创新科技研究开发示范、气候变化应对技术、技术需求评估及政策。

为加强气候技术开发和转让,技术执行委员会逐渐发展出以下功能:概述各国气候变化相关的技术需求,并分析与气候变化技术开发和转让相关的政策和技术问题;推荐行动计划促进气候技术开发和转移;推荐气候技术政策和方案指导;促进气候技术利益相关者之间的合作;建议采取行动,解决气候技术开发和转移的障碍;寻求与气候技术利益相关方的合作,促进技术活动的一致性;催促开发和利用气候技术路线图和行动计划。

技术执行委员会的主要产出是向缔约方大会提交的年度技术报告建议。通过年度技术报告,技术执行委员会突出强调了各国为加快气候技术行动而采取的行动。技术执行委员会还制作了简称为"TEC Briefs"的政策简报,以及其他技术文件,以加强气候技术工作的信息共享。

（3）气候技术中心与网络（CTCN）。

气候技术中心与网络[27]是联合国环境规划署（UNEP）和联合国工业发展组织（UNIDO）主办的《公约》技术机制的运作部门。气候技术中心与网络旨在应发展中国家的要求,促进加速转让低碳和适应气候变化的环境友好技术。气候技术中心与网络针对不同国家的需求提供技术解决方案、能力建设和政策建议、法律和监管框架等相关的意见和建议。参与气候技术中心与网络是免费的,它能够为参与方提供的服务包括:在为发展中国家提供技术援助服务中获得商业机会,通过参与新项目并通过气候技术中心与网络的沟通渠道来突出相关经验,扩大组织或公司的市场覆盖面;以及可以形成政策决策者和其他利益相关方的网络,从而拓展新兴活动的实践领域。

气候技术中心与网络通过以下三个核心服务促进技术转让:一是应发展中国家的要求提供技术援助,加快气候技术转让。根据发展中国家或国家指定实体（NDE）提交的要求来提供技术援助。在收到此类请求后,气候技术中心会调动其全球气候技术专家网络,设计并提供适合当地需求的定制解决方案。二是创造获取关于气候技术的信息和知识。通过区域论坛、出版物、在线门户和孵化器计划,气候技术中心与网络创造了气候技术解决方案的能力建设和知识共享环境。该中心吸引和鼓励利益相关方展示技术最佳实践、南南转移示例,以及从现有技术援助经验中学习。三是通过中心的来自学术界、私营部门以及公共和研究机构的区域和部门专家网络,促进气候技术利益攸关方之间的合作。在《公约》技术机制的支持下,气候技术网络的成员可以接触到全球气候技术用户、技术提供者和金融资本方。该网络由学术界、民间社会、金融、私营部门、公共部门和研究机构组成,以及包含由各国政府指定的150多个技术联络点。

通过这些服务,气候技术中心与网络旨在解决阻碍气候技术开发和转让的障碍,从而为降低温室气体排放和气候脆弱性、提高当地创新能力、增加对气候技术项目的投资提供有利的环境。

2. 气候变化国际技术支持的实践

与气候资金类似,气候友好技术也缺乏定义,但一般来说可从减缓和适应气候变化两方面的目标效果进行归类。减缓技术也就是常说的低碳技术,其中最核心和应用面最广的是能源技术,包括在各个部门应用的化石能源清洁高效利用、可再生能源、核电、节能和提高能效、电网和能源系统优化、碳捕集利用与封存技术等,也包括优化能源管理、规划等软技术,如表 6.2 所示。

表 6.2　减缓气候变化的行动领域

领　　域	类　　别	技　术　示　例
交叉领域	基础设施	基础设施建设材料、设计和建成运行转向低碳持久型
能源供应	电源技术	可再生能源电力;核电;以天然气代替燃煤发电,包括天然气联合循环发电(NG-CCP)
能源供应	发电技术	热电联产(CHP)
能源供应	碳捕集与封存(CCS)	化石能源发电—碳捕集与封存;生物质能—碳捕集与封存(BECCS)
交　　通	基础设施	优化城市规划;紧凑型城市布局便利步行和自行车出行;高效长途交通系统(包括高铁)
交　　通	交通能源低碳化	天然气汽车;电动汽车和电力机车;氢能汽车;生物质燃料
建　　筑	标准	建筑能效标识;产品能耗标准
建　　筑	技术	既有建筑节能改造
工　　业	技术	技术节能和革命性技术创新,例如水泥替代材料;工艺改革、物料减量化、循环化、再利用;工艺过程的碳捕集与封存(CCS);碳氟氢化物(HFC$_s$)的替代和减量、回收和循环使用
工　　业	信息与激励机制	节能信息传播;节能投资与经济激励机制
工　　业	系统方案	循环经济

领　域	类　别	技　术　示　例
废弃物管理	技术	能源回收；废弃物处理技术革新
农林业和土地利用	管理	再造林；林业可持续发展；减少毁林；耕地管理；放牧地管理；土质有机化
	技术	生物质能技术，改良炉灶，生物质发电
人居	基础设施	工作区与居住区重合布局；多元集中用地；投资改善交通；需求侧管理

资料来源：IPCC，"Summary for Policymakers，" in Ottmar Edenhofer，Ramón Pichs-Madruga，Youba Sokona et al.（eds.），*Climate Change 2014*，*Mitigation of Climate Change. Contribution of Working Group III to the Fifth Assessment Report of the Intergovernmental Panel on Climate Change*，Cambridge University Press，2014.

一方面，由于能源技术内在的战略利益，因此技术转让往往极具政治敏感性[28]；另一方面，由于低碳技术往往具有较好的市场前景，商业价值高，技术开发方对知识产权的关注度极高，因此在《与贸易有关的知识产权协议》（TRIPs）管辖下，知识产权既成为推动低碳技术研发的动力，也成为妨碍技术转让的阻力。[29]

与减缓技术不同，由于各方对适应气候变化的定义、判别等存在认识上的差异，因此政府间气候变化专门委员会[30]给出的适应气候变化的行动示例覆盖面太广，有直接与适应气候变化相关的，也有间接相关甚至十分牵强的，有的则难以识别出其中需要的具体技术，如表 6.3 所示。而防旱抗涝、气象预警等适应气候变化的技术，往往难以在短期获得收益，甚至无法直接获得收益，因此更加无法吸引商业技术转移，在公共资金支持不足的情况下，适应气候变化技术向发展中国家转让就更加困难。

从实践中看，国际气候援助中技术转让的困局主要表现在三个方面。一是国际气候谈判中关于技术转让的谈判举步维艰，尽管建立了技术执行委员会和气候技术中心与网络，《巴黎协定》也明确提出要建立技术框架，但既有机制开展的工作主要还是会议讨论；二是 TNA 虽然已经开展了很多评估项目，并发展为 TNAs-TAPs（技术行动计划），

表 6.3　适应气候变化的行动领域

类　别	行　动　示　例
人类发展	加强对教育、营养、健康设施、能源、安全住房和居住结构以及社会支持结构的获取
	降低性别不平等和其他形式的边缘化
减　贫	加强对本地资源的获取和控制
	土地使用权
	降低灾害风险;社会保障体系和社会保护;保险计划
生计安全	收入、资产和生计多样化;改善基础设施;改变种植、畜牧和水产养殖实践
	参加技术和决策论坛;增加决策权;依靠社交网络
灾害风险管理	预警系统;灾害和脆弱性分布图评估
	多样化的水资源
	改善排水;风暴和废水管理;洪水和气旋避难所;改善运输及道路基础设施
	建筑标准和实践
生态系统管理	维护湿地与城市绿地;沿海造林;降低对生态系统的其他压力源、降低栖息地分隔;流域及水库管理;维护遗传多样性
	控制干扰状况
	以社区为基础的自然资源管理
空间和土地利用规划	提供足够的住房、基础设施和服务;城市规划和改造方案;管理易受洪水影响或其他高风险区域的发展;保护区
	土地分区法律;地役权

　　资料来源:IPCC:《气候变化 2014:影响、适应和脆弱性——决策者摘要。政府间气候变化专门委员会第五次评估报告第二工作组报告》(中文版)[Field,C.B.、V.R.Barros、D.J.Dokken、K.J.Mach、M.D.Mastrandrea、T.E.Bilir、M.Chatterjee、K.L.Ebi、Y.O.Estrada、R.C.Genova、B.Girma、E.S.Kissel、A.N.Levy、S.Mac-Cracken、P.R.Mastrandrea 和 L.L.White(编辑)]。剑桥大学出版社 2014 年版。

但至今仍尚未将评估结果实施落实;三是发达国家提交的气候友好技术支持信息极少,例如 2011—2012 年的信息报告中,英国仅报告了 4

个项目,美国报告了 6 个项目,澳大利亚报告了 7 个项目[31],而其中普遍缺乏量化信息,无法判断向发展中国家提供技术支持的规模,有很多也没有提供具体的受援国,使得所报告的信息无法核实。因此,《巴黎协定》作为强化《公约》履约的协定,如何能通过优化的技术框架设计,务实推动发达国家向发展中国家的气候友好技术转让、推动各国气候友好技术的研发与合作,将成为全球气候治理从概念、政治考量,走向行动与实效的重要保障。

三、气候变化国际能力建设支持的体系与实践

能力建设也是气候变化国际支持规则的重要组成部分。以可持续的方式应对气候变化需要巨大的努力,并不是所有的国家具有包括知识、工具、公众支持、科学的专业知识和政治的专业知识在内的这个能力。能力建设涉及提高发展中国家和经济转型国家个人、组织和制度的能力,以识别、计划和履行减缓和适应气候的方式。

1. 气候变化国际能力建设支持的体系

"能力建设"一词最早见于《公约》对附属科技咨询机构职责的规定,但如何支持发展中国家开展能力建设活动,则是在后续实践中逐步摸索出来的。《公约》第一届缔约方大会在关于指导资金机制运行的决定中,指出应将发展中国家履行《公约》下信息报告义务相关的能力建设活动,作为资金机制支持的重点,并指出这些能力建设活动包括对相关机构、培训、研究、教育的强化。[32]

（1）马拉喀什能力建设框架。

在《公约》第 7 次缔约方大会时,各方通过了较为系统的发展中国家和经济转型国家能力建设框架,用以指导各方开展能力建设行动。[33]该框架虽然并未形成任何的专门机构和机制来负责协调,推动发展中国家和经济转型国家能力建设行动,以及发达国家向发展中国家提供能力建设的支持,但为各国提供了以下方面的指导。

第一,规定了能力建设的指导原则和实践方法。这两个框架为气候变化能力建设提供了一套指导原则和实践方法:能力建设应该是由

国家自驱动的过程,建立在该国已有的各项活动上,涉及能力的学习和具体实践。能力建设框架还提供了国家能力建设的优先级排序清单,提供了最不发达国家和小岛屿发展中国家的具体需求建议。

第二,提供了各国能力建设的参考方向。能力建设框架为各国的能力建设活动指明了方向,例如框架指出各国既要注重加强技术能力和专业知识方面的建设,同时也需要为各利益相关者、各组织机构提供分享经验、提升意识和参与气候变化进程的机会。

第三,确认了为这些国家开展上述能力建设活动提高资金和技术支持。能力建设框架还提供了来自全球环境基金、双边和多边机构以及其他政府间组织和机构的各类财政和技术资源的指导。框架呼吁各发展中国家和经济转型国家提交和分享各国的具体需求以及工作优先级,从而促进各国之间的合作和各利益攸关方的参与。

(2) 德班能力建设对话。

德班能力建设对话是德班气候大会决定[34]开展的活动,每年举行一次会议,旨在将发展中国家减缓和适应气候变化行动相关能力建设涉及的各利益相关方聚集到一起进行沟通对话。[35]德班能力建设对话的主要目的是监测和评估政府间气候变化进程中能力建设工作的效果。由于能力建设工作的交叉性,有关活动的资料往往分散,不容易获得。德班能力建设对话试图填补此类信息缺口,从而向发展中国家提供能力建设方面的支持。

(3) 巴黎能力建设委员会。

巴黎能力建设委员会(Paris Committee on Capacity-building,PC-CB)是2015年《公约》第21次缔约方大会决定建立的能力建设机构。[36]巴黎能力建设委员会的目的是处理发展中国家缔约方在执行能力建设方面现有的和新出现的差距和需要,以及进一步加强能力建设工作,包括加强《公约》下能力建设活动的连贯性,促进其协调一致。

在第21次缔约方大会上,会议决定规定巴黎能力建设委员会每年聚焦加强能力建设技术交流的某一个领域或主题,以便了解在某一特定领域切实开展建设能力的最新成功故事和挑战;同时,还规定了2016—2020年巴黎能力建设委员会将管理和监督的工作。[37]

2. 气候变化国际能力建设支持的实践

由于 2001 年《马拉喀什协定》列举了编制国家信息通报、制定国家气候变化方案、开展气候变化研究与系统观测等 15 个能力建设支持的具体领域,并且随着应对气候变化行动的发展,各国又识别出碳市场基础设施建设等一些新的能力建设领域,因此发达国家向发展中国家提供能力建设援助的内容相对比较清晰。例如澳大利亚在其《第一次气候变化双年报告》中称提供了 1 250 万澳元支持由世界银行组织的发展中国家的碳市场准备行动,英国《第一次气候变化双年报告》称提供了 5 700 万英镑支持全球气候与发展知识网络建设,美国《第一次气候变化双年报告》称支持了阿尔巴尼亚等国制定低碳发展战略等。[38]

但另一方面,能力建设的支持往往不能直接反映在碳减排量等直接量化指标上,也难以评估能力建设项目的实施效果,因此援助的提供和获益双方难以在项目预期效果和项目实施成效上达成一致。发展中国家强调发达国家所提供的能力建设援助程度和规模与发展中国家应对气候变化行动的需求仍存在巨大差距,实质性作为甚少;而发达国家认为已经为发展中国家的能力建设提供了很多的资金和技术支持,也产生了很大的成效,发展中国家的能力建设已经得到很大改观。[39]

第三节　中国与其他主要缔约方的分歧与共识

在长达二十多年的气候变化国际谈判与合作中,中国与《公约》的其他主要缔约方在气候变化国际支持方面既有分歧也有共识。分歧主要体现在支持的来源、支持的性质、支持的数量和获得支持的资格;共识主要体现在对强化支持、鼓励国内自主投入的认同。

一、中国与其他主要缔约方在气候变化国际支持方面的分歧

1. 支持的来源

在气候变化国际支持方面,中国一直坚持在《公约》"共区原则"指导下,遵循《公约》第四条第三款规定,由《公约》附件二所列的发达国家

缔约方提供资金、技术和能力建设支持,认为这是《公约》为并且仅为这些缔约方设定的强制性义务。中国的这一主张也得到了所有发展中国家的赞同。尽管如此,中国在《公约》的规则外,力所能及地开展气候变化南南合作,向其他发展中国家提供应对气候变化的支持,这也得到了发展中国家的赞誉。

与中国不同的是,一些发展中国家在坚持附件二缔约方有提供支持的义务的同时,也主张非附件二的缔约方提供支持,尤其是可依据国家的经济实力,如以国内生产总值为标准,判定哪些国家应向其他国家提供支持。将支持提供方扩展到其他国家的主张,得到了发达国家的一致响应,最终使得《巴黎协定》出现了与《公约》不一致的表述,即除了继续为发达国家设定提供支持的强制性义务外,也鼓励其他国家提供气候变化国际支持。

2. 支持的性质

中国和其他发展中国家一道,以《公约》第四条第三款和第十一条第一款为依据,要求附件二所列发达国家缔约方提供的支持,尤其是资金支持,应是"新的、额外的",并且以公共资金赠款和优惠贷款为基础。

然而在实践中,发达国家强调从非公共渠道提供的支持,淡化"提供",而强化"动员"。在没有法律效力的《哥本哈根协定》中,发达国家明确提出"在有效开展减缓行动并确保信息透明度的情况下,发达国家集体承诺,到 2020 年每年动员 1 000 亿美元用于支持发展中国家应对气候变化的需求"[40]。这一表述在 2010 年的缔约方大会上得到了决定确定。根据资金常设委员会(SCF)2016 年发布的双年评估报告,2013—2014 年期间,发达国家使用公共资金年均向发展中国家提供气候变化支持 410 亿美元,其中通过双边渠道提供的赠款和优惠贷款仅120 亿美元;与此同时,发达国家还在发展中国家的可再生能源项目上投入了 20 亿美元,与绿色低碳发展相关的其他外商直接投资(FDI)240 亿美元,动员私人部门 148 亿美元。[41] 相比之下,虽然这两年年均资金总量已经达到 818 亿美元,接近所承诺的 1 000 亿美元,但按照发展中国家的定义,其实总量才仅仅不到 410 亿美元。

与此同时,由于《公约》下并没有就什么是"新的、额外的"给出定义,因此发达国家根据自己的理解,提出了各种定义和计算方法,这也引发了发展中国家"新瓶装旧酒""贴标签""口惠而实不至"等质疑。资金常设委员会在评估 2010—2012 年发达国家提供资金情况时,就梳理了各国自行报告的关于"新的、额外的"定义,如表 6.4 所示。尽管发达国家此举并不违背《公约》下的规定,但这也表明发达国家所提供的资金支持和相关信息,在满足发展中国家需求方面存在很大水分。

表 6.4　发达国家关于"新的、额外的"支持的定义

国　　家	定　　　　义
澳大利亚	本国在第六次《国家信息通报》中报告了所承诺三年快速启动资金中两年的信息。本国承诺在 2010—2011 至 2012—2013 财年提供 5.99 亿美元快速启动资金。这些资金将用于支持发展中国家开展有效的减缓和适应行动。在此之外,本国将继续履行到 2020 年与其他国家联合动员每年 1 000 亿美元用于支持发展中国家应对气候变化的承诺。这些资金将包括多种来源,例如公共资金、私营部门资金、双边资金、多边资金等。发展中国家需要用其来开展有效的减缓和适应行动,并透明地报告进展。
奥地利	本国认为自《公约》和《京都议定书》生效以来,逐渐增加的气候资金都叫做"新的、额外的"。
加拿大	本国提供了 12 亿美元资金用于支持相关项目,这些资金都是在 2009 年达成《哥本哈根协议》之前所未计划的。
丹　麦	《公约》第四条第三款提出的"新的、额外的"这一术语,旨在确保《公约》附件二所列缔约方不会将既有的发展援助资金用于《公约》下的履约义务。本国在《公约》下提供的资金虽然也属于发展援助的性质,但都属于超出了联合国所规定官方发展援助(ODA)应达到国民总收入(GNI)的 0.7% 之外的部分。
芬　兰	本国在全球环境基金(GEF)第四增资期(2006 年 6 月至 2010 年 6 月)期间,向全球环境基金提供了额外的 3 120 万欧元资金。在目前第五增资期内,本国共提供 5 730 万欧元资金。
法　国	本国是全球环境基金的第五大捐资国,在 2011—2014 年期间提供了 2.15 亿欧元资金,包括用于最不发达国家基金。这一数额比上一增资期(2007—2010 年)增加了 57%。
德　国	本国在报告中提供的信息,都是新的双边援助项目和向多边机制提供资金的信息。本国认为我们向全球环境基金提供的所有资金中,有 40% 用于了支持发展中国家应对气候变化。
日　本	本国认为在给定时间段,新承诺和提供的气候资金就是"新的、额外的",即本国在报告中不考虑该时间段以外的资金信息。

国　家	定　　义
荷　兰	在本报告时间段,本国提供的气候支持基本上是在联合国千年发展目标所规定 0.7％参考值之外的资金。本国在预算层面计算"新的、额外的"量。2010 年,本国用于支持其他国家应对气候变化和其他环境问题的资金,都是在 0.7％参考值之上的,将本国官方发展援助的规模提高到了国内生产总值(GDP)的 0.8％。此外,根据《哥本哈根协议》,本国提供了 3 亿欧元的快速启动资金用于支持发展中国家的减缓和适应气候变化项目。这笔经费没有计入上述 0.8％的范围,并且这笔经费促进了其他的官方发展援助项目更多地考虑应对气候变化需求。
新西兰	气候变化相关的资金支持在本国官方发展援助所占的比重越来越高。本国遵循国际最佳实践,将对环境和气候变化因素的考虑,作为交叉性问题纳入所有的发展援助项目中。
挪　威	本国总的官方发展援助已经多年超过 0.7％参考值。本国所有的与气候变化相关的资金支持,都超出 0.7％这个范围。此外,由于我们经济总量的增长,官方发展援助总预算也相应增加,因此对气候变化项目的支持并不会削弱我们对其他领域的支持。因此,无论怎么定义"新的、额外的",本国的气候援助都可以被认定为"新的、额外的"。
瑞　典	一个较为通用的定义是指气候资金应当属于完成国际发展援助目标之外的援助资金。本国总的发展合作资金已经多年超过 0.7％参考值,自 2006 年起就已经超过了 1％。
瑞　士	2011 年 2 月,本国议会决定将官方发展援助规模提高至国民总收入的 0.5％。这一决定使本国得以立即兑现 1.40 亿瑞郎"新的、额外的"的快速启动资金。这笔资金是之前本国气候资金规模之外的。
英　国	本国政府在 2010 年宣布在 2011—2012 至 2014—2015 财年期间共出资 29 亿英镑成立"国际气候基金"。这项基金是"新的、额外的"。在 2013 年制定 2015—2016 财年预算时,本国又向基金增加了 9.69 亿英镑的资金,使得本基金总额增加到 38.7 亿英镑。本国提供给快速启动资金的经费,都从本基金支出。
美　国	《公约》提出了"新的、额外的"这一概念。自从批准《公约》以来,本国的国际气候援助资金从 1992 年几乎为零,已经增长到年均 25 亿美元(2010—2012 年),这也是 2009 年时期的 4 倍。本国气候援助资金的增长,是伴随着对外援助总预算增长而同步发生的。

资料来源:Standing Committee on Finance, "2014 Biennial Assessment and Overviewof Climate Finance Flows Report," 2014.

3. 支持的数量及其可预期性

中国和其他发展中国家以《公约》第四条第三款为依据，要求发达国家提供的支持必须满足"执行本条第一款[42]……的全部增加费用"；曾经提出以发达国家国内生产总值的1%作为资金支持的目标；并强调发达国家必须制定提供支持的路线图，以便于发展中国家制定应对气候变化的行动和项目计划，并有效实施。

发达国家则认为以公共资金为基础提供的气候变化国际支持，需要按财年纳入财政预算，并经由议会批准，因此无法预期未来五年甚至十年每年能够提供多少资金给发展中国家应对气候变化；而对于每年能动员多少私营部门资金则更无法预估，因此尽管发达国家在2009年时集体作出了2020年动员1 000亿美元资金给发展中国家应对气候变化的承诺，但这一承诺无法落实到年度计划，无法形成明确的路线图。

4. 获得支持的资格

中国和其他发展中国家以《公约》第四条第三、五、七款为依据，认为所有发展中国家缔约方都有资格获得气候变化国际支持；而在《公约》的语境下，非附件一缔约方即为发展中国家。

发达国家则认为，"发展中国家"这一概念与"发达国家"一样，在动态变化。在《公约》达成20年后，并不是所有的《公约》非附件一缔约方都仍是发展中国家；一些发展中国家的经济总量已经远远超过许多发达国家，例如中国；一些发展中国家的人均国内生产总值也已经远远超过许多列入《公约》附件一的发达国家，例如卡塔尔、新加坡等。因此，哪些国家具有获得气候变化国际支持的资格，需要另行讨论。一些发展中国家虽然在《公约》下的谈判进程中，没有公开支持发达国家的这一立场，但实际上已经认同这种观点。

5. 分歧背后的原因

中国与其他国家，尤其是发达国家，在气候变化国际支持方面产生分歧的原因，核心的一点还是在于经济实力的相对变化。

1992年《公约》达成之时，中国的国内生产总值仅仅是日本的10%

左右,到 2009 年哥本哈根气候大会时,已经达到日本的 98％,到 2015 年巴黎气候大会时,更是已经超出日本 1.5 倍;新加坡的国内生产总值在 1992 年仅是乌克兰的 70％左右,到 2009 年已经超出乌克兰一半,到 2015 年更是超出后者两倍多,如图 6.2 所示。而在《公约》体系下,中国和新加坡属于非附件一缔约方,通常被认为是发展中国家,而日本和乌克兰是附件一缔约方,日本还属于需要向发展中国家提供资金、技术、能力建设支持的附件二缔约方。同时,中国的经济发展也与一些发展中国家拉开了差距,1992 年中国的经济总量是印度的 1.5 倍,到 2015 年已经达到印度的 5 倍多。

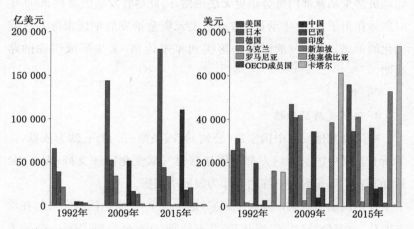

资料来源:世界银行数据库,2017 年,http://data.worldbank.org/indicator/ NY.GDP.MKTP.CD。

图 6.2　部分国家经济总量和人均经济量

从人均国内生产总值的指标看,发展中国家这 20 多年来也取得了巨大进步。1992 年时,中国的人均国内生产总值只有乌克兰的 25％,到 2009 年已经达到乌克兰的 1.5 倍,到 2015 年已经接近后者的 4 倍;而卡塔尔的人均国内生产总值在 1992 年时只有美国的 60％左右,到 2009 年、2015 年,已经达到美国的 130％。同时,发展中国家内部的经济实力差距也在扩大。埃塞俄比亚 1992 年时人均国内生产总值是中国的 55％,到 2009 年已经下降到 10％,到 2015 年进一步下降到 8％。

中国和部分发展中国家与发达国家在经济总量、人均经济量上的差距快速缩小,甚至反超,与一些发展中国家的差距进一步扩大,是导致中国与发达国家,甚至一部分发展中国家在气候变化国际支持问题上立场分歧的根本原因。而与此同时,发达国家经济受累于 2008 年以来的全球金融危机,财政状况不利,降低了其向发展中国家提供支持的意愿。然而积极支持应对气候变化又是发达国家,尤其是欧洲发达国家的重要政治事项,因此寻求其他资源来弥补自己的不足,自然成为其立场转变的方向。

二、中国与其他主要缔约方在气候变化国际支持方面的共识

尽管中国与其他主要缔约方,尤其是发达国家缔约方在气候变化国际支持方面的立场存在分歧,但是无论是中国还是其他缔约方,均一致认为气候变化国际支持是全球气候治理不可或缺的实践基础。离开了全面、及时、响应发展中国家需求、造血型的支持,发展中国家便无力有效应对气候变化的不利影响,难以转变发展路径和传统能源依赖,就无法开展适应和减缓气候变化的行动。

在各方的一致努力下,《巴黎协定》不仅重申了发达国家缔约方具有向发展中国家提供资金支持的义务,重申向发展中国家提供技术开发与转让支持、提供能力建设支持,还鼓励其他缔约方向发展中国家提供应对气候变化所需的资金,并且要求各缔约方促进资金流动符合温室气体低排放和气候适应型发展的路径。可以说,这明确代表了各国在增强气候变化国际支持方面的共识。

第四节　中国与国际气候变化支持规则的变迁

中国作为《公约》的非附件一缔约方,在法律上没有向其他国家提供气候变化支持的义务,但作为负责任的大国,中国在应对气候变化领域积极开展南南合作,支持其他发展中国家提高应对气候变化的能力和开展应对气候变化的行动。而南南合作也被国际社会认为是未来全球应对气候变化的重要组成部分。[43]

259

应对气候变化南南合作是中国积极参与全球气候治理，承担国际责任，力所能及地帮助发展中国家应对气候变化，与广大发展中国家共同探索减缓和适应气候变化的重要举措，是发展中国家在发展的同时解决全球环境问题的共赢机制。

南南合作的核心要义是发展中国家在坚持和平共处五项原则的基础上在政治上相互扶持，共同协调立场以增强在与发达国家谈判中的地位和在世界舞台上的话语权，在经济上通过贸易、投资、技术转移和一体化等培养集体自力更生能力，促进共同发展。[44] 在应对气候变化领域，中国在南南合作框架下开展了与广大发展中国家的合作，并且主要是应对气候变化对外援助。通过应对气候变化南南合作，中国确立了相对完整的气候援助理念，即坚持气候援助与总体对外援助的统一性，坚持以"可持续发展"为基本导向，倡导南北合作与南南合作"共存并进"，确保平等互信、包容互鉴、合作共赢；进一步完善了中国气候外交体系；丰富了中国对外援助的模式和内涵，推动了国际政治经济新秩序的建立。[45]

一、中国应对气候变化南南合作的现状

应对气候变化是中国南南合作和对外援助的新领域。2013 年 3 月和 6 月，以及 2014 年 11 月，国家主席习近平在出访非洲、拉美和加勒比地区以及太平洋岛国地区国家时，表示中国将坚定不移与其他发展中国家一道共同应对气候变化，并将继续在南南合作框架内为小岛屿国家、非洲国家等发展中国家应对气候变化提供力所能及的支持。[46] 近年来，中国积极在应对气候变化领域开展南南合作，在清洁能源、农业抗旱技术、水资源利用和管理、森林可持续管理、粮食种植、适应气候变化能力建设、水土保持、气象信息服务等领域实施对外援助项目，帮助发展中国家提高应对气候变化的能力。

1. 应对气候变化南南合作的早期行动

沼气、小水电等清洁能源的利用和打井供水等适应气候变化的措施，是中国开展较早且具有一定优势的援助领域，尽管在当时并没有将这些援助项目作为应对气候变化南南合作的内容。在对外援助初期，

中国帮助亚非发展中国家利用当地水力资源，修建中小型水电站及输变电工程，为当地工农业生产和人民生活提供电力。20世纪80年代，中国同联合国有关机构合作，向许多发展中国家传授沼气技术，同时中国还通过双边援助渠道向圭亚那、乌干达等国传授沼气技术，取得了较好的效果。[47]

2. 应对气候变化南南合作的加快开展

进入21世纪后，随着中国国内应对气候变化行动的加深与拓展，以及国际应对气候变化合作进程的前进，中国在应对气候变化南南合作方面的工作也得到了进一步强化。

2005年至2010年，中国对亚洲、非洲、拉丁美洲、南太平洋等地区发展中国家进行援助的应对气候变化相关项目共115个，总投资约11.7亿元人民币。其中实施成套、物资、技术合作项目30个，投资额约10.5亿元，如在非洲多个国家援建农业技术示范中心、在阿富汗帕尔旺实施水利工程修复项目、在摩洛哥和黎巴嫩进行太阳能发电和太阳能热水器安装项目、在尼日尔实施水资源勘探及市政供水项目、在刚果（金）进行旱作示范技术合作等。实施援外培训项目85个，包括小水电技术培训班、水土保持与旱作农业技术培训班、太阳能应用技术培训班、沙漠治理技术推广培训班、节水灌溉技术培训班、发展中国家气象行政管理官员研修班、发展中国家森林资源保护及其开发利用技术培训班、清洁发展机制项目研修班、发展中国家水泥生产技术培训班、气象灾害及防灾减灾国际培训班、可再生能源技术培训班、发展中国家雨水集蓄利用技术培训班、气候系统与气候变化国际讲习班等，为122个发展中国家培养了3 506名气候变化相关急需人才，有效提高了其他发展中国家应对气候变化的能力。[48]

2010年至2012年，中国继续通过援建项目、提供物资和能力建设三种途径开展应对气候变化南南合作。中国在清洁能源、环境保护、防涝抗旱、水资源利用、森林可持续发展、水土保持、气象信息服务等领域，积极开展与其他发展中国家的合作，三年中，中国为58个发展中国家援建了太阳能路灯、太阳能发电等可再生能源利用项目64个。向柬埔寨、缅甸、埃塞俄比亚、南苏丹、密克罗尼西亚等13个发展中国家援助了 16 批环境保护所需的设备和物资,包括风能和太阳能发电及照明设备、太阳能移动电源、沼气设备、垃圾车、排水灌溉设施等;积极推动应对气候变化南南合作,与格林纳达、埃塞俄比亚、马达加斯加、尼日利亚、贝宁、马尔代夫、喀麦隆、布隆迪、萨摩亚 9 个国家签订了《关于应对气候变化物资赠送的谅解备忘录》,共向相关国家赠送节能灯 50 多万盏,节能空调 1 万多台。与埃塞俄比亚、布隆迪、苏丹等国开展技术合作,促进了上述国家太阳能、水力等清洁能源利用及管理水平的提高;为 120 多个发展中国家举办了 150 期环境保护和应对气候变化培训班,培训官员和技术人员 4 000 多名,培训领域包括低碳产业发展与能源政策、生态保护、水资源管理与水土保持、可再生能源开发利用、林业管理和防沙治沙、气象灾害早期预警等。[49]

2012 年 6 月,中国在联合国可持续发展大会上宣布安排 2 亿元人民币开展为期三年的国际合作,帮助小岛屿国家、最不发达国家、非洲国家等应对气候变化。[50]根据这一要求,中国于 2013 年与乌干达、多米尼克、乍得、巴巴多斯、安提瓜和巴布达等 9 个发展中国家有关部门签订了《关于应对气候变化物资赠送的谅解备忘录》,累计赠送节能灯 30 多万盏、节能空调 2 000 多台、太阳能路灯 4 000 余套、太阳能发电系统 6 000 多套、车载式卫星数据接受处理应用系统一套,并派驻技术人员到当地进行支持。还举办了 28 期应对气候变化研修班,为 114 个发展中国家培训了近 800 名应对气候变化领域的官员和技术人员。[51] 2014 年,中国进一步与安提瓜和巴布达、马尔代夫、斐济、汤加、萨摩亚、缅甸、玻利维亚、加纳、巴巴多斯 9 个国家签署了谅解备忘录,其中中国政府还根据发展中国家需求扩大赠送产品种类,与玻利维亚签署了物资赠送谅解备忘录,向其提供气象检测预报预警设备,这也是中国首次对外赠送气象卫星设备。在能力建设方面,2014 年,中国共举办了 3 期应对气候变化与绿色低碳发展培训班,来自 28 个发展中国家的 150 名学员参加了培训。2015 年 11 月 30 日,中国国家主席习近平在巴黎气候大会上宣布,中国将于 2016 年启动在发展中国家开展 10 个低碳示范区、100 个减缓和适应气候变化项目及 1 000 个应对气候变化培训名额的合作项目,继续推进清洁能源、防灾减灾、生态保护、气候适应型农业、低碳智慧型城市建设等领域的国际合作,并帮助它们提高融资能力。[52]

3. 应对气候变化南南合作机制的规模化与规范化

2014年9月,中国国务院副总理张高丽在联合国气候峰会上宣布,中国将提供600万美元资金支持联合国秘书长推动应对气候变化的南南合作,并从2015年开始将气候变化南南合作资金翻番,建立气候变化南南合作基金,支持和帮助非洲国家、最不发达国家和小岛屿国家等应对气候变化。[53]这标志着中国气候变化南南合作工作进入新的阶段。在二十国集团领导人布里斯班峰会上,习近平主席重申中国将设立气候变化南南合作基金,帮助其他发展中国家应对气候变化。在12月的联合国利马气候大会期间,国家发展和改革委员会专门组织召开了由5个发展中国家部长和8个国际机构首脑参加的"应对气候变化南南合作高级别研讨会",通过各种渠道与国际社会就气候变化南南合作基金筹建问题进行了深入交流,得到了联合国秘书长潘基文和有关国家部长及有关国际机构的赞扬和积极反馈。[54]

二、中国应对气候变化南南合作的成效

中国是应对气候变化南南合作的积极倡导者和实践者,在致力于自身发展的同时,为其他发展中国家提供了力所能及的帮助和支持,成效显著。

1. 力所能及地帮助发展中国家应对气候变化

作为世界上最大的发展中国家,中国人均资源禀赋较差,气候条件复杂,生态环境脆弱,面临应对气候变化的严峻形势。在这种情况下,中国一方面加强自身的低碳发展顶层设计,通过调整经济和产业结构,优化能源结构,推广普及节能降耗产品,开展多种形式的低碳试点示范,建立碳排放权交易市场等途径,减缓温室气体排放;通过研究、制定和实施国家适应气候变化战略,加强生态建设,加强适应气候变化、防灾减灾的基础设施和机构体系建设等途径,提高适应气候变化的能力,将发展经济、改善民生与应对气候变化、保护环境有机结合,在推动绿色低碳和可持续发展方面取得了显著进展,积累了一些经验,也吸取了一些教训;另一方面,中国也将这些经验教训和技术成果与发展中国家

交流、共享,并向其他发展中国家学习应对气候变化的经验,有效推动了应对气候变化的南南合作。

2. 展示积极负责的大国形象,承担大国责任

中国与国际社会一道,积极应对气候变化的严峻挑战。正如国家主席习近平指出的,应对气候变化是中国可持续发展的内在要求,也是负责任大国应尽的国际义务。[55]作为负责任的《公约》缔约方,中国积极履行了在《公约》下承担的各项义务,在低碳发展模式转型、应对气候变化技术研发、政策体系探索、公众意识提升、促进国际合作等各方面开展了卓有成效的实践。作为发展中国家缔约方,尽管不承担向其他国家提供应对气候变化资金、技术、能力建设支持等义务,但是多年来,中国在致力于自身应对气候变化和低碳发展的同时,向经济困难、能力不足的其他发展中国家提供了力所能及的应对气候变化援助。应对气候变化已经成为中国南南合作的新领域,发挥了中国作为发展中大国积极支持其他发展中国家实现可持续发展的重要作用,承担了发展中大国在全球气候治理中的重大责任,展示了负责任大国的积极形象。

3. 在合作中团结发展中国家,共同探索新的可持续发展道路

应对气候变化,实现可持续发展是全球的共同目标。尽管全球各国在不重复发达国家走过的"先污染,后治理"发展道路上具有共识,然而当前发展中国家面临的污染形势和碳排放轨迹表明,这些国家已经开始走上发达国家的老路,这将给全球带来灾难性的后果。纵观全球二氧化碳排放历史,目前还没有一个经济体能够摆脱随人均国内生产总值水平提高,碳排放水平"先增长,后下降"的环境库兹尼茨曲线现象。然而考虑到后发优势、全球排放空间约束和国内资源环境约束,中国必须改变现有发展模式,开创一条比欧美等发达国家更为低碳的创新发展道路。[56]印度总理莫迪在2015年也表示,只有转变生活方式,才能实现可持续发展。[57]在这种形势下,中国积极推动南南合作,在这一框架下与其他发展中国家共同提高应对气候变化能力,既向其他发展中国家输出了应对气候变化的能力,也向其他发展中国家学习,构建了全球发展中国家应对气候变化、实现低碳与可持续发展道路的平台。

三、中国应对气候变化南南合作存在的问题

中国应对气候变化南南合作在过去几年当中，从资金规模、覆盖国家和地区、合作项目等方面都取得了积极进展和广泛认可。尽管如此，中国应对气候变化南南合作在战略设计和具体操作等方面还存在一些明显的问题。

1. 目标不明确，缺乏顶层设计

中国虽然自南南合作之初就开展了与应对气候变化相关的项目，但应对气候变化南南合作这一概念主要还是从 21 世纪，尤其是 2008 年国家发展和改革委员会应对气候变化司这一国家应对气候变化的专职主管机构成立以后，才得到特别重视。然而中国的应对气候变化南南合作至今尚未有专门的规章进行规范，没有提出开展合作的目的和目标，也没有从战略性和长期性的角度进行顶层设计，开展的项目比较分散。相比之下，发达国家在开展应对气候变化对外援助时，普遍制定了提纲挈领的规章，提出了明确的目的，也进行了顶层设计。例如，美国国际发展援助署（USAID）在《全球气候变化与发展战略（2012—2016）》中明确提出三大战略目标，即通过向清洁能源和森林可持续项目的投资，促进全球向低碳发展转型；通过向适应气候变化项目的投资，提高人口、地区和居民生活的气候变化耐受力；通过将气候变化目标与援助署开展的各项目、政策对话、项目执行相结合，强化可持续发展的效果。[58]小国如冰岛，对外援助的目标明确，就是帮助最不发达国家减贫，国会为此通过了《冰岛国际发展合作战略》（Strategy for Iceland's International Development Cooperation），将这一目标具体化为自然资源、人力资本与维护和平三大主题，并且将可持续发展与性别平等作为贯穿其中的两大要素。应对气候变化的国际援助，就是在这一目标和战略下开展的。[59]

当前中国应对气候变化南南合作与总体外交战略结合不充分。在中共十八大提出"有所作为"的总体外交思路转型下，中国大力推动南南合作，积极参与新型全球治理体系构建，并重点提出"金砖国家"机制、"一带一路"倡议等着力点。然而，应对气候变化南南合作的地理部

署并没有与其他新兴发展中大国实现紧密对话合作。目前开展的合作项目中,虽然覆盖了一些最不发达国家、小岛屿国家、非洲和拉丁美洲国家,但几乎没有开展与印度、巴西、南非的应对气候变化合作,也没有紧密结合与依托"一带一路"倡议等布局。这很大程度上弱化了应对气候变化南南合作在呼应国家整体外交战略上的作用,不能使其充分贡献对全球地缘政治经济格局的价值。

应对气候变化南南合作与经济结构转型升级、中小企业"走出去"等国家战略的配合也不足。南南合作并非孤立于国内社会经济发展的单纯外交工作,也并非国内淘汰过剩产能的输出口。只有与国内重点发展领域相辅相成,才能发挥整合全球资源、与国内发展联动的积极作用。目前应对气候变化南南合作主要是提供节能环保产品和培训,以实物和能力建设形式支持合作对象国向气候友好型发展模式转型。与此同时,新一轮经济增长的重要动力来自资本、知识、技术等密集型的创新型产业,绿色低碳的生产模式和消费方式将是新经济时期的重要表征。应对气候变化南南合作必须进一步与国内的经济转型升级、低碳技术研发、公共私营合作、中小企业"走出去"等关键领域相结合,才能与国内社会经济发展互为支撑。

2. 管理分散,缺乏统筹协调

商务部是国务院授权的对外援助主管部门,所属国际经济合作事务局、国际经济技术交流中心和国际商务官员研修学院分别受托管理援外成套项目和技术合作项目、物资项目以及培训项目的具体实施。中国进出口银行负责优惠贷款项目评估以及贷款发放和回收等管理。中国驻外使(领)馆负责项目一线协调和管理。地方商务管理机构配合商务部,负责协助办理管辖地有关对外援助的具体事务。国务院其他一些部门负责或参与部分专业性较强的对外援助工作的管理。[60]与应对气候变化相关的南南合作,除了国家发展和改革委员会应对气候变化司近年来的专项资金外,实际还涉及上述单位负责的相关项目,包括农林渔牧、灾害预警、节能环保等多方面气候变化适应和减缓内容。

近年来设立的应对气候变化专项资金作为由财政部拨付、国家发展和改革委员会应对气候变化司负责执行的专项国际合作资金,在开展应对气候变化专项南南合作方面发挥了突出作用。但由于受限于各单位纵向独立的管理机制，尚未建立起以应对气候变化为主题，与其他单位相关工作横向有机联动的协调机制。一方面，这不能最大化地利用国内各部门、各地方已经开展的应对气候变化南南合作资金和项目，以及在各国和地区积累的资源和合作关系，仅仅依靠应对气候变化专项资金独自开展合作，相对而言势单力薄，并造成功能重叠等问题。另一方面，各单位的相关资金和项目没有从统一的应对气候变化南南合作目标出发，不能实现项目间的互补和支持，造成各自为政的局面。

　　而以上问题导致的必然结果，是应对气候变化南南合作信息统计体系的不完善。缺少整体完备的统计体系进一步加深了各单位各自为政的局面，使得应对气候变化主管部门无法从全局视角获悉进展和协调联动，而且在国内国际的交流宣传过程中，也无法充分反映中国在应对气候变化南南合作领域作出的努力。

3. 缺乏项目论证、监测和评估体系，透明度欠佳

　　完善项目论证、监测和评估体系，提高对外援助与合作的透明度，是国际发展合作的主流趋势。[61] 主要国家的国际援助机构采取以结果为导向的项目设计，对项目流程逐步倒推，在项目初期设计当中纳入各项操作指标以及指标收集和考核等步骤，在项目执行过程中嵌入分阶段考核验收以及最终成效评估。评估往往由独立第三方执行，以确保客观和公正性。以结果为导向原则的优势在于，在清晰识别当地需求的前提下，项目制定明确、可操作、可衡量的具体目标，项目的每个环节均对照具体目标执行，确保最终得出定性定量的成果实效。

　　相比之下，中国应对气候变化南南合作目前尚未按照这一模式开展工作，无法统计各项措施的最终实际成效，尤其是定量评价。这一方面是因为中国的整个南南合作体系尚未建立健全评估管理制度[62]，另一方面也是因为国际上尚未建立起应对气候变化国际援助的统计、报告与核实方法学，如前文所述，这在技术层面给中国的应对气候变化南南合作的监测和评估带来了困难。

　　缺乏透明度引发国际社会对中国应对气候变化南南合作的猜疑，也不利于项目的设计与实施。在执行能力较弱的合作对象国，通过在

项目各个环节充分与各利益相关方的透明沟通,可以有效地帮助项目设计和实施,从多方面了解和监督具体执行效果,从多渠道影响和推动合作对象国决策,从多方位交流展示中国应对气候变化南南合作的积极努力。

四、中国提高应对气候变化南南合作的能力展望

《巴黎协定》明确规定"发达国家缔约方应,提供支助的其他缔约方应当就根据第九条、第十条和第十一条向发展中国家缔约方提供资金、技术转让和能力建设支助的情况提供信息"[63],并且决定加强关于"支持的使用、影响以及估计结果等情况"的报告[64]。这反映了气候变化国际合作需要加强成效评价的趋势,也把未来可能给中国带来的挑战摆在了面前。

尽管中国目前应对气候变化南南合作的规模不大,一事一议的方式基本可以满足项目执行甚至成效评价的需求,但考虑到中国已经宣布建立"气候变化南南合作基金",未来需要系统性建设应对气候变化南南合作体系,因此应当尽早对应对气候变化南南合作制定相应规章制度,进行顶层设计,并为强化透明度和成效评估体系建设作好必要的准备。

1. 明确应对气候变化南南合作的目标

开展应对气候变化南南合作应当考虑实现三个方面的目标。一是保护气候与环境,帮助发展中国家提高应对气候变化行动的能力。积极应对气候变化是中国在新的国际形势下推动全球治理结构变革的重要契机。尽管向其他发展中国家提供支持不是中国《公约》下的义务,但作为具有较多应对气候变化经验和能力的国家,通过南南合作,可以将中国应对气候变化的经验和好的做法、相应的人力物力资源交流到其他发展中国家,对发展中国家应对气候变化领域形成集约化、规范化、长效化的支持,推动广大发展中国家和全球减缓与适应气候变化,实现可持续发展。二是服务全面外交,助力开创对外工作新局面。气候变化治理领域是中国积极参与全球治理、发挥重大影响的重要突破

口。推进应对气候变化南南合作,促进发展中国家的可持续发展,是中国高举和平、发展、合作、共赢旗帜的重要举措,有利于主动谋划,阐述中国梦的世界意义,有利于建立以合作共赢为核心的新型国际关系,为和平发展营造更加有利的国际环境,维护和延长发展的重要战略机遇期。三是促进技术和经济发展,助力低碳技术和优势产业发展并走出去。经过"十一五"以来节能减排、应对气候变化工作的强化,中国已经逐步建立起低碳技术和产业体系,尤其是以可再生能源技术、节能技术为代表的技术研发和制造,已经处在世界领先水平。同时,由于中国的发展阶段与发展中国家更为接近,中国设计、研发和制造的低碳技术与产品,因物美价廉和发展阶段的适应性,在发展中国家更有市场。以气候变化南南合作为导引和先行,帮助国内低碳技术和优势产业走出去,将促进自身的技术研发、产业升级,也有助于通过广泛的经贸技术互利合作,形成深度交融的互利合作网络,对全球应对气候变化和低碳转型作出积极贡献。

2. 建立健全应对气候变化南南合作的管理体系

包括中国在内,世界上主要的对外援助国都建立了不同程度的管理框架体系。从较为成功和完善的经验来看,这一管理框架主要包括法律和政策基础、组织机构、管理模式、协作模式四个要点。中国对外援助管理目前是由商务部牵头,由数十个部委机构参与,援外职能分散,援外方式多样,整个体系的理顺完善尚需时日。应对气候变化南南合作作为中国对外援助中相对较新,且专业性较强的领域,依托国家领导人宣布设立的"气候变化南南合作基金",在国际上有很大影响力,急需建立能够有效运行的管理体系,并且这一体系的建立也可作为全国援外管理体系改革的试点,开展经验探索。

应对气候变化南南合作可以以国务院部门规章作为其法律和政策基础。发达国家一般都设立了专项法律作为对外援助的法律基础,例如美国的《对外援助法案》、日本的《对外援助宪章》等。由于中国的对外援助法律体系尚处于探索当中,2014 年 12 月刚刚施行了《对外援助管理办法》,考虑到未来与国家对外援助体系的衔接,应对气候变化南南合作作为试点,目前尚不宜以人大立法的形式加以规定,但为了确保该项工作的有效开展,可以考虑以国务院部门规章的形式对应对气候变化南南合作,尤其是"气候变化南南合作基金"的属性、原则、业务范围、组织机构、运行机制等进行规定。

在管理机构方面,应设立政策制定与项目执行分立型的组织机构。主要国家的援外组织机构一般有四种类型:外交/外贸部全面负责型、外交部下属专业机构负责型、独立援外署全面负责型、政策制定与项目执行机构分立型。[65]中国目前对外援助和南南合作总的规模较大、领域复杂,不宜采用前两种方式;而建立独立援外署需要非常系统的设计,并且作为南南合作诸多领域中的一个,对于应对气候变化南南合作而言,建立独立机构也不合适,因此,可以考虑将应对气候变化南南合作的管理机构设立为政策制定与项目执行分立型的组织机构,其中重大政策由专门委员会或部门制定,同时由专门机构负责政策执行。从现有的工作基础看,这种组织机构模式也是可行的。可以依托国家应对气候变化领导小组,下设部际南南合作专门委员会,作为政策制定机构,同时设立专门的管理机构负责应对气候变化南南合作的总体运行。管理机构可以依托领导小组办公室建立。同时,还需建立起专门委员会、管理机构与驻外使领馆的合作协调机制,充分发挥驻外使领馆熟悉合作对象国国情的优势,更有效地执行应对气候变化南南合作项目。未来是不是设立独立的国际合作和对外援助署,应对气候变化南南合作管理机构与其关系如何,可另行研究。

建立结果导向型的管理模式。为保证实效性原则的落实,应对气候变化南南合作应当建立起包括事前调研、事中监督、事后评估过程的结果导向型管理模式。通过事前调研,识别合作优先领域,设计预期目标;通过监督执行过程,保证支持的行动不偏离预期目标或及时提出必要的修正;最后通过事后评估,识别目标实现情况,总结经验教训。这一模式必须在强有力的信息报告和评估体系支撑下才可以实现,而这也符合透明性原则的要求。为此,应当设立与应对气候变化南南合作管理机构平行的评估机构,向专门委员会负责,负责监督项目的实施,并作出独立评估。

加强与合作对象国、多边基金和中国企业的协作。在应对气候变化南南合作支持的活动中,除了要做好对合作对象国的事前调研外,还要重视其主事权和参与度,充分发挥合作对象国民众的积极性和力量,获得民众的支持。考虑到应对气候变化南南合作的规模并不大,要开展一些大型、系统性项目,应当考虑以适当的方式扩大资金量,例如吸引多边环境和气候变化基金、多边开发银行跟进支持,鼓励企业跟进投资等。

3. 建立应对气候变化南南合作成效评估机制

根据发达国家经验和自身需求,中国应对气候变化南南合作应建立完善成效评估机制,探索国际气候援助成效评估的方法学,为完善中国的南南合作成效评估,也为国际气候援助的统计、报告与核实体系建设提供经验。成效评估体系应当采取宏观评估与微观评估并进,自我评估、内部评估与第三方评估结合的评估机制。

宏观评估针对应对气候变化南南合作的整体目标进行,其主要目的是总结一段时期内应对气候变化南南合作取得的效果,具有一定的宣传作用,也有助于在宏观上判断应对气候变化领域的国际关系和技术优势,为更大范围的南南合作和对外援助提供信息资料。由于项目的执行周期不一,因此宏观评估应当做好短期与中期评估的结合,以年度评估为基础,收集、整理和汇总信息,结合国民经济与社会发展的五年规划,以五年为一个时间段,作出阶段性的宏观评估。

微观评估针对应对气候变化南南合作的具体项目开展,其评估周期从项目初步筛选开始,经过立项、实施、效果评估和总结,在项目执行结束后一段时期内完成。由于一些项目发挥作用的时间滞后性和评估指标自身的时间属性,例如防洪项目与洪水周期的关系,发电项目与官方能源统计周期的关系等,微观评估在项目执行结束,作出初步成效评估后,可能还需要持续跟踪观察和评估。

从开展成效评估的目的来看,与发达国家对外援助成效评估类似,应对气候变化南南合作的成效评估也能在项目设计与实施管理、经验总结与反馈、提高透明度与公信力等方面发挥作用。对于成效评估不同的应用目的,评估机制应分别采用自我评估、内部评估、第三方评估或二者结合的方案。对于宏观成效评估而言,其目的主要是宣传和总结经验,因此应当在内部评估的基础上开展第三方评估,在确保敏感信息保密的同时，提高公信力。微观评估则应以内部或第三方评估为主，以提供客观的信息参考，供完善项目设计和管理所需；同时，也应做好项目实施单位的自我评估，以及时掌握、评估和反馈信息。

注释

1. 即列于《公约》附件一缔约方名单中的西欧、北欧、北美发达国家，以及欧洲共同体（欧盟）。

2. UNFCCC, "Capacity-building in developing countries (non-Annex I Parties)," Decision 10/CP.5, 1999.

3. UNFCCC, "Capacity-building in developing countries (non-Annex I Parties)," Decision 2/CP.7, 2001.

4. 第四条第八款指应满足发展中国家缔约方由于气候变化的不利影响和/或执行应对措施所造成的影响，并识别出了9类需要特别关注的发展中国家；第四条第九款指各缔约方在采取有关提供资金和技术转让的行动时，应充分考虑到最不发达国家的具体需要和特殊情况。

5. UNFCCC, "Adoption of the Paris Agreement," Decision 1/CP.21, 2015, Paragraph 71.

6. UNFCCC, "The Marrakesh Accords: Capacity Building in Developing Countries (non-Annex I Parties)," Decision 2/CP.7, 2001.

7. 田丹宇：《国际应对气候变化资金机制研究》，中国政法大学出版社 2015 年版，第20 页。

8. 联合国：《联合国气候变化框架公约》，1992 年，第十一条第一款。http://news.xinhuanet.com/ziliao/2003-07/10/content_966008.htm。

9. 详见本书第五章。

10.《联合国气候变化框架公约》关于全球环境基金的介绍：http://unfccc.int/cooperation_support/financial_mechanism/guidance/items/3655.php；全球环境基金中国办公室的介绍：http://www.gefchina.org.cn/qqhjjj/gk/201603/t20160316_24275.html。

11. UNFCCC, "Launching the Green Climate Fund," Decision 3/CP.17, 2011.

12. GCF, https://www.greenclimate.fund/boardroom/the-board/members.

13. UNFCCC, "Outcome of the work of the Ad Hoc Working Group on Long-term Cooperative Action under the Convention," Decision 2/CP.17, 2011; UNFCCC, "Common Tabular Format for UNFCCC Biennial Reporting Guidelines for Developed Country Parties," Decision 19/CP.18, 2012; UNFCCC, "Methodologies for the Reporting of Financial Information by Parties Included in Annex I to the Convention," Decision 9/CP.15, 2015.

14. Standing Committee on Finance, "2014 Biennial Assessment and Overview of Climate Finance Flows Report," Bonn: UNFCCC, 2014, p.7.

15. 张雯、潘寻：《联合国气候谈判资金问题履约现状及谈判进展》，载《应对气候变化报告(2014)——科学认知与政治交锋》，社会科学文献出版社 2014 年版，第 37—49 页。

16. OECD-DAC, *Handbook on the OECD-DAC Climate Markers*, Paris: OECD, 2011.

17. 指《联合国气候变化框架〈公约〉》《联合国生物多样性〈公约〉》《联合国防治荒漠

化〈公约〉》。

18. Mark Miller，"Making Sense of Climate Finance," UNDP Regional Centre for Asia-Pacific，2013，pp.17，25.

19. Adelante(led by Jerome Dendura)，Hanh Le，Thomas Beloe，Kevork Baboyan，Joanne Manda，and Sujala Pant：*Methodological Guidebook：Climate Public Expenditure and Institutional Review* (*CPEIR*)，UNDP Regional Centre for Asia-Pacific，2015，pp.31—32.

20.《公约》非附件一缔约方名单：http://unfccc.int/parties_and_observers/parties/non_annex_i/items/2833.php；经济合作与发展组织受援方名单可从其对外援助统计数据库网站查询：http://stats.oecd.org/qwids/。

21. Andrea Iro，"Measuring，Reporting and Verifying Climate Finance," GIZ，2014，p.19.

22. Standing Committee on Finance：2016 Biennial Assessment and Overview of Climate Finance Flows Report，Bonn：UNFCCC，2016，p.7.

23. UNFCCC:《巴黎协定》,2015 年,第十条第四款。

24. UNFCCC， "*Technology Needs Assessment*," http://unfccc.int/ttclear/tna，2017.

25. UNFCCC，"*Development and Transfer of Technologies* (Decisions 4/CP.4 and 9/CP.5)," Decision 4/CP.7，2010.

26. UNFCCC，"*Technology Executive Committee*," http://unfccc.int/ttclear/tec，2017.

27. UNFCCC，UNEP，UNIDO，"*Climate Technology Centre and Network*," https://www.ctc-n.org/，2017.

28. 裴卿、王灿、吕学都：《应对气候变化的国际技术协议评述》，载《气候变化研究进展》2008 年第 4 卷第 5 期，第 261—265 页。

29. 王灿、蒋佳妮：《联合国气候谈判中的技术转让问题谈判进展》，载《应对气候变化报告(2014)——科学认知与政治交锋》，社会科学文献出版社 2014 年版，第 50—66 页；尹锋林、罗先觉：《气候变化、技术转移与国际知识产权保护》，载《科技与法律》2011 年第 89 卷第 1 期，第 10—14 页。

30. IPCC:《气候变化 2014：影响、适应和脆弱性——决策者摘要：政府间气候变化专门委员会第五次评估报告第二工作组报告》(中文版)[C.B.Field，V.R.Barros，D.J.Dokken，K.J.Mach，M.D.Mastrandrea，T.E.Bilir，M.Chatterjee，K.L.Ebi，Y.O.Estrada，R.C.Genova，B.Girma，E.S.Kissel，A.N.Levy，S.Mac-Cracken，P.R.Mastrandrea and L.L.White(编辑)]，剑桥大学出版社 2014 年版。

31. Government of Australia，"Australia's Biennial Report 1," 2014；Department of Energy and Climate Change of the UK，"The UK's Sixth National Communication and First Biennial Report under the UNFCCC," 2013；U.S. Department of State，"2014 First Biennial Report of the United States of America Under the United Nations Framework Convention on Climate Change," 2014.

32. UNFCCC，"Initial Guidance on Policies，Programme Priorities and Eligibility Criteria to the Operating Entity or Entities of the Financial Mechanism," Decision 11/CP.1，1995.

33. UNFCCC，"Capacity Building in Developing Countries(non-Annex I Parties)," Decision 2/CP.7，2001；UNFCCC，"Capacity Building in Countries with Economies in Transition," Decision 3/CP.7，2001.

34. UNFCCC，"Outcome of the Work of the Ad Hoc Working Group on Long-term Cooperative Action under the Convention，" Decision 2/CP.17.

35. UNFCCC，"Durban Forum on Capacity-building，" 2017，http：//unfccc.int/co-operation_and_support/capacity_building/items/7486.php.

36. UNFCCC，"Paris Committee on Capacity-building，" 2017，http：//unfccc.int/cooperation_and_support/capacity_building/items/10251.php.

37. 具体包括以下几点：(1)评估如何加强《公约》下设立的开展能力建设活动的现有机构之间在合作方面的协同增效，并避免重复工作，包括与《公约》下和《公约》外的机构合作；(2)查明能力方面的差距和需要，并就如何填补这些差距提出建议；(3)促进开发和推广实施能力建设的工具和方法；(4)促进全球、区域、国家和次国家层面的合作；(5)查明并收集《公约》下设立的机构所开展的能力建设工作中的良好做法、挑战、经验和教训；(6)探索发展中国家如何能够随着时间和空间的推移，逐步自主建设和保持能力；(7)确定在国家、区域和次国家层面加强能力的机遇；(8)促进《公约》下相关进程和倡议之间的对话、协调、合作和连贯性，包括为此就《公约》下设立的机构的能力建设活动和战略交流信息；(9)就维护和进一步开发基于网络的能力建设门户网站向秘书处提供指导。UNFCCC，"Adoption of the Paris Agreement，" Decision 1/CP.21，2015.

38. Government of Australia，"Australia's Biennial Report 1，" 2014；Department of Energy and Climate Change of the UK，"The UK's Sixth National Communication and First Biennial Report under the UNFCCC，" 2013；U.S.Department of State，"2014 First Biennial Report of the United States of America Under the United Nations Framework Convention on Climate Change，" 2014.

39. 胡婷、张永香：《联合国气候谈判中的能力建设议题进展和走向》，载《应对气候变化报告(2014)——科学认知与政治交锋》，第75—82页。

40. UNFCCC，"Copenhagen Accord，" Decision 2/CP.15，2009.

41. Standing Committee on Finance，"2016 Biennial Assessment and Overview of Climate Finance Flows Report，" Bonn：UNFCCC，2016，p.7.

42. 即开展各种应对气候变化的行动。

43. 高翔：《中国应对气候变化南南合作进展与展望》，载《上海交通大学学报(哲学社会科学版)》2016年第1期，第38—49页。

44. 黄梅波、唐露萍：《南南合作与中国对外援助》，载《国际经济合作》2013年第5期，第66—71页。

45. 冯存万：《南南合作框架下的中国气候援助》，载《国际展望》2015年第1期，第34—51页。

46. 习近平：《永远做太平洋岛国人民的真诚朋友》，2014年，外交部，http：//www.fmprc.gov.cn/mfa_chn/ziliao_611306/zyjh_611308/t1213419.shtml；解振华：《中国积极倡导南南合作，五方面加强气候领域合作》，2013年，中国网，http：//news.china.com.cn/world/2013-11/19/content_30644528.htm。

47. 国务院新闻办公室：《中国的对外援助》，人民出版社2011年版，第24页。

48. 国家发展和改革委员会应对气候变化司编著：《中华人民共和国气候变化第二次国家信息通报》，中国经济出版社2013年版，第81页。

49. 国务院新闻办公室：《中国的对外援助(2014)》，人民出版社2014年版，第21—22页。

50. 温家宝：《共同谱写人类可持续发展新篇章——在联合国可持续发展大会上的演讲》，2012年6月20日，中国政府网，http：//www.gov.cn/ldhd/2012-06/21/content_2166455.htm。

51. 国家发展和改革委员会:《中国应对气候变化的政策与行动——2014 年度报告》,2014 年,http://qhs.ndrc.gov.cn/gzdt/201411/t20141126_649483.html。

52.《习近平在气候变化巴黎大会开幕式上的讲话》,2015 年,http://news.xinhuanet.com/world/2015-12/01/c_1117309642.htm。

53. 国家发展和改革委员会:《中国应对气候变化的政策与行动——2014 年度报告》。

54. 国家发展和改革委员会应对气候变化司:《解振华副主任出席应对气候变化南南合作高级别研讨会和中国角系列边会活动》,2014 年,http://qhs.ndrc.gov.cn/gzdt/201412/t20141209_651521.html。

55. 外交部:《张高丽出席联合国气候峰会并发表讲话》,2014 年,http://www.fmprc.gov.cn/mfa_chn/wjdt_611265/gjldrhd_611267/t1194083.shtml。

56. 傅莎、邹骥、张晓华、姜克隽:《IPCC 第五次评估报告历史排放趋势和未来减缓情景相关核心结论解读分析》,载《气候变化研究进展》2014 年第 10 卷第 5 期,第 323—330 页。

57. Prime Minister's Office,"PM Meets Heads of Delegations of Like-Minded Developing Countries," in the run-up to COP-21 in Paris,2015,http://pmindia.gov.in/en/news_updates/pm-meets-heads-of-delegations-of-like-minded-developing-countries-in-the-run-up-to-cop-21-in-paris/?comment=disable。

58. USAID,"USAID Global Climate Change and Development Strategy 2012—2016," U.S.Agency for International Development,2012,p.1.

59. Ministry for the Environment and Natural Resources of Iceland,"Iceland's Sixth National Communication and First Biennial Report Under the United Nations Framework-Convention on Climate Change," Ministry for the Environment and Natural Resources,2014,pp.134—135.

60. 国务院新闻办公室:《中国的对外援助》,第 26—27 页。

61. 黄梅波、蒙婷凤:《新世纪日本的对外援助及其管理》,载《国际经济合作》2011 年第 2 期,第 39—46 页;黄梅波、施莹莹:《新世纪美国的对外援助及其管理》,载《国际经济合作》2011 年第 3 期,第 54—60 页;黄梅波、万慧:《英国的对外援助:政策及管理》,载《国际经济合作》2011 年第 7 期,第 40—46 页;黄梅波、朱丹丹:《国际发展援助评估政策研究》,载《国际经济合作》2012 年第 5 期,第 54—59 页。

62. 黄梅波、谢琪:《中国对外援助项目的组织与管理》,载《国际经济合作》2013 年第 3 期,第 63—66 页。

63. UNFCCC:《巴黎协定》,2015 年,第十三条第九款。

64. UNFCCC,"Adoption of the Paris Agreement," 2015,Paragraph 94.

65. 黄梅波、韦晓慧:《援外管理机构:主要类型和演化趋势》,载《国际经济合作》2013 年第 12 期,第 37—44 页。

结　论

第一节　全球气候治理机制的发展趋势与规律

从《公约》《京都议定书》到《巴黎协定》，全球气候治理机制在过去的二十多年经历了发展和变迁，但由于其自身较高的普遍性、专业性、权威性和合法性，始终居于应对气候变化的全球集体行动体系的核心地位，是全球气候治理体系首要的和中心的制度安排。这种状况在可以预见的未来将不会发生根本性改变。

相比于其他全球治理机制，全球气候治理机制的一个显著特征是区别对待不同的缔约方，以鼓励存在差异性的所有缔约方共同为应对气候变化作出力所能及的贡献，在机制内部实现实质平等。这一制度特征在过去的二十多年里表现出连续性和稳定性。虽然自 2011 年以来全球气候治理机制内的新规则不断出现，但是它们都体现和遵循了《公约》的原则，尤其是"共区原则"，使得全球气候治理机制发生的变迁基本上是这项国际机制内部的变迁。

自 2011 年以来，全球气候治理机制的发展趋势和规律表现出以下几个特征。

第一，全球气候治理机制的科学性进一步增强。

全球气候治理机制的建立和发展是与气候变化科学的发展进程密切相关的。自 20 世纪 90 年代以来，政府间气候变化专门委员会的历次科学评估报告都推动了该机制制度性成果的达成，成为该机制得以建立和发展的科学基础。政府间气候变化专门委员会的第五次评估报告进一步减少了气候变化科学评估的不确定性，表明气候系统的变暖是毋庸置疑的，而且人类活动是气候变化的主要原因。它更加促进国际社会对气候变率和气候变化的理解,促进国际社会建设全球气候治理机制以减轻和适应气候变化带来的风险和机遇。政府间气候变化专门委员会第五次评估报告由 800 多名科学家参与编写,是有史以来最全面的气候变化评估报告,为全球气候治理机制的变迁奠定了坚实的科学基础。《巴黎协定》也明确强调了加强气候研究、气候系统观测和预警系统等气候知识的重要性,以更有力地作好气候服务和决策。这意味着该机制的科学性是一个不断增强的过程。

第二,全球气候治理机制对缔约方的区分方式稳中有变。

《巴黎协定》坚持了"共区原则",这实际上是坚持了对发达国家与发展中国家缔约方之间不同责任和义务的区分,使全球气候治理机制继续体现出公平和实质性平等的制度特征,并继续对机制内具体规则的制定发挥指导作用,进而保证了各缔约方继续参与全球气候治理机制的积极性,以及由此实现的缔约方的普遍性。从《巴黎协定》的具体内容来看,减缓、适应、透明度、支持等方面的规定也都体现了对发达国家和发展中国家的区别对待。

但同时应该看到,《巴黎协定》在"包括以公平为基础并体现共同但有区别的责任和各自能力的原则"后面增加了"同时要根据不同的国情"这一新的表述。这实际上是对"共区原则"的适用引入了动态的因素。这一动态因素既承认不同国家之间仍然存在着差异性——这是适用"共区原则"的基础之一;也意味着"共区原则"动态地得到适用,以反映自 20 世纪 90 年代以来不同国家的国情、责任和能力出现的新变化。此外,"根据不同的国情"也隐含了全球气候治理机制对缔约方区分方式的变化。《巴黎协定》没有明确提及《公约》的附件国家,只是提及发达国家、发展中国家、最不发达国家、小岛屿发展中国家等国家类别。这意味着《巴黎协定》对发达国家与发展中国家的基本区分仍然保留,但是《巴黎协定》在强调各方要遵循包括"共区原则"在内的《公约》原则的基础上,特别提出要"根据不同的国情"。这实际上为强调更小国家群体甚至是国家个体的差异性打开了大门。从《巴黎协定》的文本来看,它确实更加强调发展中国家内部亚国家群组的差异性,尤其是那些最不发达国家、小岛屿发展中国家的脆弱性。这一方面体现了该项国际治理机制原有的区别对待的公平特征,另一方面重新承认并强调单个国家之间的差异性,实现了"自我区别"的区分方式,为自主减排目标等具体规则的制定提供了动态的原则精神。

总之,《巴黎协定》在坚持"共区原则"的同时融入了动态因素,使得全球气候治理机制能够在原有政治共识的基础上更灵活地对变化了的外部环境作出调整,更真实地反映各国国情及各国之间的差异性,也标志着各缔约方对在新的历史背景下如何区分发达国家和发展中国家的减排义务与责任达成了新的妥协与共识。

第三,减缓责任承担模式发生了显著变化。

全球气候治理的减缓责任承担模式从对一部分缔约方具有法律约束力的、自上而下的减排指标分配,转化为所有缔约方自下而上的自主减排承诺,实现了治理模式的创新。

减缓规则是全球气候治理机制的核心规则,按照原则—规则的分析框架,它应该体现和遵循"共区原则"。自 2009 年以来,全球气候治理机制的减缓规则经历了巨大的变迁。它改变了《京都议定书》主要是通过制定和分配全球减排目标,来自上而下地体现"共区原则"的方式,而是通过气候治理机制内区别待遇的性质和程度的逐渐演变,确立自主减排承诺的规则体系,自下而上地体现"共区原则"。

"自下而上"的减排方式最早是在哥本哈根气候大会上提出的。《坎昆协议》规定了发达国家和发展中国家自下而上提交的减缓承诺,但这些承诺的性质并不一样:对发达国家来说是全经济范围量化减排指标(quantified economy-wide emission reduction targets),对发展中国家来说是国家适当减缓行动(nationally appropriate mitigation actions)。《坎昆协议》虽然保留了对发达国家和发展中国家二分的结构,但是允许缔约方各自的减排承诺在水平和形式上有所不同。在达成《巴黎协定》的过程中,缔约方也在通过谈判和缔约方大会决定来探讨如何在该协议中实现区别对待。在华沙召开的第 19 次缔约方大会邀请各缔约方准备和提交"国家自主贡献意向"。在利马举行的第 20 次缔约方大会提出缔约方在提交"国家自主贡献意向"时应该提供的信息。华沙和利马达成的缔约方大会决定都强调"国家自主贡献意向",因此它们实际上支持一种"自我区别"的方法。《巴黎协定》则把这种自下而上适用"共区原则"的减缓规则以具有法律约束力的国际协定的方式规定下来。[1]但是包括自主贡献的具体目标实现与否不具有法律约束力,缔约方通报的国家自主贡献只是记录在秘书处所维护的一个公共登记册上。

从《京都议定书》到《巴黎协定》,全球气候治理机制实现了对减缓规则的创新和突破。首先,减缓规则从自上而下的减排指标的分配,转化为自下而上的自主减缓承诺。它终结了此前在全球层次制定具有约束力的减排目标的做法,而是承认国内气候政治的首要性。它通过使缔约方自主决定它们的减排贡献,避免和克服了"京都模式"中的分配性冲突,移除了阻碍后京都谈判的一个关键障碍,更加体现气候变化需要各国共同努力,但尊重各国的差异性和自主设定减排目标的精神。其次,《京都议定书》为发达国家规定了具有法律约束力的减排指标,但《巴黎协定》中的国家自主减缓承诺不具有法律约束力,这使得无论是发达国家还是发展中国家都具有更高的政治意愿提出自主减缓承诺。这也成为该协定能够在短时间内得到缔约方批准,进而迅速生效的重要原因。如果说《京都议定书》是一种设定具有约束力的减排目标的"监管式"模式,那么《巴黎协定》转向了"催化式和促进性"的模式,后者旨在创造条件,以推动行为体通过协调的政策改变来逐步减少排放。这种变化代表着在"京都模式"出现僵局的情况下,在全球层次上的一种多边调整和创新,使得各国对自主减排承诺的履行也更具有政治可行性。再次,《巴黎协定》又不是完全按照自下而上的逻辑来对待各国的减排努力,而是创立一个框架,对国家的自主减排承诺进行比较和审评,并要求各国每五年更新它们的计划,以实现长期的目标,从而提供了更加持久的国际合作的机会。尽管其有效性还有待观察,但是《巴黎协定》的特征与此前的安排确实存在着很大不同。在政府间层次上,治理模式从一种"全球协议"模式转向一种对国家自主贡献的"承诺与审查"模式。可以说,《巴黎协定》开启了全球气候政策的新篇章。尽管《巴黎协定》并不能一劳永逸地解决气候变化问题,但它标志着全球气候治理机制最终抓住了全球气候变化问题的现实,即它需要长期的政治努力来引导全球投资向低碳经济未来的方向发展。《巴黎协定》提供了一个更加现实的途径来实现这个愿景。[2]

第四,发展中国家与发达国家的各项义务在不同程度地趋同。

《巴黎协定》尽管更加尊重单个国家的差异性,但是它并没有把全球气候治理机制完全变成一个自下而上的机制,而是保留了自上而下的制度设计,使不同缔约方的义务更加趋同,尤其体现在透明度规则和国际支持规则方面。以透明度规则为例。尽管《巴黎协定》有关透明度的部分强调要考虑到发展中国家的能力,而给予其适当的灵活性,并将为发展中国家提供与透明度相关的能力建设支持,但是这部分中另一个重要的倾向是发达国家和发展中国家将要履行的透明度义务趋同。《巴黎协定》规定各缔约方都应定期提供以下信息,包括温室气体源的人为排放量和汇的清除量的国家清单报告;跟踪在根据协定第四条执行和实现国家自主贡献方面取得的进展所必需的信息。此外,各缔约方还应当酌情提供与第七条下的气候变化影响和适应相关的信息。在提供资金支持方面,《巴黎协定》除了延续《公约》对发达国家的出资义务外,也开始正式鼓励其他国家提供应对气候变化的资金支持。国际社会将从 2023 年开始,通过每五年一度的全球盘点对《巴黎协定》的宗旨与长期目标的实现情况进行评估,解决各国自主贡献力度不足的问题,以实现全球温度升高的控制目标。因此,《巴黎协定》建立了一个强有力的透明度框架,以此来报告和审查减排承诺与国家履约情况。在这个方面,发达国家和发展中国家的义务是趋同的。

第五,缔约方是全球气候治理机制发生变迁的直接和主要推动力量。

主权国家[3]作为国际条约的缔约方是全球气候治理机制的主要参与者,也是该项国际机制变迁的主要推动者。针对该项国际机制的原则和规则,它们之间尽管存在着分歧和竞争,但是自 2011 年以来进行了持续的谈判和协商,寻求妥协和共识,最终以《巴黎协定》的生效从制度上固定了全球气候治理机制新一轮变迁的结果。

在 190 多个缔约方中,欧盟、美国、中国、印度、巴西等关键缔约方在全球气候治理机制的变迁过程中发挥了引领作用。它们各自的努力和相互之间的协调与合作,对《巴黎协定》的达成和生效起到了重要的推动作用。2014 年以来,中国分别与美国、欧盟、英国、印度、巴西、法国等发表气候变化联合声明,赢得国际社会积极反响,在应对气候变化领域与各国增进理解,进一步扩大共识,为推动气候变化谈判多边进程作出重要贡献。2015 年,中国与印度、巴西分别发表气候变化联合声明。同时，中国继续深化与发达国家沟通交流，增进理解，扩大共识。尤其是中美之间的双边协调与合作，事先对"共区原则"达成的政治共识对于《巴黎协定》最终动态地坚持"共区原则"起到了直接的、无可取代的政治推动作用。中美、中法之间的双边磋商与合作还对《巴黎协定》具体规则的制定发挥了重要影响。这意味着，大国之间通过双边和小多边的方式进行协调、合作与引领，对全球气候治理机制实现变迁的大多边进程能够起到重要的推动作用。

小国则联合起来对谈判进程产生影响。在巴黎气候大会上，由 43个国家组成了一个新的国家群组——气候脆弱论坛（Climate Vulnerable Forum）。该论坛联合小岛国家联盟、最不发达国家和非洲国家，为谈判设置议程：它们要求最终协议应该包括将全球升温控制在 1.5 ℃ 以内的目标而不是 2 ℃，要求协议包括净零排放的长期目标，承认发展中国家因其受到的损失和损害而需要支持，发达国家增加其资金承诺等。这些脆弱国家首先同拉美国家和欧盟达成了协议，此后又同美国达成了协议。它们达成了一个统一的议程，包括进行五年一度的全球盘点，建立适用于所有缔约方的统一的透明度框架。马绍尔群岛连同其他小岛国家如圣卢西亚、冈比亚与欧盟和美国，此后同加拿大、巴西等缔约方就协议进行协调，对协议的最终达成也起到了重要作用。[4]

总之，在对全球气候治理机制变迁的分析中，"原则—规则"的分析框架确实实现了以下两种融合，从而体现了分析上的便利：一是对国际机制分析的国际法路径和国际政治路径的融合。它不仅使我们关注原则和规则本身，也关注这些原则和规则达成的国际政治过程及蕴含的国际政治涵义。更重要的是能够找到一个聚焦点，观察国家缔约方如何围绕着这些聚焦点进行动态的互动，并推动全球治理机制的最终变迁。二是对国际气候治理机制本身的分析与国家的气候外交分析的融合。这既有利于归纳国际机制变迁的一般性规律，也细化了对国家参与国际机制的行为分析，同时凸显了国家在国际机制变迁过程中行为和立场的多样性和差异性。

第六，非国家行为体对全球气候治理机制的变迁也发挥了重要作用。

《巴黎协定》的达成确实是国家之间大多边外交、小多边外交和双边外交的胜利,但是如果没有非国家行为体的推动,这个全球气候治理的新里程碑也许难以建立。事实上,自哥本哈根气候大会以来,一个由非国家行为体组成的非正式的全球联盟就在为推动达成新的全球气候协议而努力。它包括了非政府组织、商业界、学术界和其他行为体。通过从气候变化科学和经济学的角度论证需要采取强有力的气候行动,商业团体和非政府组织组织起来支持达成一个强有力的协议并向国家施加压力。可以说,非国家行为体使得巴黎气候大会最后的谈判成为可能。[5] 时任《公约》执行秘书克里斯蒂安娜·菲格蕾丝(Christiana Figueres)曾指出,自下而上的气候行动是巴黎气候会议取得成功的重要因素。[6]

从气候变化科学上看,政府间气候变化专门委员会的第五次评估报告使得气候变化在国际和国内治理议程上重新变得重要,而全球气候与经济委员会关于气候变化和经济发展关系的新论点产生了更为直接的影响。该委员会成立于2013年9月,由墨西哥前总统费利佩·卡尔德龙(Felipe Calderón)担任委员会主席,委员包括各国政府前首脑、财政部长以及经济学界、商界、金融界领袖等,由哥伦比亚、埃塞俄比亚、印度尼西亚、韩国、挪威、瑞典、英国等七国发起成立,并汇集多国科研院所进行联合研究[7],旨在对气候变化应对行动的经济成本和效益展开分析,促进经济增长与气候安全。该委员会2014年9月发布的报告《更好的增长,更好的气候》提出了新的观点,即削减温室气体排放不仅与经济增长兼容,也会创造更好的增长、更低的空气污染、更宜居的和经济有效的城市,实现对土地更具持续性的利用和更大的能源安全。该报告既利用了有关绿色增长的学术成果,也运用了国际组织——包括联合国环境规划署和开发计划署——的实践经历,并在2014年利马气候大会召开的时候成为主导性的气候行动话语。一些重要国际经济组织的领导人接受了这种理念,并大力倡导低碳增长。这些领导人包括国际货币基金会总裁拉加德(Christine Lagarde)、世界银行行长金镛(Jim Kim)、经济合作与发展组织秘书长何塞·安赫尔·古里亚(Ángel Gurría)。[8]

商业界的传统立场是反对有力的气候政策。但是一些全球性跨国公司在过去的十年间公开宣称强大的气候政策符合商界利益,包括联合利华、耐克、宜家家居、美国银行。对它们来说,仅仅利用应对气候变化带来的新市场是不够的,还需要推动政策变化。其结果是产生了一个崭新的全球网络,即"我们懂商业"(We Mean Business),包括了七大全球商业和投资组织,致力于游说达成新的全球气候协议。2014 年 9月,1 000 多个全球性公司号召政府通过碳税或者排放交易机制引入碳价。2015 年 5 月,代表 650 万家企业的组织敦促在巴黎达成气候协议。[9]

此外,非政府组织也发挥了重要作用。自哥本哈根气候大会以来,环境非政府组织改变了它们的策略。一些环境非政府组织更集中地反对使用化石燃料,如绿色和平组织关注北极地区的环境保护,反对壳牌的石油钻探计划。在全球超过 700 万支持者的支持下,壳牌最终宣布退出北极。在很多国家,城市市长和州长也成为更强有力的气候政策的坚定支持者。与此同时,智库和学术界也发挥了重要作用。例如位于华盛顿的世界资源研究所(World Resources Institute,WRI)、气候与能源方案中心(Center for Climate and Energy Solutions,C2ES),位于新德里的政策研究中心(Centre for Policy Research),位于北京的国家应对气候变化战略研究和国际合作中心,以及位于巴黎的可持续发展和国际关系研究所(Institute for Sustainable Development and International Relations,IDDRI)。它们与政府和市民社会组织进行了闭门磋商以收集观点,为达成新协议寻求支持。在这个过程中,围绕着以下概念的共识逐渐形成:五年盘点与更新,减缓与适应的平衡,气候正义的重要性,为发展中国家提供资金,以及核算和监督机制的界定等。[10]

第二节　全球气候治理机制变迁的中国角色及其影响因素

中国是全球气候治理机制变迁的重要参与者。如果说中国在哥本哈根气候大会上显示了其在该机制内日益提升的地位,那么中国在《巴黎协定》的达成和生效过程中已经走到了世界舞台的中央,并在该机制的变迁过程中发挥了核心作用。随着美国特朗普政府宣布退出《巴黎协定》,中国在未来的全球气候治理机制中被国际社会寄予发挥更大引领作用的厚望。

　　中国之所以能够自 2011 年以来对全球气候治理机制的变迁发挥重要影响和作用,是与其日益强烈的合作意愿和日益提高的合作能力分不开的。

　　从合作意愿的角度看,如果说 20 世纪 90 年代初,中国参与全球气候治理机制的意愿是中等水平的,那么自 2011 年以来,这种意愿达到了较高水平。中国更高的合作意愿既基于深度参与全球治理、推动全人类共同发展的责任担当,更基于实现可持续发展的内在要求。

　　在全球层次上,具有鲜明中国特色的全球治理观对中国参与全球气候治理机制的变革发挥了引领作用。中国国家主席习近平指出,全球治理机制变革离不开理念的引领,要推动全球治理理念创新发展,积极发掘中华文化中积极的处世之道和治理理念同当今时代的共鸣点。[11]2015 年 11 月 30 日,习近平出席巴黎气候大会开幕活动,发表题为《携手构建合作共赢、公平合理的气候变化治理机制》的重要讲话,明确提出"各尽所能、合作共赢""奉行法治、公平正义""包容互鉴、共同发展"的全球气候治理理念,同时倡导和而不同,允许各国寻找最适合本国国情的应对之策。这些主张形成了具有鲜明中国特色的全球气候治理观。[12]具体地说,一是合作共赢。中国文化的精髓强调"和合",追求和谐、和平、合作、融合。基于中国的传统文化,中国提出构建以合作共赢为核心的新型国际关系。面对气候变化威胁,各方应休戚与共。为此,中国主张各方通力合作、同舟共济、共迎挑战,共商应对气候变化大计,维护全人类的共同利益。二是公平正义。公平正义一向是中国传统文化的价值追求。在气候变化问题上,发达国家和发展中国家的历史责任、发展阶段和应对能力不同,中国坚持"共区原则",强调发达国家应向发展中国家提供资金和技术支持,保障发展中国家的正当权益,正是为了维护全球气候治理中的公平正义。三是包容互鉴。各国在气候变化问题上的国情和能力都不同,很难用一个统一的标准去规范。因此,中国主张各国间加强对话,尊重各自关切,允许各国寻找最适合本国国情的应对之策。《巴黎协定》最终确立的以"国家自主贡献"为主体、"自下而上"的减排机制,正是这种包容精神的体现。[13]在上述理念的指引下,中国致力于推动构建合作共赢、公平合理的全球气候治理体系,坚定维护发展中国家的共同利益,不断加强同发达国家对话合作,为推动气候变化多边进程、建设全球气候治理机制作出了贡献。

与此同时,中国国内确立的生态文明理念,从根本上提升了中国进行国内气候治理和参与全球气候治理的意愿。2012年11月8日,中国共产党第十八次全国代表大会提出大力推进生态文明建设,树立尊重自然、顺应自然、保护自然的生态文明理念,把生态文明建设放在突出地位,融入经济建设、政治建设、文化建设、社会建设各方面和全过程。这次会议把生态文明放在突出地位,将生态文明建设提到与经济建设、政治建设、文化建设、社会建设并列的位置,纳入"五位一体"总布局。这次会议报告提到"坚持共同但有区别的责任原则、公平原则、各自能力原则,同国际社会一道积极应对全球气候变化"。这意味着,中国已经把应对气候变化作为进行生态文明建设的内在组成部分。

中国共产党第十八次全国代表大会之后,习近平主席提出了一系列关于生态文明建设的新理念、新思想、新战略,为推进生态文明建设提供了理论指导和行动指南。其中包括:生态兴则文明兴、生态衰则文明衰;绿水青山就是金山银山;山水林田湖是一个生命共同体;实行最严格的生态环境保护制度等。中国共产党的十八大明确了生态文明建设的总体要求,十八届三中、四中、五中全会分别确立了生态文明体制改革、生态文明法治建设和绿色发展的任务。2015年4月25日还颁布了《中共中央国务院关于加快推进生态文明建设的意见》。该文件指出,坚持把绿色发展、循环发展、低碳发展作为基本途径。经济社会发展必须建立在资源得到高效循环利用、生态环境受到严格保护的基础上,与生态文明建设相协调,形成节约资源和保护环境的空间格局、产业结构、生产方式。这意味,应对气候变化与中国发展的目标和途径是一致的。该文件还明确指出:"积极应对气候变化。坚持当前长远相互兼顾、减缓适应全面推进,通过节约能源和提高能效,优化能源结构,增加森林、草原、湿地、海洋碳汇等手段,有效控制二氧化碳、甲烷、氢氟碳化物、全氟化碳、六氟化硫等温室气体排放。提高适应气候变化特别是应对极端天气和气候事件能力,加强监测、预警和预防,提高农业、林业、水资源等重点领域和生态脆弱地区适应气候变化的水平。扎实推进低碳省区、城市、城镇、产业园区、社区试点。坚持共同但有区别的责任原则、公平原则、各自能力原则,积极建设性地参与应对气候变化国际谈判,推动建立公平合理的全球应对气候变化格局。"[14]上述论述表明应对气候变化也是中国加快生态文明建设的题中应有之义。因此,应对气候变化已经成为中国可持续发展的内在要求,"这不是别人要我们做,而是我们自己要做"[15]。

总之,在新的全球气候治理观引导下,中国在全球气候治理机制的建设中强调合作共赢,以负责任和建设性态度参与气候变化谈判;在生态文明理念的引导下,中国在国内致力于生态文明建设,贯彻绿色发展理念的自觉性和主动性显著增加,把气候变化作为实现可持续的绿色发展的内在要求,实现了全球气候治理和国内生态和气候治理的相互促进、相互支持。

中国的合作能力自2011年以来得到了显著提高。

首先,中国自身气候变化科学的发展和对政府间气候变化专门委员会工作更广泛的参与,提高了它在气候变化科学方面的话语权,为进一步参与国际气候变化谈判奠定了更坚实的基础。为了提高应对气候变化行动和措施的科学性,中国在气候变化科学研究方面部署了大量的项目,成立了国家气候变化专家委员会,组织编制了两次《气候变化国家评估报告》。[16]此外,在政府间气候变化专门委员会科学评估报告的编写过程中,虽然中国从未缺席,但在第五次评估报告的编写过程中,中国的贡献更加显著。中国政府在审议该委员会第五次评估报告三个决策者摘要时分别派出以中国气象局局长郑国光和副局长沈晓农为团长,多部门专家组成的中国代表团,以建设性的姿态完成了审议。究其原因,一是中国科学家团队已经做了大量的基础工作,提出的修改建议具有针对性,且有理有据,容易被报告的编写团队所接受;二是中国的国际影响力在逐步提升。除了参与评估报告的编写,中国还参与了政府间气候变化专门委员会运行制度的改革。2009年之后在政府间气候变化专门委员会因"气候门"事件开始反思并在组织管理构架、评估流程方面进行一系列改革的过程中,中国气象局代表中国深度参与了有关进程,大量建设性意见被采纳。[17]中国参与编写政府间气候变化专门委员会评估报告的作者人数也出现了明显增加。该委员会第一次评估报告的中国作者仅9名,之后第二次至第四次评估报告分别是11名、19名和28名。第五次评估报告的中国作者则增加到43名。第五次评估报告第一工作组报告的每一章都有中国作者。作为政府间气候变化专门委员会第一工作组联合主席的中国科学院院士秦大河，以及各位中国作者、中国的评审专家都在报告的起草和审议过程中发挥了重要作用。[18]另据统计，中国气象局国家气候中心、中科院大气物理研究所等单位的 6 个气候系统模式参与了政府间气候变化专门委员会第五次评估报告。中国科学家近千篇论文被第五次评估报告所应用。

与此同时，中国国内气候变化基础科学的研究规模和水平也在迅速提升。2012 年，中国科技部、国家发展和改革委员会等有关部门联合印发了《"十二五"国家应对气候变化科技发展专项规划》。科技部通过"973 计划"支持"应对气候变化科技专项"和全球变化研究国家重大科学研究计划，支持气候变化领域基础研究工作。中国气象局组织开展了多模式超级集合、动力与统计集成等客观化气候预测新技术的研发和应用，完成政府间气候变化专门委员会第五次国际耦合模式比较计划，为该委员会第五次评估报告提供模式结果。[19]2014 年以来，科学技术部、中国气象局等 16 个部门联合组织开展第三次《气候变化国家评估报告》编制工作，系统总结中国气候变化科研最新成果，还深入实施部署全球变化研究国家重大科学研究计划。国家发展和改革委员会通过清洁发展机制基金支持有关部门和地方开展政策研究，提升能力建设。此外，中国还开展适应气候变化研究。例如科学技术部组织实施"重点领域气候变化影响与风险评估技术研发与应用""沿海地区适应气候变化技术开发与应用"等科技支撑计划项目课题实施方案的论证工作；国家海洋局建立中国近海短期气候预测系统，加强海洋领域应对气候变化能力。[20]

其次，中国经济发展政策和经济发展模式的转型，从根本上提高了中国参与全球气候治理的能力。

中国经济发展政策和经济发展模式的转型为中国气候治理取得实效提供了重要条件。2013 年，中国共产党十八届三中全会的召开标志着中国经济政策与之前十年相比发生了巨大变化。[21]接下来两年中国经济发展的新模式特征表现为增速放缓，从重工业向服务业逐渐过渡，通过创新提高生产率，扩大内需以减少对投资的过度依赖。2014 年，习近平总书记提出并阐释了经济新常态的理念。其基本含义是：在速度上,从高速增长转为中高速增长;在结构上,经济结构不断优化升级;在动力上,从要素驱动、投资驱动转向创新驱动。他进一步指出,新常态将给中国带来新的发展机遇。这包括:经济增速虽然放缓,实际增量依然可观;经济增长更趋平稳,增长动力更为多元;经济结构优化升级,发展前景更加稳定;政府大力简政放权,市场活力进一步释放。习近平总书记用"新常态"向世界描述了中国经济的一系列新表现,包括增速变化、结构升级、动力转变,特别阐述了新常态派生新机遇,指出新常态下中国经济增长更趋平稳,增长动力更为多元,发展前景更加稳定。他还提出,中国共产党十八届五中全会提出创新、协调、绿色、开放、共享的发展理念,是针对中国经济发展进入新常态、世界经济复苏低迷开出的药方。[22]

在巴黎气候大会之前,中国新的经济发展模式的成效就已经显现。2014年和2015年的国内生产总值增长分别为7.3%和6.9%。2012年,服务业现价增加值占国内生产总值的比重达到45.5%,首次超过第二产业,成为国民经济第一大产业。2015年,中国服务业继续保持较快增长,服务业增加值同比增长8.3%,分别高于国内生产总值和第二产业增加值增速1.4个和2.3个百分点。[23] 2015年,中国粗钢产量为80 382.5万吨,比2014年下降2.2%,是近30年来首次出现下降。钢材产量为112 349.6万吨,比2014年下降0.1%。非化石能源发电装机容量占总装机容量的比重由2010年的27%增加到2015年的34%。电力装机规模达到15.1亿千瓦,较2010年增加5.4亿千瓦。2015年,全国一次能源消费总量为43.0亿吨标准煤,比2014年增长0.9%,其中,煤炭消费量占能源消费总量的64.0%,比2010年下降5.2个百分点。非化石能源消费比重达到12.0%,比2010年上升2.6个百分点,超额完成11.2%的规划目标。"十二五"期间,全国万元国内生产总值能耗累计下降18.2%;火电供电标准煤耗由2010年的333克标煤/千瓦时下降至2015年的315克标煤/千瓦时。[24]

中国国内经济政策和发展模式的转换给予中国参与全球气候治理机制更大的灵活性和更多的腾挪空间。与哥本哈根气候大会时期相比,到"十二五"末期,即将达成的国际气候协议对中国国内经济发展的威胁已经没有那么大。在中国发展的"新常态"下,低碳发展不仅不再是一种负担,而且被看作是一种战略机遇,使得中国能够应对国内的环境问题,消除对中国作为排放大国的负面影响,建立在低碳技术领域中的优势。2014年前三季度,中国消费对经济增长的贡献率超过投资、服务业,增加值占比超过第二产业,高新技术产业和装备制造业增速高于工业平均增速,单位国内生产总值能耗下降等数据表明,中国经济结构"质量更好,结构更优"。这也使得中国能够在2014年首次提出其在2030年的排放峰值目标,即二氧化碳排放2030年左右达到峰值并争取尽早达峰;单位国内生产总值二氧化碳排放比2005年下降60%—65%,非化石能源占一次能源消费比重达到20%左右,森林蓄积量比2005年增加45亿立方米左右。这个目标是与国内经济新常态的政策议程非常契合的。[25]中国自己承诺一个限制排放增长的硬指标而不是被动接受外部指标的能力消除了中国与其他国家进行合作的障碍。到巴黎气候大会的时候,中国已经处在一个令人羡慕的境地,即能够提出一个让自己"留有余地但能出色完成"的目标。[26]

再次,中国优化国内气候政策,强化能力建设,国内气候治理成效显著。

在"十二五"的整体框架下,2011年11月发布的《中国应对气候变化的政策与行动》白皮书指出,围绕应对气候变化相关工作的目标任务,中国在"十二五"期间将重点从十一个方面推进。这十一个方面的工作包括:加强法制建设和战略规划,其中包括组织编制《国家应对气候变化规划(2011—2020)》;加快经济结构调整;优化能源结构和发展清洁能源;继续实施节能重点工程;大力发展循环经济,包括编制全国循环经济发展总体规划;扎实推进低碳试点;逐步建立碳排放交易市场,包括逐步建立跨省区的碳排放权交易体系;增加碳汇;提高适应气候变化能力;继续加强能力建设;全方位开展国际合作。[27]围绕着上述应对气候变化相关工作的目标任务,中国的国内气候治理基础能力建设得到加强。

一是加强决策机构建设。2012年以来,中国加强了应对气候变化重大战略的研究和顶层设计,进一步完善了应对气候变化的管理体制和工作机制。2013年7月,国务院对国家应对气候变化工作领导小组组成单位和人员进行了调整,国务院总理李克强任领导小组组长,并增加了部分职能部门。中国已经初步建立了国家应对气候变化领导小组统一领导、国家发展和改革委员会归口管理、有关部门和地方分工负责、全社会广泛参与的应对气候变化的管理体制和工作机制。全国各省(自治区、直辖市)均成立了以政府行政首长为组长的应对气候变化领导机构,建立了部门分工协调机制,明确了应对气候变化的职能机构,部分城市也成立了应对气候变化或低碳发展办公室。[28]截至2015年,全国专设"应对气候变化处"的省发展和改革委员会已达到10个。

二是注重完善宏观指导体系,加强顶层设计,开展重大战略研究和规划制定。2014年9月,国家发展和改革委员会发布《国家应对气候变化规划(2014—2020年)》,大多数省(自治区、直辖市)发布了省级应对气候变化专项规划,推动将应对气候变化内容纳入国民经济发展规划。中国民航局完成《民航行业"十三五"节能减排与应对气候变化规划》的前期研究。2014年以来,国家发展和改革委员会深入推进中国低碳发展宏观战略研究项目,编制形成《中国低碳发展宏观战略总体思路》《中国低碳发展宏观战略总报告》和各课题专题研究报告,对中国到2050年的低碳发展总体战略和分阶段、分领域路线图进行系统研究,提出低碳发展的目标任务、实现途径、政策体系以及保障措施,为推进国内低碳发展、积极参与国际谈判提供重要支撑。

三是加强和健全法律法规和标准。国家发展和改革委员会会同有关部门研究起草应对气候变化法律框架,开展《应对气候变化法(初稿)》起草和征求意见工作,加快推进立法进程。第十二届全国人大常委会第十六次会议于2015年8月29日通过了修订后的《大气污染防治法》。通过开展"省级气候变化立法研究——以江苏省为例"项目推进中国省级应对气候变化立法,为全国范围开展立法工作积累经验。此外,中国还积极推行低碳产品标准、标识和认证制度。截至2015年7月底,已有39家企业获得低碳产品认证证书。[29]

四是加强基础统计体系及能力建设。国家发展和改革委员会会同有关部门组织编写了《关于加强应对气候变化和温室气体排放统计的意见》。国家发展和改革委员会发布《省级温室气体清单指南(试行)》,组织完成中国2005年温室气体清单和第二次国家信息通报编制工作。2014年以来,国家统计局印发《应对气候变化统计指标体系》《应对气候变化部门统计报表制度(试行)》和《政府综合统计系统应对气候变化统计数据需求表》等文件,正式建立应对气候变化统计报表制度,并收集和审核了2013年应对气候变化统计数据。中国还成立了由国家发展和改革委员会、统计局等23个部门组成的应对气候变化统计工作领导小组,建立了以政府综合统计为核心、相关部门分工协作的工作机制。此外,中国致力于夯实国家、地方及企业核算能力。有序组织并推进第三次气候变化国家信息通报、首次"两年更新报告"和温室气体清单编制工作;在对2005年和2010年省级温室气体清单进行评估和验收的基础上,国家发展和改革委员会组织开展两年份省级温室气体清单联审,确保清单质量;公布化工、钢铁、电力等24个行业企业温室气体排放核算方法与报告指南,推进企业温室气体排放数据直报的制度设计和系统建设。[30]

五是提高国内减缓气候变化的能力。中国围绕"十二五"应对气候变化目标和任务,通过调整产业结构、节能与提高能效、优化能源结构、控制非能源活动温室气体排放、增加森林碳汇等,运用多种政策手段减缓气候变化。2011年中国政府发布了《"十二五"控制温室气体排放工作方案》,将"十二五"碳强度下降目标分解落实到各省(自治区、直辖市),并建立了目标责任评价考核制度。2013年4月,国家发展和改革委员会对全国31个省(自治区、直辖市)2012年度控制温室气体排放目标责任进行首次试评价考核,进一步加强了对控制温室气体排放相关工作的督促指导和政策协调。2014年8月,国家发展和改革委员会组织修改完善并发布了《单位国内生产总值二氧化碳排放降低目标责任考核评估办法》,正式启动对省级人民政府碳强度下降目标的考核评估,督促各地区切实落实碳强度下降目标责任,确保实现"十二五"碳强度下降目标。[31]在此基础上,强化碳强度考核评估。国家发展和改革委员会于2015年6月—8月组织开展省级人民政府2014年度单位国内生产总值二氧化碳排放降低目标责任考核评估工作,督促各地区目标落实、任务落实和工作落实,确保实现"十二五"碳强度下降目标。此外,为实现有成本效益的减排,中国启动碳排放交易试点,建立自愿减排交易机制。[32]中国还大力推进低碳省区和城市试点,探索不同地区、不同行业绿色低碳发展的经验和模式。[33]

实践证明,"十二五"以来,中国的国内气候变化治理取得了非常显著的成效。截至 2014 年,全国单位国内生产总值二氧化碳排放同比下降 6.2%,比 2010 年累计下降 15.8%。"十二五"规划要求下降 17% 的目标已经完成;中国非化石能源占能源消费的比重达 11.2%,比 2005年提高了 4.4 个百分点;森林蓄积量比 2005 年增加了 21.88 亿立方米,远超此前中国对外承诺的 15 亿立方米;7 个碳排放交易试点全部实现了上线交易,低碳省市、园区、社区的试点工作正在有序开展。[34] 2015年,水电(包括抽水蓄能)、核电、风电、太阳能光伏发电装机总量分别达到 3.2 亿千瓦、2 608 万千瓦、1.3 亿千瓦和 4 318 万千瓦,"十二五"年均增速分别为 8.1%、19.2%、34.3% 和 178.0%。[35] 公开数据显示,截止到 2016 年底,中国单位国内生产总值强度已经比 2005 年下降了 42%,基本实现了哥本哈根气候大会提出的目标。2016 年,中国将煤炭产量削减了 9.4%,取消、暂缓了数十个燃煤电厂的建设,而同期太阳能光伏产能增量则为 3 450 万千瓦。按照中国最新推出的 2020 气候路线图,中国有望超额完成其在《巴黎协定》中的承诺。[36]

最后,中国参与联合国多边气候谈判和《公约》外机制的能力进一步提高,注重双边、小多边磋商、交流与合作,在全球气候治理中的影响和作用日益提升。

自 2011 年以来,中国更具建设性地参与以《公约》为基础的全球气候治理机制,坚持公平原则、"共区原则",坚持按照公开透明、广泛参与、缔约方主导和协商一致的原则,积极建设性地参与谈判,加强与各方的沟通交流,推动气候变化国际谈判取得积极进展。中国全面参与德班、多哈、华沙、利马、巴黎气候大会的谈判与磋商,积极引导谈判走向,全力支持东道国的工作,利用各种渠道和方式与各方开展坦诚、深入的对话与交流,力求增进理解、凝聚共识、提振信心,为这些气候大会取得积极成果作出了重要贡献。中国还在德班和多哈气候大会期间以中国代表团的名义举办"中国角"系列边会活动,在华沙气候大会会议期间创新传媒表达方式,举办多场形式新颖的"中国角"边会活动,向国际社会宣传介绍中国相关成就和政策,全面展现积极负责任的国际形象。[37]

中国还积极推进《公约》外的多边谈判磋商工作。中国国家发展和改革委员会会同有关部门参加了巴黎气候大会成果非正式磋商、彼得斯堡气候对话、经济大国气候变化与能源论坛、马拉喀什气候大会成果非正式磋商、联合国大会气候变化高级别会议等,利用每次谈判会议和其他非正式磋商加强与有关各方的对话磋商。中国还积极参加《蒙特利尔议定书》、国际民航组织、国际海事组织、气候变化相关谈判磋商以及万国邮政联盟、国际标准化组织等国际机制下气候变化相关的谈判磋商。中国积极参与和关注东亚低碳增长伙伴计划、全球清洁炉灶联盟、农业温室气体全球研究联盟、气候与清洁空气联盟等《公约》外机制;积极参与并持续关注二十国集团、亚太经合组织、东亚领导人会议、联合国贸发会议、世界贸易组织等渠道下气候变化相关议题的讨论。[38]通过出席太平洋岛国论坛、落实 2012 年东亚峰会倡议中关于"建立东亚应对气候变化区域研究与合作中心"筹备等,积极开展区域性对话与交流,积极推动中国与其他国家智库之间的交流。可见,中国对全球气候治理体系的参与是全方位的。

　　为推动《巴黎协定》的达成,中国注重加强与各国磋商和对话。首先是在集团内部磋商层次上,努力加强"基础四国"和"立场相近发展中国家"之间的沟通协调,维护发展中国家团结和共同利益,主办或参加"基础四国"部长级会议,主办"立场相近发展中国家"北京会议并积极参加历次"立场相近发展中国家"协调会。继续加强与小岛国、最不发达国家和非洲集团的沟通协调,与发展中国家开展联合研究,积极维护发展中国家利益。[39]其次,中国继续加强与发达国家的沟通交流,持续与美国、欧盟、澳大利亚、新西兰、英国、德国等开展部长级和工作层的气候变化对话磋商,推动专家层面的沟通交流。在巴黎气候大会前,中国注重落实中法两国领导人共识,推动建立中法气候变化磋商机制,加强与巴黎气候大会主席国法国对话沟通,为巴黎气候大会作好准备和铺垫,共同推动巴黎气候大会在公开透明、广泛参与、协商一致的基础上取得成功。[40]

　　总之,自 2011 年以来,中国引导应对气候变化国际合作,成为全球生态文明建设的重要参与者、贡献者、引领者。[41]中国参与全球气候治理机制的变迁和国内进行气候治理的一致性增强,两者从根本上是互相促进和补充的。这与中国在 20 世纪参与全球气候治理机制的情形相比发生了很大变化。中国对于全球气候治理的新理念和国内生态文明的新理念为中国积极参与全球气候治理机制变迁奠定了理念基础，与此同时，伴随着全球气候变化科学的新发展和国内应对严重空气污染的强烈动机。这都提升了中国更具建设性地参与全球气候治理机制变迁的意愿。与此同时，中国参与全球气候治理机制变迁的能力得到明显提高，体现在国内气候科学研究的进展、经济在新常态下的发展、日益优化的气候政策和显著的气候治理实效以及全方位的气候外交策略，这些都使中国的国家自主贡献目标更具可信度，为中国参与全球气候治理机制发挥了强有力的支撑。与此同时，全球气候治理机制内部治理模式更加现实、更加灵活的总体变迁趋势反映了中国等发展中国家的立场和要求，顺应了中国国内气候治理的政策体系及其特征，有助于中国协同应对气候变化和空气污染，推动国内绿色低碳转型。

第三节　对中国深度参与全球气候治理机制的战略思考

气候变化是全球治理议程和中国国内治理议程上具有持续重要性的问题。《巴黎协定》奠定了 2020 年后国际合作应对气候变化的基础，但气候变化问题不会因为《巴黎协定》的生效而立刻得到解决。应对气候变化是一项长期艰巨的历史任务，需要几代人付出艰苦努力。后巴黎时代的全球气候治理仍然面临着巨大的挑战。

美国总统特朗普 2017 年 6 月 1 日正式宣布美国将退出《巴黎协定》。特朗普作出这个决定首先是对他竞选承诺的兑现。这个决定也是特朗普上任以来美国气候政策出现严重倒退的必然结果。特朗普就任之初就提议停止向一些联合国应对气候变化项目拨款，并大幅削减美国环保局的预算，还于 3 月份要求重新评估奥巴马政府时期的《清洁电力计划》，指示环保局彻底修改该计划列出的规定，取消对出租联邦土地用于煤炭开采的禁令，取消能源开采过程中温室气体排放量的限制。这些都标志着美国气候政策早已经出现重大后退。特朗普只是拖延到七国集团峰会之后才正式宣布将退出《巴黎协定》。

美国退出《巴黎协定》将削弱该协定的普遍性和有效性。美国作为全球最大的温室气体排放国之一宣布退出《巴黎协定》,将使该协定的普遍性不足。美国作为最大的发达国家,退出《巴黎协定》将意味着它不愿再履行其在资金支持方面的承诺,使巴黎气候大会缔约方决定明确规定的发达国家在 2025 年前实现每年 1 000 亿美元的出资目标难以实现,也给绿色气候资金带来重大打击,进而使《巴黎协定》的推进面临更大的资金缺口,影响到发展中国家尤其是最不发达国家应对气候变化的能力和信心。此外,美国的退出意味着它将不愿再努力实现其在《巴黎协定》下提出的国家自主贡献,即到 2025 年温室气体排放较2005 年整体下降 26%—28%,尽管这一目标实际上并不具有国际约束力。这将降低《巴黎协定》的有效性并影响将全球升温控制在 2 ℃ 以内的目标。

但是美国宣布退出《巴黎协定》对全球气候治理机制的影响又相对有限。其他主要国家缔约方表达了维护《巴黎协定》的政治意愿。七国集团中的其他六国连同欧盟都表示要落实《巴黎协定》。德国、法国和意大利三国元首及政府首脑发表联合声明,表示将继续努力履行根据《巴黎协定》所承诺的相关义务。三国领导人特别强调,《巴黎协定》不容重新谈判。中国表示,中国政府将会继续积极履行《巴黎协定》下的要求。特朗普的决定不会实质性阻碍或者逆转全球气候治理的进程,以及国际社会向低碳经济转型的步伐。此外,按照《巴黎协定》第二十八条的规定,美国最早要到 2020 年底才能退出《巴黎协定》。特朗普届时是否能获得连任、完成退出《巴黎协定》的流程,还存在不确定性。与此同时,美国的退出决定遭到了国内的谴责和反对。加利福尼亚州州长杰里·布朗声明加州将予以抵制,并在地方政府层面推进应对气候变化。美国的很多州表示将遵守《巴黎协定》,211 位市长已宣布将《巴黎协定》作为他们城市的目标。特朗普的决定也引发美国多位商界领袖的不满。美国地方政府和企业仍将在后巴黎时代的全球气候治理中发挥重要作用。

在上述背景之下,中国需要制定相应的战略和策略,在后巴黎时代作出新贡献、发挥新影响。具体的建议如下。

第一,中国需要进一步提升全球气候变化科学的国际话语权。

虽然自政府间气候变化专门委员会第四次评估报告以来,中国政府在气候变化研究领域的投入有所增加,但相较发达国家,中国的投入力度还不够。未来,中国应在理论、方法论上加强研究,同时以更国际化的视角看待气候变化问题。中国除了需要继续大力推动国内气候变化科学的发展,还应该提高对政府间气候变化专门委员会的参与力度。从目前的参与力度来看,中国科学家在发展中国家位于前列,但从全球绝对量来看,中国无论从作者数量和比例,还是被引用文献量来看,都不是太高。[42]为此,中国应该加强气候变化科学科研队伍的建设,加入资金投入力度,鼓励科研人员在相关理论问题上投入更多研究精力,加强对全球情况的了解和掌握,推动相关学科的交叉和融合,注重培养具有全球视野的复合型学科人才。[43]

第二,继续重视发挥理念的引领作用,提升中国在全球气候治理中的道义话语权。

美国特朗普政府对全球气候治理缺乏清晰理念并强调自利,有助于中国在全球气候治理中提升话语权和影响力,占据道义制高点,提升中国的国际形象和软实力,助力中国深度参与全球治理。习近平主席提出的全球治理新理念也为中国提升气候治理话语权奠定了理念和话语基础。气候变化是人类命运共同体的最好体现,应对气候变化是也人类责任共同体的应尽义务,因此"气候变化命运共同体"是人类命运共同体的重要组成部分。中国应该积极倡导构建气候变化命运共同体。倡导气候变化命运共同体应该坚持绿色低碳的共同发展方向和合作共赢的基本理念,注重建设公平合理的全球气候治理体系和推动后巴黎谈判进程中的共商共建,同时要推动包容借鉴的治理实践和各尽所能的能源结构优化。倡导构建气候变化命运共同体,也是推动中国统筹全球气候治理和国内气候治理的重要体现与途径。

第三,坚持以《公约》为基础的全球气候治理机制的核心地位和作用,坚持"共区原则"。

以《公约》为基础的全球气候治理机制是全球气候治理体系的核心要素,也是对中国最有利的应对气候变化的国际合作机制与平台。《公约》及其《京都议定书》《巴黎协定》是全球各国达成的有法律约束力的多边气候协议。应当推动在《公约》下明确,《公约》外与应对气候变化相关的多边协商机制均应被视为对《公约》进程的补充和促进,而不能取代各国在《公约》机制下的合作；同时通过积极参与《公约》外的多边机制，在各种机制中强调坚持《公约》在应对气候变化领域的主渠道地位。《巴黎协定》虽然明确坚持了"共区原则"，但是对于该原则的具体涵义和适用方式，发达国家与发展中国家在未来的国际气候谈判中仍将提出不同的解释，发达国家在该原则上的立场甚至也有反复的可能。"共同但有区别的责任"原则是全球气候治理机制的基本原则，也是中国在应对气候变化国际合作中避免承担不符合发展阶段义务的最有利保障。尽管国际政治和经济格局以及温室气体排放格局已经发生了重大变化，但发达国家对气候变化问题所应承担的历史责任并没有发生本质性变化。中国坚持"共区原则"，并不是不承担国际义务、不控制温室气体排放的托词，而是维护全球气候治理机制公平合理性的必需。因此，在未来的国际气候变化谈判中，中国仍然必须强调坚持"共区原则"。

第四，更具建设性地参与后巴黎时代具体规则的制定。

当前和今后一段时间联合国气候谈判的核心是制定《巴黎协定》的有关规则，以推进该协定的实施。具体的规则包括：缔约方如何提交国家自主贡献和适应通报；透明度框架和全球盘点程序如何运作；如何促进各方遵约；如何确认国际碳市场的地位和规则；发达国家如何报告气候资金的情况等。这些规则将于2018年前通过谈判确立。《巴黎协定》坚持了公平原则和"共区原则"，以更现实的方式推动全球气候治理体系朝向公平合理的方向发展，但是它在体现公正合理方面出现的动态变化，预示着后巴黎时代的具体规则制定要考虑以下因素：一是《巴黎协定》进一步模糊了国家之间的分类，更多考虑了不同国家的国情、能力和脆弱性，因此会更多地考虑单个国家的差异性，尤其是给予最不发达国家和最脆弱国家更多的优惠待遇。这使得附件一和非附件一国家的区分已经不那么重要。二是《巴黎协定》不同要素下的发达国家与发展中国家的区分存在差别，使后续规则谈判十分复杂。例如，在减缓和提供资金支持方面，二者的责任区分是非常明显的；但是透明度框架则更多地考虑了二者能力的不同，而不是责任问题；在适应、技术、能力建设、促进遵约和盘点等方面，《巴黎协定》的条款中几乎没有体现区分。是否以及如何在规则谈判中设计必要的区分，以确保公平合理将是非常棘手的问题。

由于中国的能力和经验的欠缺,它如何在后巴黎时代推动规则制定过程沿着公平合理的方向进行,仍然面临着挑战。为此,中国应做好《巴黎协定》后续谈判工作,持续引导全球气候治理规则的制定。具体地说,中国在"基础四国"的框架内,可联合其他国家推动后巴黎进程的规则制定充分反映和体现"共区原则",体现公平合理与合作共赢的基本理念;重点推动"基础四国"联合敦促发达国家兑现其到 2020—2025 年每年向发展中国家提供至少 1 000 亿美元资金的承诺。中国应进一步加强与印度、巴西、南非等关于国内气候政策和多边谈判进程的双边高层对话,共同推动后巴黎时代气候治理规则的制定沿着公平合作、合作共赢的方向发展,同时与上述三国加强双边务实合作,特别是在可再生能源、森林碳汇、节能技术、能效、适应和城镇化低碳发展等领域的合作。

第五,进一步提高国内气候治理能力,有效履行气候变化承诺,强化应对气候变化透明度。

"十三五"时期是中国全面实现 2020 年控制温室气体排放行动目标的决胜阶段,也是中国主动考虑控制碳排放总量、建立碳排放权交易制度、积极参与全球气候治理体系的重要阶段。中国应强化应对气候变化和低碳发展目标落实,确保实现中国 2020 年应对气候变化目标任务,为 2030 年左右实现碳排放达峰奠定基础。中国还应探索实行碳排放总量和强度双重目标控制机制,加快推进应对气候变化法制建设,进一步提高应对气候变化能力,尤其是健全温室气体排放统计核算体系,全面提高适应气候变化能力,完善气候变化监测预警体系。需要特别强调的是,应该在进一步强化基础统计、核算报告和评估考核三大体系建设的同时,加强支撑体系建设,提升履行《公约》和《巴黎协定》下气候变化透明度义务的能力。为此,以下四个方面的工作就显得特别重要。

一是加快完善基础统计、核算报告、评估考核、国际履约四大体系。主要包括:完善应对气候变化基础统计与调查制度体系,加快构建满足季度乃至月度碳排放核算和分析的基础数据统计制度,加快开展温室气体排放活动水平和排放因子等主要特性参数统计调查制度,推动落实应对气候变化统计指标常态化收集和审核机制;完善规范统一的企业温室气体核算方法,健全重点排放企业温室气体排放和能源消费的台账记录;强化地方政府碳排放控制目标评价考核制度体系,提高省级人民政府碳排放控制目标评价考核管理办法层级,加快建立责任追究制;建立完善系统性应对气候变化信息报告机制,由国家应对气候变化领导小组负责,国家发展和改革委员会具体牵头,尽快建立起系统性的国家应对气候变化信息报告和审评应对体系,强化中国气候变化透明度履约体系。

二是加快推进国家、地方和企业数据信息系统支撑平台建设。主要包括:完善国家温室气体排放数据信息系统建设,加快建立集清单编制、数据管理及信息发布等功能于一体的综合型国家温室气体清单数据信息系统;推进企业温室气体排放报送平台建设,加快建设集企业温室气体排放数据核算、报送、核查、监测、分析、发布等各个环节的国家企业温室气体排放直报平台,鼓励企业建立内部温室气体信息管理系统,强化数据标准及信息共享体系建设;建设国家温室气体数据管理综合信息系统,加快开发集温室气体清单编制、企业温室气体排放核算报告、温室气体排放目标评价考核的国家温室气体数据管理综合信息系统,实现不同层级的数据库对接。

三是加快建立应对气候变化信息发布制度及管理体制。主要包括:建立国家应对气候变化公报制度,研究确定国家应对气候变化公报的主要内容及发布、时间、频率、机构和任务分工;建立地方温室气体数据公布机制,明确地方温室气体清单编制层级和频率,逐步公开地方清单数据信息,有效发挥地方温室气体排放大数据作用;建立国家温室气体数据管理办公室,负责编制国家温室气体清单以及国家应对气候变化公报,管理和维护国家温室气体数据管理综合信息系统等职能。

四是加强气候变化报告与审评的国际经验交流。由于中国在2017年才第一次接受气候变化报告信息的国际分析,尽管有极少数专家参与了对其他国家的审评,但总的来说经验十分有限,尤其是中国的政府部门对此没有经验,无法开展相应的准备工作。国家应组织承担气候变化信息报告和未来将承担国际审评准备工作的相应部门,开展与《公约》秘书处,韩国、南非、巴西、新加坡等已经在接受国际审评的发展中国家,以及美国等已经接受国际审评十余年的发达国家开展学习交流活动。一方面有利于中国自身作好适应《巴黎协定》透明度体系的准备,另一方面也有利于中国积极参与相应国际指南的谈判与规则制定,维护国家利益。

第六,积极参与《公约》外多边治理机制,通过小多边和双边的方式加强与主要缔约方的沟通与磋商。

在后巴黎阶段,中国应继续充分利用《公约》外各种机制,以之作为与其他主要缔约方加强沟通的多元平台,寻求主要缔约方之间的利益共同点。尤其要在《公约》外的多边机制适时加强与美国、欧盟以及印度、南非、巴西等大国的沟通与合作。除了关注航空航海领域的排放约束,对于清洁能源技术、碳市场合作、碳关税协议也需要进行跟踪研究,还应继续注重与主要缔约方的双边合作,强化政策对话与信息交流,注重对联合国气候谈判的事前沟通与协调,提高双边务实合作的成效和制度化水平。

第七,应该更加注重发挥城市等次国家行为体在全球气候治理中的作用。

特朗普虽然改变了美国联邦政府的气候政策,但是全球气候治理和全球能源转型的大趋势不可逆转,美国的相关地方政府仍会积极参与气候治理和能源转型。典型代表是加州。因此,中国相关省市可以在现有合作框架下,积极寻求与美国相关州、城市在减缓、适应、清洁能源发展等方面的合作和良性竞争,自下而上推动中美气候治理合作,也可推动中美地方政府、企业在清洁能源技术的研发与商业化方面的合作,尤其是在碳捕捉与碳存储、核能以及液化天然气等领域。中国城市在气候治理方面已经逐渐积累了宝贵的经验,例如镇江市、贵阳市、武汉市等。为此,中国还应该注重对这些城市气候治理实践和经验的传播,为国内其他城市提供可资借鉴的经验,并提高参与国际城市间气候治理合作网络的力度。

总之,在后巴黎时代,中国在全球气候治理机制的建设中仍将发挥关键的引导性作用。这种作用的发挥不是基于中国对该问题领域领导权的刻意追求,而是基于其在全球气候治理和国内气候治理中日益提升的能力以及承担国际责任、解决国内环境问题和建设生态文明的政治意愿。中国对气候变化问题的科学认知、超越自利的国际合作的新理念以及对国家发展和国际发展模式的创新，为中国发挥引导作用奠定了基础。如果说在全球气候治理领域发达国家发挥领导力的逻辑是"改变他人，领导世界"，那么中国的风格和方式则是"改变自己，引领世界"。

注释

1. 薄燕：《〈巴黎协定〉坚持的共区原则与国际气候治理机制的变迁》，载《气候变化研究进展》2016 年第 3 期。

2. Robert Falkner, "The Paris Agreement and the New Logic of International Climate Politics," *International Affairs* 92:5(2016), pp.1107—1125.

3. 还包括欧盟。

4. Michael Jacobs, "High pressure for Low Emissions How Civil Society Created the Paris Climate Agreement," *Juncture*, 2016, Volume 22, Issue 4, p.321.

5. Ibid., pp.314—323.

6. Thomas Hale, "All Hands on Deck": The Paris Agreement and Non state Climate Action, Global Environmental Politics 16:3, August 2016, doi:10.1162/GLEP_a_00362.

7. 全球委员会委员包括：费利佩·卡尔德隆（Felipe Calderón），墨西哥前总统（主席）；路易莎·迪奥戈（Luísa Diogo），莫桑比克前总理（副主席）；尼古拉斯·斯特恩（Nicholas Stern），伦敦政治经济学院教授（副主席）；英格丽·邦德（Ingrid Bonde），瑞典大瀑布电力公司首席财务官兼副总裁；莎朗·布罗（Sharan Burrow），国际工会联盟秘书长；陈元（Chen Yuan），中国全国政协副主席；中国发展银行前行长海伦·克拉克（Helen Clark），联合国开发计划署署长；丹·L.多克托罗夫（Dan L.Doctoroff），彭博社首席执行官兼总裁；S.戈波莱克里山（S.Gopolakrishan），印孚瑟斯副董事长；印度工业联合会主席；安赫尔·古里亚（Angel Gurría），经济合作与发展组织秘书长；乍得·霍立戴（Chad Holliday），美国银行主席；斯莉·穆尔雅妮·英德拉瓦蒂（Sri Mulyani Indrawati），世界银行常务董事兼首席运营官；理查多·拉各斯（Ricardo Lagos），智利前总统；米歇尔·M.里斯（Michel M.Liès），瑞士再保险集团首席执行官；特雷弗·曼纽尔（Trevor Manuel），南非计划委员会部长兼主席；中尾武彦（Takehiko Nakao），亚洲发展银行行长；安妮斯·帕克（Annise Parker），美国得克萨斯州休斯敦市市长；保罗·波尔曼（Paul Polman），联合利华首席执行官；尼迈特·沙菲克（Nemat Shafik），国际货币基金组织副总裁；延斯·斯托尔滕贝格（Jens Stoltenberg），挪威前总理；朱云来（Zhu Levin），中国国际金融公司总裁兼首席执行官。委员会的合作研究机构包括美国气候政策中心、埃塞俄比亚发展研究所、全球绿色增长研究所、印度国际经济关系研究理事会、斯德哥尔摩环境研究所、清华大学、世界资源研究所。由尼古拉斯·斯特恩（Nicholas Stern）担任主席，世界著名经济学家构成的顾问委员会将负责专家审议的工作。参见全球气候与经济委员会网站http://newclimateeconomy.net/content/。

8. Michael Jacobs, "High Pressure for Low emissions How Civil Society Created the Paris Climate Agreement," p.316.

9. Ibid., p.317.

10. Ibid., pp.314—323.

11. 新华网：《习近平：推动全球治理体制更加公正更加合理》，2015 年 10 月 13 日。

12. 刘振民：《全球气候治理中的中国贡献》，载《求是》2016 年 7 月，第 56—58 页。

13. 同上。

14.《中共中央国务院关于加快推进生态文明建设的意见》,2015 年 4 月 25 日颁布。

15. 徐华清:《应对气候变化问题上的中国担当》,2015 年 11 月 30 日。

16. 郑国光强调:应对气候变化推进生态文明建设,http://www.gov.cn/gzdt/2013-07/29/content_2457561.htm。

17. 王素琴:《向世界传递中国声音——IPCC 第五次评估报告中国贡献解读》,载《中国气象报》2014 年 5 月 20 日,第 3 版。

18. 同上。

19. 国家发展和改革委员会:《中国应对气候变化的政策与行动 2012 年度报告》,2012 年 11 月。

20. 国家发展和改革委员会:《中国应对气候变化的政策与行动 2015 年度报告》,2015 年 11 月。

21.《关于全面深化改革若干重大问题的决定》,2013 年 11 月 12 日中国共产党第十八届中央委员会第三次全体会议通过。

22.《习近平首次系统阐述"新常态"》,http://news.xinhuanet.com/world/2014-11/09/c_1113175964.htm。

23.《2015 年服务业引领国民经济稳步发展》,http://www.gov.cn/xinwen/2016-03/10/content_5051710.htm。

24.《2015 年中国环境状况公报》,http://www.zhb.gov.cn/hjzl/zghjzkgb/lssj/zxhjz-kgb/201605/t20160525_345821.shtml。

25. Isabel Hilton, and Oliver Kerr, "The Paris Agreement: China's 'New Normal' Role in International Climate Negotiations," *Climate Policy*, 2017, 17:1, pp.48—58, DOI:10.1080/14693062.2016.1228521.

26. F.Green, and N.Stern, "China's Changing Economy: Implications for Its Carbon Dioxide Emissions," *Climate Policy*, doi:10.1080/14693062.2016.1156515.

27. 国家发展和改革委员会:《中国应对气候变化的政策与行动(2011)》白皮书,2011 年 11 月。

28. 国家发展和改革委员会:《中国应对气候变化的政策与行动 2013 年度报告》,2013 年度报告。

29. 国家发展和改革委员会:《中国应对气候变化的政策与行动 2015 年度报告》,2015 年 11 月。

30. 同上。

31. 国家发展和改革委员会:《中国应对气候变化的政策与行动 2014 年度报告》,2014 年 11 月。

32. 2011 年,国家发展和改革委员会在北京市、天津市、上海市、重庆市、湖北省、广东省及深圳市启动碳排放权交易试点工作。2012 年 6 月,国家发展和改革委员会出台《温室气体自愿减排交易管理暂行办法》,确立自愿减排交易机制的基本管理框架、交易流程和监管办法,建立交易登记注册系统和信息发布制度,鼓励基于项目的温室气体自愿减排交易,保障有关交易活动有序开展。

33. 国家发展和改革委员会:《中国应对气候变化的政策与行动 2015 年度报告》;国家发展和改革委员会:《中国应对气候变化的政策与行动 2012 年度报告》,2012 年 11 月。

34. 国家发展和改革委员会:《中国应对气候变化的政策与行动 2015 年度报告》。

35.《2015 年中国环境状况公报》,http://cn.chinagate.cn/environment/2016-06/07/content_38617610.htm。

36.《如果美国退出〈巴黎气候协定〉》,http://www.ftchinese.com/story/001071451。

37. 国家发展和改革委员会:《中国应对气候变化的政策与行动 2014 年度报告》。

38. 国家发展和改革委员会:《中国应对气候变化的政策与行动 2014 年度报告》;《中国应对气候变化的政策与行动 2015 年度报告》;《中国应对气候变化的政策与行动 2016 年度报告》,2016 年 11 月。

39.《中国应对气候变化的政策与行动 2015 年度报告》。

40.《中国应对气候变化的政策与行动 2015 年度报告》。

41. 习近平代表第十八届中央委员会向党的十九大所作的报告,2017 年 10 月 18 日。

42. 王素琴:《向世界传递中国声音——IPCC 第五次评估报告中国贡献解读》,载《中国气象报》2014 年 5 月 20 日,第 3 版。

43. 同上。

图书在版编目(CIP)数据

中国与全球气候治理机制的变迁/薄燕,高翔著.
—上海:上海人民出版社,2017
(中国与全球治理丛书)
ISBN 978-7-208-14901-4

Ⅰ.①中… Ⅱ.①薄… ②高… Ⅲ.①气候变化-治
理-研究-中国 ②气候变化-治理-国际合作-研究
Ⅳ.①P467

中国版本图书馆 CIP 数据核字(2017)第 288223 号

责任编辑　潘丹榕
封面设计　零创意文化

本书由上海文化发展基金会图书出版专项基金资助出版

· 中国与全球治理丛书 ·
中国与全球气候治理机制的变迁
薄燕　高翔 著
世 纪 出 版 集 团
上海 人 民 出 版 社 出版
(200001 上海福建中路 193 号 www.ewen.co)

世纪出版集团发行中心发行　　上海商务联西印刷有限公司印刷
开本 635×965 1/16 印张 19.5 插页 4 字数 285,000
2017 年 12 月第 1 版 2017 年 12 月第 1 次印刷
ISBN 978-7-208-14901-4/D·3139
定价 68.00 元

中国与全球治理丛书

中国与全球气候治理机制的变迁	薄燕　高翔　著	68.00 元
美国与联合国安理会改革	毛瑞鹏　著	55.00 元